高校核心课程学习指导丛书

数学物理方程学习指导

LEARNING GUIDANCE OF
MATHEMATICS PHYSICS EQUATION

田涌波　宋立功／编著

中国科学技术大学出版社

内 容 简 介

　　数学物理方程是本科阶段理工科专业的重要课程,不易入手和学习.该课程主要以微积分计算手段为基础,但与传统的微积分思路不尽相同,其学习思路有其独特性,另外还涉及物理背景的理解.本书尤其注重思路的引导、解题方法的多样化和相互联系,特别是对重要的计算手段和物理背景理解都加以强调.每一节均分为"基本要求""例题分析""练习题",先列出基本要求和基本结论,然后配以全面的例题分析,最后,每章结尾都有练习题以供学生测验和练习.

图书在版编目(CIP)数据

数学物理方程学习指导/田涌波,宋立功编著.—合肥:中国科学技术大学出版社,2023.7

(高校核心课程学习指导丛书)

ISBN 978-7-312-05717-5

Ⅰ.数…　Ⅱ.① 田…② 宋…　Ⅲ.数学物理方程—高等学校—教学参考资料　Ⅳ.O175.24

中国国家版本馆CIP数据核字(2023)第120745号

数学物理方程学习指导

SHUXUE WULI FANGCHENG XUEXI ZHIDAO

出版	中国科学技术大学出版社
	安徽省合肥市金寨路96号,230026
	http://press.ustc.edu.cn
	https://zgkxjsdxcbs.tmall.com
印刷	合肥华苑印刷包装有限公司
发行	中国科学技术大学出版社
开本	710 mm×1000 mm　1/16
印张	14.25
字数	229千
版次	2023年7月第1版
印次	2023年7月第1次印刷
定价	46.00元

前　言

　　数学物理方程是大多数理科专业和工科专业的必修课程, 课程的学习目的是培养学生解决物理以及其他一些领域中出现的数学方程及与数学方程相关的问题的能力. 要学好本课程, 不仅要求学生具有比较扎实的数学基础及运算能力, 而且要求学生对课程提供的各种方法能全面深刻理解, 能对不同的问题选择合适的方法加以解决. 所以, 如果数学基础知识跟不上, 或者不能理解和区别各种解题方法, 就会导致学习困难, 这种困难不仅体现在每一章的学习过程中, 而且体现在学完这门课程后仍然对各种方法的适用问题及同一问题的适用方法不甚理解上.

　　因此, 在各章学习中, 我们首先强调各章的背景和学习目的, 把握章节的宏观要求, 其次是对相关的基础知识进行必要的复习和提示, 再次对章节中的各种问题进行梳理, 通过例题讲述解题思路, 最后在章节的末尾都配有自测题, 以提高学生解题的熟练度. 本书强调解题方法的多样性, 比如对弦振动初值问题, 在不同章节就用了好几种相关方法处理, 这样可以提高学生对各种方法适用问题的理解.

　　由于我校数学物理方程教学要求分为 A 和 B 两种类型, A 型比 B 型要求深入和广泛, 所以对 A 型特有的教学内容我们会标注"A 型", 可供读者选择. 衷心希望本书能给读者以帮助和收益, 也欢迎读者批评指正书中的不足甚至错误.

作　者

2023 年 6 月于中国科学技术大学

目　　录

第 1 章　偏微分方程定解问题

本章是数学物理方程的基础部分, 主要以三个基本方程为例介绍数学物理方程的来源和背景, 提出方程特解和通解的概念以及定解问题的概念和分类. 最后介绍两个基本原理——叠加原理和齐次化原理, 并用这两个原理推导出非齐次弦振动方程初值问题的一般解公式. 在 A 型教学要求中, 还详细介绍求解一阶线性偏微分方程和将二阶线性偏微分方程化成标准形的特征线方法.

通过本章的学习, 应掌握数学物理方程这门课程所研究的基本方程, 以及定解问题的概念和分类;能应用微积分手段求解一些简单的偏微分方程;能掌握和运用叠加原理和齐次化原理解决一些定解问题. 对于 A 型的学习要求, 还要熟练掌握一阶和二阶线性偏微分方程特征线研究法, 求解一阶线性偏微分方程, 对二阶线性偏微分方程能进行分类和化标准形工作, 通过化简方程求出某些二阶线性偏微分方程的通解. 另外, 微积分中已学过的一阶线性常微分方程求解公式是常用公式, 也要熟练掌握, 即掌握方程

$$\frac{\mathrm{d}y}{\mathrm{d}x} = P(x)y + Q(x)$$

的一般解公式

$$y(x) = \mathrm{e}^{\int P(x)\mathrm{d}x} \left(\int \mathrm{e}^{-\int P(x)\mathrm{d}x} Q(x)\mathrm{d}x + m \right),$$

其中形如 $\int f(x)\mathrm{d}x$ 的积分代表 $f(x)$ 的某个取定的原函数.

1.1 基本方程、通解、特解和定解问题

1.1.1 基本要求

1. 掌握三个最基本方程的形式及物理背景:

(1) 自由弦振动方程: $\dfrac{\partial^2 u}{\partial t^2} = a^2 \dfrac{\partial^2 u}{\partial x^2}$;

(2) 一维热传导方程: $\dfrac{\partial u}{\partial t} = a^2 \dfrac{\partial^2 u}{\partial x^2}$;

(3) Laplace 方程 (场位方程): $\Delta_3 u = 0$.

了解三个最基本方程分别对应的三个基本方程类:

(1) 波动方程类: $\dfrac{\partial^2 u}{\partial t^2} = a^2 \Delta u + f(t, \boldsymbol{x})$;

(2) 热传导方程类: $\dfrac{\partial u}{\partial t} = a^2 \Delta u$;

(3) 场位方程类: $\Delta u = f(t, \boldsymbol{x})$.

其中 $\boldsymbol{x} = (x_1, x_2, \cdots, x_n)$,

$$\Delta u = \frac{\partial^2 u}{\partial x_1^2} + \frac{\partial^2 u}{\partial x_2^2} + \cdots + \frac{\partial^2 u}{\partial x_n^2}.$$

特别地, 对于三维情形,

$$\Delta_3 u = \frac{\partial^2 u}{\partial x^2} + \frac{\partial^2 u}{\partial y^2} + \frac{\partial^2 u}{\partial z^2},$$

对于二维情形,

$$\Delta_2 u = \frac{\partial^2 u}{\partial x^2} + \frac{\partial^2 u}{\partial y^2}.$$

2. 掌握偏微分方程的通解和特解的概念, 能利用基本微积分知识求出一些简单的偏微分方程的通解和特解. 例如, 能求以下方程的通解:

$$\frac{\partial^2 u}{\partial x \partial y} = 0, \quad \frac{\partial^2 u}{\partial x^2} = 0,$$

其中 $u = u(x, y)$. 再例如, 能求解满足以下要求的特解:

(1) $\Delta_2 u = 0$, 形如 $u = \mathrm{e}^{ax+by}$ 的解, 其中 a, b 可以是复数;

(2) $\Delta_3 u = 0$ 或 $\Delta_2 u = 0$, 形如 $u = u(r)$ 的特解.

3. 掌握偏微分方程定解问题的概念, 熟知三类基本的定解问题, 即初值问题、边值问题和混合问题.

偏微分方程定解问题　简而言之, 偏微分方程定解问题就是偏微分方程附加了边值条件、初值条件等定解条件而形成的问题.

三类基本的定解问题的典型例子如下:

(1) 初值问题 (无界自由弦振动初值问题)

$$
\begin{cases}
\dfrac{\partial^2 u}{\partial t^2} = a^2 \dfrac{\partial^2 u}{\partial x^2} & (t > 0, -\infty < x < +\infty), \\
u(0, x) = \varphi(x), \quad u_t(0, x) = \psi(x).
\end{cases}
$$

(2) 边值问题 (三维 Laplace 方程球内第一边值问题)

$$
\begin{cases}
\Delta_3 u = 0 & (r < a, r = \sqrt{x^2 + y^2 + z^2}), \\
u\mid_{r=a} = \varphi(x, y, z).
\end{cases}
$$

(3) 混合问题 (两端固定在平衡位置的有界弦振动混合问题)

$$
\begin{cases}
\dfrac{\partial^2 u}{\partial t^2} = a^2 \dfrac{\partial^2 u}{\partial x^2} & (t > 0, 0 < x < l), \\
u(t, 0) = u(t, l) = 0, \\
u(0, x) = \varphi(x), \quad u_t(0, x) = \psi(x).
\end{cases}
$$

不难看出, 一个定解问题要有以下两个要素: 泛定方程和相应的定解条件.

比如, 在以上自由弦振动初值问题中, 泛定方程为

$$
\frac{\partial^2 u}{\partial t^2} = a^2 \frac{\partial^2 u}{\partial x^2} \quad (t > 0, -\infty < x < +\infty),
$$

而定解条件为初值条件, 共有两个:

(1) $u(0, x) = u\mid_{t=0} = \varphi(x)$, 此条件可理解为 $t = 0$ 时的初始位移;

(2) $u_t(0, x) = \left.\dfrac{\partial u}{\partial t}\right|_{t=0} = \psi(x)$, 此条件可理解为 $t = 0$ 时的初始速度.

在以上三维 Laplace 方程的球的第一边值问题中, 泛定方程为

$$
\Delta_3 u = 0 \quad (r < a, r = \sqrt{x^2 + y^2 + z^2}).
$$

如电场电位在球的内部分布满足 Laplace 方程, 则 $u\mid_{r=a} = \varphi(x, y, z)$ 表示在半径为 a 的球面上电位为已知函数 $\varphi(x, y, z)$, 这实际上就是球面上的边界条件.

4. 掌握以下三类边界条件的意义:

第一、第二和第三类边界条件的笼统表达式为

$$\alpha u + \beta \frac{\partial u}{\partial \boldsymbol{n}} = \varphi(x, y, z). \tag{1.1.1}$$

(1) 在 $\alpha \neq 0, \beta = 0$ 时, 式 (1.1.1) 为第一类边界条件. 比如, 在上面弦振动混合问题中, $u(t, 0) = 0$ 是在 $x = 0$ 点附加了第一类边界条件.

(2) 在 $\alpha = 0, \beta \neq 0$ 时, 式 (1.1.1) 为第二类边界条件. 在上面弦振动混合问题中, 如在 l 点条件改为 $u_x(t, l) = 0$ 就是在 $x = l$ 点附加了第二类边界条件.

(3) 在 $\alpha \neq 0, \beta \neq 0$ 时, 式 (1.1.1) 为第三类边界条件.

上面的符号 $\frac{\partial u}{\partial \boldsymbol{n}}$ 是指函数在方向 $\boldsymbol{n}$ 的方向导数, 如方向 $\boldsymbol{n} = (\alpha, \beta, \gamma)$, 其中 $\alpha^2 + \beta^2 + \gamma^2 = 1$, 则有

$$\frac{\partial u}{\partial \boldsymbol{n}} = \alpha \frac{\partial u}{\partial x} + \beta \frac{\partial u}{\partial y} + \gamma \frac{\partial u}{\partial z}.$$

5. 以热传导方程的三类边界条件的物理意义为代表, 理解三类边界条件:

(1) 已知边界的温度函数 $\varphi(t, x, y, z)$, 则 $u(t, x, y, z)\,|_{\partial V} = \varphi(t, x, y, z)$ 为第一类边界条件, 其中 ∂V 表示空间区域 V 的边界. 特别地, 如果已知边界的温度为 0, 则为第一类齐次边界条件.

(2) 已知边界上沿外法向有热流密度 $q(t, x, y, z)$, 则由热学定律, 有

$$\frac{\partial u}{\partial \boldsymbol{n}}\Big|_{\partial V} = -\frac{q(t, x, y, z)}{k}\Big|_{\partial V},$$

其中 k 为热传导系数. 特别当 $q(t, x, y, z) = 0$ 时, 这说明边界绝热, 则在边界上 $\frac{\partial u}{\partial \boldsymbol{n}}\big|_{\partial V} = 0$, 对应第二类齐次边界条件.

(3) 已知物体通过边界与外界自由热交换, 则在边界 ∂V 上成立

$$\left(hu + k\frac{\partial u}{\partial \boldsymbol{n}}\right)\Big|_{\partial V} = h\theta,$$

其中 h 为两种物质之间的热交换系数, $\theta = \theta(x, y, z)$ 为外界温度, 特别在外界温度始终保持为 0 时, 对应第三类齐次边界条件.

1.1.2　例题分析

例 1.1.1　写出弦振动方程、一维热传导方程和 Poisson 方程 (场位方程) 的数学表达式, 并说明这三类方程的齐次方程和非齐次方程在物理意义上的区别.

解　容易写出:

弦振动方程: $u_{tt} = a^2 u_{xx} + f(t,x)\ (t > 0)$;

一维热传导方程: $u_{tt} = a^2 u_{xx} + f(t,x)\ (t > 0)$;

Poisson 方程 (场位方程): $\Delta_3 u = f(x,y,z)\ ((x,y,z) \in V)$.

以上三个方程右边的函数 $f = 0$ 时就对应它们的齐次方程, 而 $f \neq 0$ 时就对应它们的非齐次方程. 弦振动方程的齐次方程描写自由弦振动, 即在振动过程中没有附加外力作用在弦身上, 而非齐次弦振动方程则代表运动过程中弦上有受迫力. 如果在热传导过程中, 内部没有热源就用齐次热传导方程描写, 内部有热源就对应非齐次热传导方程. 类似地, 如果所研究的空间区域 V 内无电荷分布, 那么静电场的电位就由齐次场位方程给出; 如果空间区域 V 内有电荷分布, 那么根据电荷密度, 就可以列出相应的非齐次 Poisson 方程 (场位方程).

例 1.1.2　求 $\Delta_2 u = 0$ 的 $u = u(r)\,(r = \sqrt{x^2 + y^2})$ 形式的解.

分析　在极坐标下自变量有两个: r 和 θ. 所以, 当不加限制条件时, 方程的解 u 同时依赖这两个自变量, 即 $u = u(r, \theta)$. 但本题只要求出与自变量 r 有关的解 $u = u(r)$, 问题就简化了. 因此, 只要利用复合求导法把原方程化成以 r 为自变量的常微分方程, 就可求出 $u = u(r)$ 形式的解.

解　因为 $u = u(r)$, 所以利用复合求导法并反复使用条件 $r = \sqrt{x^2 + y^2}$, 可得到

$$\frac{\partial u}{\partial x} = \frac{\mathrm{d}u}{\mathrm{d}r} \frac{\partial r}{\partial x} = \frac{\mathrm{d}u}{\mathrm{d}r} \frac{x}{r},$$

$$\frac{\partial^2 u}{\partial x^2} = \frac{\mathrm{d}^2 u}{\mathrm{d}r^2} \frac{\partial r}{\partial x} \frac{x}{r} + \frac{\mathrm{d}u}{\mathrm{d}r} \frac{\mathrm{d}}{\mathrm{d}x}\left(\frac{x}{r}\right)$$

$$= \frac{\mathrm{d}^2 u}{\mathrm{d}r^2}\left(\frac{x}{r}\right)^2 + \frac{\mathrm{d}u}{\mathrm{d}r}\left(\frac{1}{r} - \frac{x^2}{r^3}\right).$$

同理, 可得

$$\frac{\partial^2 u}{\partial y^2} = \frac{\mathrm{d}^2 u}{\mathrm{d}r^2}\left(\frac{y}{r}\right)^2 + \frac{\mathrm{d}u}{\mathrm{d}r}\left(\frac{1}{r} - \frac{y^2}{r^3}\right).$$

由于 $\Delta_2 u = \dfrac{\partial^2 u}{\partial x^2} + \dfrac{\partial^2 u}{\partial y^2}$，因此把以上两式相加，并利用 $r^2 = x^2 + y^2$，我们得到 $u = u(r)$ 满足的常微分方程

$$\frac{\mathrm{d}^2 u}{\mathrm{d}r^2} + \frac{1}{r}\frac{\mathrm{d}u}{\mathrm{d}r} = 0,$$

于是解得 $u = u(r)$ 形式的解

$$u = A + B\ln r \quad (A, B\text{为任意常数}).$$

例 1.1.3 求方程

$$\frac{\partial^2 u}{\partial x \partial y} + \frac{2}{y}\frac{\partial u}{\partial x} = 2x$$

的通解.

分析 这是个二阶线性偏微分方程，但我们注意到若把 $\dfrac{\partial u}{\partial x}$ 当成一个新的变量，则此方程可以降阶为一阶线性微分方程，从而可求出通解.

解 令 $H = \dfrac{\partial u}{\partial x}$，则原方程可化为

$$\frac{\partial H}{\partial y} + \frac{2}{y}H = 2x.$$

利用一阶线性常微分方程求解公式 (积分过程中把 x 当成常数)，解得

$$H = \frac{2xy}{3} + \frac{h(x)}{y^2};$$

再积分，得到原方程的通解

$$u = \frac{x^2 y}{3} + \frac{f(x)}{y^2} + g(y),$$

其中 $f(x), g(y)$ 为一次可微函数.

注 1.1.1 上例用到了一阶线性常微分方程 $\dfrac{\mathrm{d}y}{\mathrm{d}x} = P(x)y + Q(x)$ 的求解公式

$$y(x) = \mathrm{e}^{\int P(x)\mathrm{d}x}\left(\int \mathrm{e}^{-\int P(x)\mathrm{d}x} Q(x)\,\mathrm{d}x + m\right).$$

例 1.1.4 求解定解问题

$$\begin{cases} \dfrac{\partial^2 u}{\partial x \partial y} = \dfrac{1}{2}x^2 y, \\ u(x,0) = x^2, \quad u(0,y) = y^2. \end{cases}$$

解　通过直接积分可得到泛定方程的特解 $u_1 = \dfrac{1}{12}x^3y^2$. 令 $u = v + u_1$, 则 v 满足对应的齐次方程

$$\frac{\partial^2 v}{\partial x \partial y} = 0.$$

齐次方程的通解为 $v = f(x) + g(y)$, 从而有

$$u = v + u_1 = f(x) + g(y) + \frac{1}{12}x^3y^2.$$

再由定解条件 $u(x,0) = f(x) + g(0) = x^2,\, u(0,y) = f(0) + g(y) = y^2$, 得到

$$f(x) = x^2 - g(0), \quad g(y) = y^2 - f(0), \quad f(0) + g(0) = 0.$$

最后, 我们得到此定解问题的解

$$u(x,y) = f(x) + g(y) + \frac{1}{12}x^3y^2 = x^2 + y^2 + \frac{1}{12}x^3y^2.$$

例 1.1.5　求解齐次弦振动方程

$$\frac{\partial^2 u}{\partial t^2} = a^2 \frac{\partial^2 u}{\partial x^2}.$$

分析　通过选取适当的自变量变换, 把方程化为可求解的形式, 从而使问题得到解决.

解　我们观察到方程中变量 x 和 t 几乎完全对称 (x 和 at 完全对称), 所以我们可取中间变量 $\xi = x + at$. 又观察到 t 变为 $-t$ 时方程不变, 故把 ξ 中的 t 换为 $-t$, 又可得另外一个自变量变换 $\eta = x - at$. 这样用新自变量 ξ, η 替换 x, y, 直接化简方程得

$$\frac{\partial^2 u}{\partial \xi \partial \eta} = 0,$$

解得

$$u = f(\xi) + g(\eta) = f(x - at) + g(x + at).$$

注 1.1.2　上例求解齐次弦振动方程的关键是找出自变量变换 $\xi = x + at, \eta = x - at$, 我们是通过观察方程的对称性 "猜出" 这一变换的. 但我们也可以用本章 1.3 节的特征线方法, 更加自然地算出这一变换.

例 1.1.6 设 $u = u(t, r)$. 求方程

$$u_{tt} = a^2 \left(u_{rr} + \frac{2}{r} u_r \right)$$

的通解.

解 作变换 $v = ru$ (或 $u = v/r$), 则有

$$u_r = v_r\, r^{-1} - vr^{-2}, \quad u_{rr} = v_{rr}r^{-1} - 2v_r r^{-2} + 2vr^{-3}.$$

代入原方程, 有

$$r^{-1}v_{tt} = a^2 \left((v_{rr}r^{-1} - 2v_r r^{-2} + 2vr^{-3}) + \frac{2}{r}(v_r\, r^{-1} - vr^{-2}) \right).$$

整理上式, 得到

$$v_{tt} = a^2 v_{rr}.$$

利用齐次弦振动方程的通解公式, 得到

$$v = f(r + at) + g(r - at),$$

因此, 原方程的通解为

$$u = \frac{f(r + at) + g(r - at)}{r}.$$

例 1.1.7 设 $u = u(x, y)$. 求解偏微分方程

$$u_{xy} + u_y = 0.$$

解 令 $u_y = H$, 则原方程化为

$$\frac{\partial H}{\partial x} + H = 0, \quad \text{即} \quad \frac{\mathrm{d}H}{H} = -\mathrm{d}x.$$

上式两边积分, 得到

$$\ln H = -x + g_1(y) \quad \Rightarrow \quad H = h(y)\mathrm{e}^{-x} \quad (h(y) = \mathrm{e}^{g_1(y)}),$$

即

$$\frac{\partial u}{\partial y} = h(y)\mathrm{e}^{-x} \quad \Rightarrow \quad u = f(y)\mathrm{e}^{-x} + g(x) \quad \left(f(y) = \int h(y)\mathrm{d}y \right).$$

例 1.1.8　有一根长为 l、两端 $x = 0$ 和 $x = l$ 固定的弦. 用手把它的中点横向拨开距离 h, 然后放手让其自由振动, 写出此弦振动的定解问题.

解　根据题目条件, 弦的位移 $u(t, x)$ 满足以下条件:

(1) 由于弦自由振动, 所以运动对应自由弦振动方程

$$u_{tt} = a^2 u_{xx} \quad (0 < x < l).$$

(2) 由于弦的两端 $x = 0$ 和 $x = l$ 固定, 所以 $u(t, 0) = u(t, l) = 0$.

(3) 在 (x, u) 坐标系中, 两个端点坐标分别为 $A(0, 0), B(l, 0)$, 弦的中点横向拨开距离 h 后, 对应点坐标为 $C = (l/2, h)$, 通过解三角形 ABC, 易求得弦各点在 $t = 0$ 时的位移, 即初始位移

$$\varphi(x) = \begin{cases} \dfrac{2h}{l}x & \left(0 \leqslant x \leqslant \dfrac{l}{2}\right), \\ \dfrac{2h}{l}(l - x) & \left(\dfrac{l}{2} < x \leqslant l\right). \end{cases}$$

而弦的初始速度为 0, 因此 $u_t(0, x) = 0$.

综上, 弦振动满足的定解问题是

$$\begin{cases} u_{tt} = a^2 u_{xx} \quad (0 < x < l), \\ u(t, 0) = u(t, l) = 0, \\ u(0, x) = \begin{cases} \dfrac{2h}{l}x & \left(0 \leqslant x \leqslant \dfrac{l}{2}\right), \\ \dfrac{2h}{l}(l - x) & \left(\dfrac{l}{2} < x \leqslant l\right), \end{cases} \\ u_t(0, x) = 0. \end{cases}$$

例 1.1.9　有一个长、宽、高分别为 a, b, c 的长方形金属槽, 槽内无自由电荷分布, 底面与四侧壁接地, 顶盖 (非金属板) 与四侧壁绝缘, 已知其电位为 $\varphi(x, y)$.

(1) 求此金属槽电位满足的定解问题.

(2) 若把槽改为无限长 $(-\infty < y < +\infty)$, 两侧壁及底面接地, 顶盖电位为常数 u_0, 写出槽内电位分布满足的定解问题.

解　(1) 在空间建立直角坐标系, 并不妨假设金属槽底面在 xOy 面内. 由于槽内无自由电荷分布, 所以电场分布满足齐次场位方程

$$\Delta_3 u = 0 \quad (0 < x < a, 0 < y < b, 0 < z < c).$$

由于底面与四侧壁接地, 因此

$$u\mid_{x=0}=u\mid_{x=a}=u\mid_{y=0}=u\mid_{y=b}=0, \quad u\mid_{z=0}=0,$$

而顶盖电位为 $u\mid_{z=c}=\varphi(x,y).$

综上, 电位 u 满足的边值问题为

$$\begin{cases} \Delta_3 u = 0 \quad (0<x<a,\,0<y<b,\,0<z<c), \\ u\mid_{x=0}=u\mid_{x=a}=u\mid_{y=0}=u\mid_{y=b}=0, \\ u\mid_{z=0}=0, \quad u\mid_{z=c}=\varphi(x,y). \end{cases}$$

(2) 若把槽改为无限长 $(-\infty<y<+\infty)$, 则 $\dfrac{\partial u}{\partial y}=0$, 因此方程变为

$$\frac{\partial^2 u}{\partial x^2}+\frac{\partial^2 u}{\partial z^2}=0.$$

依条件, 顶盖电位调整为 $u\mid_{z=c}=u_0$, 则 u 满足的定解问题为

$$\begin{cases} \dfrac{\partial^2 u}{\partial x^2}+\dfrac{\partial^2 u}{\partial z^2}=0 \quad (0<x<a,\,0<z<c), \\ u\mid_{x=0}=u\mid_{x=a}=0, \\ u\mid_{z=0}=0, \quad u\mid_{z=c}=b. \end{cases}$$

例 1.1.10 有一根长为 l 的均匀软线, 上端 $x=0$ 固定, 在其自身重力作用下处于垂直平衡位置, 试推导此软线受扰动后相对平衡位置的微小横振动方程.

解 重力的方向就是平衡位置 x 轴的方向. 设 $u(t,x)$ 是在时刻 t 时坐标为 x 的点的位移 (位移方向垂直于 x 轴方向), 取弦的微元 $[x, x+\mathrm{d}x]$, 并设弦的张力 $\boldsymbol{T}=(T_1, T_2)$, 其中 T_1, T_2 分别为 $\boldsymbol{T}$ 在 x 轴和 u 轴上的分量, 在位移 $\boldsymbol{u_0}$ 方向, 微元所受外力只有两端的张力: 左端点为 $-T_2(t,x)$, 右端点为 $T_2(t, x+\Delta x)$. 因此可建立位移的方程

$$F = ma = T_2(t, x+\Delta x) - T_2(t, x), \tag{1}$$

其中微元的质量 $m=\rho\mathrm{d}x$, 加速度 $a=\dfrac{\mathrm{d}^2 u}{\mathrm{d}t^2}$, 而

$$T_2(t, x+\Delta x) - T_2(t, x) = \frac{\partial T_2}{\partial x}\mathrm{d}x + o(\Delta x).$$

将以上数据代入方程, 且两边除以 $\mathrm{d}x = \Delta x$, 可得

$$\rho \frac{\partial^2 u}{\partial t^2} = \frac{\partial T_2}{\partial x} + \frac{o(\Delta x)}{\Delta x}. \tag{2}$$

由于张力沿弦的切线方向, 所以

$$\frac{\partial u}{\partial x} = \frac{T_2}{T_1} \quad \Rightarrow \quad T_2 = T_1 \frac{\partial u}{\partial x}.$$

拉力 T_1 与 x 点以下长 $l - x$ 的绳子重力平衡, 因此

$$T_1 = (l - x)\rho g \quad (\text{常数 } \rho \text{ 为绳子的线密度}).$$

将以上结果代入式 (2), 并令 $\Delta x \to 0$, 就得到所求振动方程

$$\frac{\partial^2 u}{\partial t^2} = g \frac{\partial}{\partial x}\left((l - x)\frac{\partial u}{\partial x}\right).$$

1.2 齐次弦振动方程初值问题求解与 d'Alembert 公式的应用

1.2.1 基本要求

上一节中我们提出了定解问题的概念, 但定解问题的解法实际上是个比较复杂的问题. 从本节开始, 我们将逐渐介绍各种求解定解问题的典型方法, 这一主题将贯穿这门课程的终始. 本节将以求解齐次弦振动初值问题来说明可以用方程的通解求解某些定解问题这一典型方法. 具体地, 我们要掌握以下内容:

1. 掌握齐次弦振动初值问题的形式:

$$\begin{cases} \dfrac{\partial^2 u}{\partial t^2} = a^2 \dfrac{\partial^2 u}{\partial x^2} & (t > 0,\ -\infty < x < +\infty), \\ u\mid_{t=0} = \varphi(x), \quad \dfrac{\partial u}{\partial t}\Big|_{t=0} = \psi(x). \end{cases}$$

2. 能利用方程通解求解弦振动方程初值问题.

3. 能熟记齐次弦振动初值问题解的公式, 即 d'Alembert 公式

$$u = \frac{1}{2}(\varphi(x - at) + \varphi(x + at)) + \frac{1}{2a}\int_{x-at}^{x+at} \psi(\xi)\mathrm{d}\xi,$$

并能用 d'Alembert 公式解决相关问题.

1.2.2 例题分析

例 1.2.1 写出无限长自由弦振动对应的一维波动方程初值问题, 并推出相应的求解公式 (即 d'Alembert 公式).

解 无限长自由弦振动对应的一维波动方程初值问题是

$$\begin{cases} \dfrac{\partial^2 u}{\partial t^2} = a^2 \dfrac{\partial^2 u}{\partial x^2} & (t > 0, \ -\infty < x < +\infty), \\ u\,|_{t=0} = \varphi(x), \quad \dfrac{\partial u}{\partial t}\Big|_{t=0} = \psi(x). \end{cases}$$

以下求解此初值问题.

首先, 由上节例题的结论, 此初值问题泛定方程的通解为

$$u = f(x - at) + g(x + at) \quad (f, g \in C^2(\mathbf{R})).$$

代入初值条件, 得到

$$u\,|_{t=0} = f(x) + g(x) = \varphi(x), \tag{1}$$

$$\frac{\partial u}{\partial t}\Big|_{t=0} = -af'(x) + af'(x) = \psi(x). \tag{2}$$

对式 (2) 积分, 得到

$$-f(x) + g(x) = \frac{1}{a}\int_0^x \psi(\xi)\mathrm{d}\xi + c. \tag{3}$$

由式 (1)、式 (3) 解得

$$f(x) = \frac{1}{2}\left(\varphi(x) - \frac{1}{a}\int_0^x \psi(\xi)\mathrm{d}\xi - c\right),$$

$$g(x) = \frac{1}{2}\left(\varphi(x) + \frac{1}{a}\int_0^x \psi(\xi)\mathrm{d}\xi + c\right).$$

从而解得此初值问题的解 (即 d'Alembert 公式)

$$\begin{aligned} u &= f(x - at) + g(x + at) \\ &= \frac{1}{2}\left(\varphi(x - at) + \varphi(x + at)\right) + \frac{1}{2a}\int_{x-at}^{x+at} \psi(\xi)\mathrm{d}\xi. \end{aligned}$$

例 1.2.2 求解初值问题

$$\begin{cases} \dfrac{\partial^2 u}{\partial t^2} = 4\dfrac{\partial^2 u}{\partial x^2} & (t > 0, \ -\infty < x < +\infty), \\ u\,|_{t=0} = x^2, \quad \dfrac{\partial u}{\partial t}\Big|_{t=0} = 2x. \end{cases}$$

解　此问题是无限长自由弦振动对应的齐次初值问题, 可以用 d'Alembert 公式来求解. 对应 d'Alembert 公式中参量 $a = 2, \varphi(x) = x^2, \psi(x) = 2x$. 利用 d'Alembert 公式, 得

$$u(t,x) = \frac{1}{2}(\varphi(x - at) + \varphi(x + at)) + \frac{1}{2a}\int_{x-at}^{x+at}\psi(\xi)\mathrm{d}\xi$$

$$= \frac{1}{2}((x - 2t)^2 + (x + 2t)^2) + \frac{1}{4}\int_{x-2t}^{x+2t}2\xi\mathrm{d}\xi.$$

于是求得此初值问题的解

$$u(t,x) = x^2 + 4t^2 + 2xt.$$

例 1.2.3　求解初值问题

$$\begin{cases} u_{tt} = 4u_{xx} + x + 3t & (t > 0, -\infty < x < +\infty), \\ u(0,x) = x^2, \quad u_t(0,x) = \sin x. \end{cases}$$

分析　本问题是非齐次的弦振动初值问题, 但是由于本问题的泛定方程可以通过直接观察得出特解, 这样作变换后就化为了齐次问题, 再使用 d'Alembert 公式, 问题就会得到解决.

解　泛定方程显然有特解 $u_1 = -\dfrac{x^3}{24} + \dfrac{t^3}{2}$. 作变换

$$u = V + u_1 = V - \frac{x^3}{24} + \frac{t^3}{2},$$

则 V 满足 d'Alembert 公式所适用的齐次弦振动初值问题形式

$$\begin{cases} V_{tt} = 4V_{xx} & (t > 0, -\infty < x < +\infty), \\ V(0,x) = x^2 + \dfrac{x^3}{24}, \quad V_t(0,x) = \sin x. \end{cases}$$

根据 d'Alembert 公式, 得

$$V = \frac{(x + 2t)^2 + (x - 2t)^2}{2} + \frac{(x + 2t)^3 + (x - 2t)^3}{2 \times 24} + \frac{1}{2 \times 2}\int_{x-2t}^{x+2t}\sin\xi\mathrm{d}\xi$$

$$= x^2 + 4t^2 + \frac{x^3}{24} + \frac{xt^2}{2} + \frac{1}{2}\sin x\sin 2t.$$

这样解得初值问题的解

$$u = V - \frac{x^3}{24} + \frac{t^3}{2} = x^2 + 4t^2 + \frac{t^3}{2} + \frac{xt^2}{2} + \frac{1}{2}\sin x\sin 2t.$$

例 1.2.4 考虑弦振动方程初值问题

$$\begin{cases} \dfrac{\partial^2 u}{\partial t^2} = a^2 \dfrac{\partial^2 u}{\partial x^2} & (t > 0,\ -\infty < x < +\infty), \\ u\mid_{t=0} = \varphi(x), \quad \dfrac{\partial u}{\partial t}\Big|_{t=0} = \psi(x). \end{cases}$$

(1) 求证: 如果 $\varphi(x)$ 和 $\psi(x)$ 都是奇函数, 则初值问题的解 $u(t,x)$ 关于 x 为奇函数, 即 $u(t,x) = -u(t,-x)$.

(2) 求证: 如果 $\varphi(x)$ 和 $\psi(x)$ 都是偶函数, 则初值问题的解 $u(t,x)$ 关于 x 为偶函数, 即 $u(t,x) = u(t,-x)$.

证明 根据 d'Alembert 公式, 可得弦振动初值问题的解为

$$u(t,x) = \frac{1}{2}\left(\varphi(x-at) + \varphi(x+at)\right) + \frac{1}{2a}\int_{x-at}^{x+at}\psi(\xi)\mathrm{d}\xi, \tag{1}$$

因而

$$u(t,-x) = \frac{1}{2}\left(\varphi(-x-at) + \varphi(-x+at)\right) + \frac{1}{2a}\int_{-x-at}^{-x+at}\psi(\xi)\mathrm{d}\xi. \tag{2}$$

当函数 φ 和 ψ 为奇函数时,

$$\varphi(-x-at) = -\varphi(x+at), \quad \varphi(-x+at) = -\varphi(x-at). \tag{3}$$

另外, 有

$$\int_{-x-at}^{-x+at}\psi(\xi)\mathrm{d}\xi = \int_{-x-at}^{-x+at}\left(-\psi(-\xi)\right)\mathrm{d}\xi.$$

令 $-\xi = \eta$, 则上式变为

$$\int_{-x-at}^{-x+at}\left(-\psi(-\xi)\right)\mathrm{d}\xi = \int_{x+at}^{x-at}\psi(\eta)\mathrm{d}\eta = -\int_{x-at}^{x+at}\psi(\xi)\mathrm{d}\xi,$$

因此

$$\int_{-x-at}^{-x+at}\psi(\xi)\mathrm{d}\xi = -\int_{x-at}^{x+at}\psi(\xi)\mathrm{d}\xi. \tag{4}$$

把式 (3)、式 (4) 代入式 (2), 并和式 (1) 比较, 就可得出 $u(t,-x) = -u(t,x)$, 这样结论 (1) 就得到了证明. 类似可证明结论 (2).

例 1.2.5 求解半无界弦振动问题

$$\begin{cases} u_{tt} = 4u_{xx} & (t > 0,\ x > 0), \\ u(t,0) = 0, \\ u(0,x) = 2x, \quad u_t(0,x) = 1 - \cos x. \end{cases}$$

分析　由于在 $x = 0$ 处边界条件符合奇函数的性质, 因此对半直线上初值条件进行奇延拓, 利用求解弦振动初值的 d'Alembert 公式解决.

解　对初值函数作奇延拓, 即取初值

$$\Phi(x) = 2x \ (-\infty < x < +\infty), \quad \Psi(x) = \begin{cases} 1 - \cos x & (x > 0), \\ \cos x - 1 & (x < 0). \end{cases}$$

这样考虑延拓后的定解问题

$$\begin{cases} U_{tt} = 4U_{xx} & (t > 0, \ -\infty < x < +\infty), \\ U(0, x) = \Phi(x), \quad U_t(0, x) = \Psi(x). \end{cases}$$

由于 $\Phi(x)$ 和 $\Psi(x)$ 是奇函数, 这样解 $U(t, x)$ 就是关于 x 的奇函数, 自然满足 $U(t, 0) = 0$, 因此, 求出 $U(t, x)$ 后, 把 x 限制在 $(0, +\infty)$ 上就是所求定解问题的解 $u(t, x)$. 根据 d'Alembert 公式, 得

$$U(t, x) = \frac{1}{2}(\Phi(x - 2t) + \Phi(x + 2t)) + \frac{1}{2 \times 2} \int_{x-2t}^{x+2t} \Psi(\xi) \mathrm{d}\xi. \tag{1}$$

相应地, 当 $x > 0$ 时, $u(t, x) = U(t, x)$, 即

$$u(t, x) = \frac{1}{2}(\Phi(x - 2t) + \Phi(x + 2t)) + \frac{1}{2 \times 2} \int_{x-2t}^{x+2t} \Psi(\xi) \mathrm{d}\xi. \tag{2}$$

当 $x \geqslant 2t$ 时, 有

$$\int_{x-2t}^{x+2t} \Psi(\xi)\mathrm{d}\xi = \int_{x-2t}^{x+2t} (1 - \cos \xi)\mathrm{d}\xi = 4t - 2\sin 2t \cos x;$$

当 $x < 2t$ 时, 有

$$\int_{x-2t}^{x+2t} \Psi(\xi)\mathrm{d}\xi = \int_{x-2t}^{0} (\cos \xi - 1)\mathrm{d}\xi + \int_{0}^{x+2t} (1 - \cos \xi)\mathrm{d}\xi$$
$$= 2x - 2\sin x \cos 2t.$$

而

$$\Phi(x - 2t) + \Phi(x + 2t) = 2(x - 2t) + 2(x + 2t) = 4x.$$

将以上三个结论代入式 (2) 并化简, 就得到原定解问题的解

$$u(t, x) = \begin{cases} 2x + t - \dfrac{1}{2}\cos x \sin 2t & (t, x > 0 \ x \geqslant 2t), \\ \dfrac{5}{2}x - \dfrac{1}{2}\sin x \cos 2t & (t, x > 0, \ x < 2t). \end{cases}$$

1.3 叠加原理与齐次化原理

1.3.1 基本要求

1. 掌握叠加原理, 并能在后续的学习中熟练运用.

叠加原理一 设 u_i 满足线性方程

$$L\,u_i = f_i \quad (i = 1, 2, 3, \cdots, n),$$

那么它们的线性组合 $u = \sum\limits_{i=1}^{n} c_i u_i$ 满足方程

$$L u = \sum_{i=1}^{n} c_i\, f_i,$$

其中 L 是线性微分算子, 如二阶微分算子是

$$L = \sum_{k,l=1}^{m} a_{k,l} \frac{\partial^2}{\partial x_k \partial x_l} + \sum_{l=1}^{m} b_l \frac{\partial}{\partial x_l} + c.$$

叠加原理二 设 u_i 满足线性方程

$$L\,u_i = f_i \quad (i = 1, 2, 3, \cdots),$$

那么级数 $u = \sum\limits_{i=1}^{+\infty} c_i u_i$ 满足方程

$$L u = \sum_{i=1}^{+\infty} c_i\, f_i,$$

其中级数 $u = \sum\limits_{i=1}^{+\infty} c_i u_i$ 收敛, 并且满足算子 L 中出现的偏导数与求和记号交换次序所需要的条件.

叠加原理三 设 $u(M, M_0)$ 满足线性方程

$$L u = f(M, M_0),$$

其中 M 表示自变量组, M_0 表示参数组. 又积分 $U(M) = \int_v u(M, M_0)\mathrm{d}M_0$ 收敛, 那么 $U(M)$ 满足

$$LU(M) = \int_v f(M, M_0)\mathrm{d}M_0.$$

2. 掌握并能正确应用齐次化原理 (冲量原理).

(1) 齐次化原理的适用问题: 可把一定形式的非齐次初值问题或混合问题齐次化 (问题中相应的初值必须为 0). 基本步骤是: 建立相应的齐次化方程; 求解齐次化方程; 通过齐化次方程和原非齐次方程的联系公式, 求出原非齐次方程的解.

(2) 非齐次纯受迫弦振动问题的齐次化原理 (冲量原理):

$$\begin{cases} u_{tt} = a^2 u_{xx} + f(t, x) & (t > 0, -\infty < x < +\infty), \\ u\mid_{t=0} = 0, \quad u_t\mid_{t=0} = 0. \end{cases}$$

其解

$$u(t, x) = \int_0^t w(t, x, \tau)\mathrm{d}\tau,$$

而 $w(t, x, \tau)$ 满足齐次化方程

$$\begin{cases} w_{tt} = a^2 w_{xx} & (t > \tau, -\infty < x < +\infty), \\ w\mid_{t=\tau} = 0, \quad w_t\mid_{t=\tau} = f(\tau, x). \end{cases}$$

(3) u_t 型和 u_{tt} 型初值问题的齐次化原理:

齐次化原理一　设 $w(t, M, \tau)$ 满足线性齐次方程的柯西问题

$$\begin{cases} \dfrac{\partial^2 w}{\partial t^2} = Lw & (t > \tau,\ M \in \mathbf{R}^n,\ n = 1, 2, 3), \\ w\mid_{t=\tau} = 0, \quad \dfrac{\partial w}{\partial t}\Big|_{t=\tau} = f(\tau, M), \end{cases}$$

则非齐次方程的柯西问题

$$\begin{cases} \dfrac{\partial^2 u}{\partial t^2} = Lu + f(t, M) & (t > 0,\ M \in \mathbf{R}^n,\ n = 1, 2, 3), \\ u\mid_{t=0} = 0, \quad \dfrac{\partial u}{\partial t}\Big|_{t=0} = 0 \end{cases}$$

的解为

$$u(t, M) = \int_0^t w(t, M, \tau)\mathrm{d}\tau.$$

齐次化原理二 设 $w(t, M, \tau)$ 满足线性齐次方程的柯西问题

$$\begin{cases} \dfrac{\partial w}{\partial t} = Lw \quad (t > \tau,\ M \in \mathbf{R}^n,\ n = 1, 2, 3), \\ w\,|_{t=\tau} = f(\tau, M), \end{cases}$$

则非齐次方程的柯西问题

$$\begin{cases} \dfrac{\partial u}{\partial t} = Lu + f(t, M) \quad (t > 0,\ M \in \mathbf{R}^n,\ n = 1, 2, 3), \\ u\,|_{t=0} = 0 \end{cases}$$

的解为

$$u(t, M) = \int_0^t w(t, M, \tau)\mathrm{d}\tau.$$

(4) 更一般的线性发展方程初值问题的齐次化原理结论: 对于非齐次初值问题

$$\begin{cases} \dfrac{\partial^m u}{\partial t^m} = Lu + f(t, \boldsymbol{x}) \quad (t > 0,\ \boldsymbol{x} \in \mathbf{R}^n), \\ u\,|_{t=0} = \dfrac{\partial u}{\partial t}\Big|_{t=0} = \cdots = \dfrac{\partial^{m-1} u}{\partial t^{m-1}}\Big|_{t=0} = 0, \end{cases}$$

其解

$$u(t, x) = \int_0^t w(t, x, \tau)\mathrm{d}\tau,$$

而 $w(t, x, \tau)$ 满足齐次化问题

$$\begin{cases} \dfrac{\partial^m w}{\partial t^m} = Lw \quad (t > \tau > 0,\ \boldsymbol{x} \in \mathbf{R}^n), \\ w\,|_{t=\tau} = \dfrac{\partial w}{\partial t}\Big|_{t=\tau} = \cdots = \dfrac{\partial^{m-2} w}{\partial t^{m-2}}\Big|_{t=\tau} = 0, \\ \dfrac{\partial^{m-1} w}{\partial t^{m-1}}\Big|_{t=\tau} = f(\tau, \boldsymbol{x}). \end{cases}$$

3. 掌握求解线性非齐次问题的常用思路.

由于许多线性方程的非齐次问题不容易直接解决, 而相应的齐次化问题要容易解决, 所以把非齐次方程化为齐次方程来求解, 是求解非齐次方程的一个重要思路. 经过本节的学习, 我们可以学到求解非齐次问题的两个常用思路:

(1) 特解法: 根据叠加原理, 非齐次方程的通解 u 等于齐次方程的通解 v 加上非齐次方程的特解 u_1. 所以可以通过观察等简单手段得出非齐次方程的特解, 然后就能把非齐次方程齐次化, 这一方法叫特解法.

(2) 利用齐次化原理 (即冲量原理): 这一原理不仅适用于本章出现的非齐次线性发展方程的初值问题, 将来还能推广用于解决非齐次混合问题.

4. 熟练掌握利用叠加原理和齐次化原理推导非齐次弦振动初值问题的求解公式的过程. 具体步骤如下:

弦振动非齐次方程的初值问题是

$$\begin{cases} u_{tt} = a^2 u_{xx} + f(t, x) & (t > 0, -\infty < x < +\infty), \\ u(0, x) = \varphi(x), \quad u_t(0, x) = \psi(x). \end{cases} \tag{1.3.1}$$

利用叠加原理, 可知

$$u = u_1 + u_2,$$

其中 u_1 满足原问题对应的齐次问题

$$\begin{cases} u_{1tt} = a^2 u_{1xx} & (t > 0, -\infty < x < +\infty), \\ u_1(0, x) = \varphi(x), \quad u_{1t}(0, x) = \psi(x), \end{cases} \tag{1.3.2}$$

u_2 满足相应的非齐次但初值为 0 的纯受迫振动问题

$$\begin{cases} u_{2tt} = a^2 u_{2xx} + f(t, x) & (t > 0, -\infty < x < +\infty), \\ u_2(0, x) = 0, \quad u_{2t}(0, x) = 0. \end{cases} \tag{1.3.3}$$

齐次问题 (1.3.2) 的解 u_1 可由 d'Alembert 公式解出, 即

$$u_1 = \frac{1}{2} \left(\varphi(x - at) + \varphi(x + at) \right) + \frac{1}{2a} \int_{x-at}^{x+at} \psi(\xi) \mathrm{d}\xi;$$

问题 (1.3.3) 的解 u_2 可用齐次化原理求解, 即

$$u_2(t, x) = \int_0^t w(t, x, \tau) \mathrm{d}\tau,$$

其中 $w(t, x, \tau)$ 满足齐次化方程

$$\begin{cases} w_{tt} = a^2 w_{xx} & (t > \tau, -\infty < x < +\infty), \\ w\,|_{t=\tau} = 0, \quad w_t\,|_{t=\tau} = f(\tau, x). \end{cases}$$

显然, 通过作自变量替换 $t_1 = t - \tau$, 就可把 w 对应的定解问题转换为齐次定解问题的标准形式. 类似地, 用 d'Alembert 公式解出

$$w = \frac{1}{2a} \int_{x-a(t-\tau)}^{x+a(t-\tau)} f(\tau, \xi) \mathrm{d}\xi,$$

于是

$$u_2 = \frac{1}{2a} \int_0^t \mathrm{d}\tau \int_{x-a(t-\tau)}^{x+a(t-\tau)} f(\tau, \xi) \mathrm{d}\xi.$$

综上, 就得出求解此定解问题的解 $u(t,x)$ 的公式

$$
\begin{aligned}
u(t,x) &= u_1(t,x) + u_2(t,x) \\
&= \frac{1}{2}(\varphi(x-at) + \varphi(x+at)) + \frac{1}{2a}\int_{x-at}^{x+at} \psi(\xi)\mathrm{d}\xi \\
&\quad + \frac{1}{2a}\int_0^t \mathrm{d}\tau \int_{x-a(t-\tau)}^{x+a(t-\tau)} f(\tau,\xi)\mathrm{d}\xi.
\end{aligned}
\tag{1.3.4}
$$

1.3.2 例题分析

例 1.3.1 求解初值问题

$$
\begin{cases}
u_{tt} = u_{xx} + \cos x & (t > 0, -\infty < x < +\infty), \\
u(0,x) = 0, \quad u_t(0,x) = 4x.
\end{cases}
$$

解法 1(特解法) 原方程显然有特解 $u_1 = \cos x$. 作变换 $u = v + u_1 = v + \cos x$, 这样 v 满足齐次方程初值问题

$$
\begin{cases}
v_{tt} = v_{xx} & (t > 0, -\infty < x < +\infty), \\
v(0,x) = -\cos x, \quad v_t(0,x) = 4x.
\end{cases}
$$

利用 d'Alembert 公式, 得

$$
\begin{aligned}
v &= \frac{1}{2}\left(-\cos(x+t) - \cos(x-t)\right) + \frac{1}{2}\int_{x-t}^{x+t} 4\xi\mathrm{d}\xi \\
&= -\cos x \cos t + 4xt.
\end{aligned}
$$

最后, 我们得出原初值问题的解

$$
u = v + u_1 = \cos x - \cos x \cos t + 4xt.
$$

解法 2(叠加原理结合齐次化原理) 利用叠加原理, 得

$$
\begin{cases}
u_{1tt} = u_{1xx} & (t > 0, -\infty < x < +\infty), \\
u_1(0,x) = 0, \quad u_{1t}(0,x) = 4x.
\end{cases}
$$

而 u_2 满足

$$
\begin{cases}
u_{2tt} = u_{2xx} + \cos x & (t > 0, -\infty < x < +\infty), \\
u_2(0,x) = 0, \quad u_{2t}(0,x) = 0.
\end{cases}
$$

由 d'Alembert 公式, 得

$$u_1 = \frac{1}{2} \int_{x-t}^{x+t} 4\xi \, d\xi = 4xt \,.$$

根据齐次化原理, 得

$$u_2(t, x) = \int_0^t w(t, x, \tau) d\tau,$$

其中 $w(t, x, \tau)$ 满足齐次化方程

$$\begin{cases} w_{tt} = w_{xx} & (t > \tau, \ -\infty < x < +\infty), \\ w \mid_{t=\tau} = 0, & w_t \mid_{t=\tau} = \cos x \,. \end{cases}$$

显然, 作自变量替换 $t_1 = t - \tau$, 类似地, 用 d'Alembert 公式解出

$$w = \frac{1}{2} \int_{x-(t-\tau)}^{x+(t-\tau)} \cos \xi \, d\xi = \sin(t - \tau) \cos x \,.$$

于是

$$u_2 = \int_0^t \sin(t - \tau) \cos x \, d\tau = (1 - \cos t) \cos x \,.$$

同样, 最后也得到

$$u = u_1 + u_2 = 4xt - \cos t \cos x + \cos x \,.$$

例 1.3.2　求解初值问题

$$\begin{cases} \dfrac{\partial u}{\partial t} + a \dfrac{\partial u}{\partial x} + u = f(t, x) & (t > 0, -\infty < x < +\infty, \ a \neq 0 \text{为常数}), \\ u \mid_{t=0} = \varphi(x). \end{cases}$$

分析　这是常系数一阶线性方程非齐次初值问题. 由于原方程是非齐次的并且初值非零, 因此先使用叠加原理把原初值问题分解成两个初值问题: 其中一个初值问题方程沿用原来的非齐次方程, 但初值为 0, 这样可用冲量原理来求解; 另外一个初值问题的对应方程是齐次的, 初值为 $\varphi(x)$, 可直接求解. 最后, 把分解出的两个方程的解叠加就解决了本问题.

解　由叠加原理知 $u = u_1 + u_2$, 其中 u_1 满足

$$\begin{cases} \dfrac{\partial u_1}{\partial t} + a \dfrac{\partial u_1}{\partial x} + u_1 = 0, \\ u_1 \mid_{t=0} = \varphi(x), \end{cases}$$

u_2 满足

$$\begin{cases} \dfrac{\partial u_2}{\partial t} + a\dfrac{\partial u_2}{\partial x} + u_2 = f(t,x), \\ u_2\mid_{t=0} = 0. \end{cases}$$

为求解 u_1，根据泛定方程中 x 和 $-at$ 的对称性 (或使用特征线方法)，得到自变量替换

$$\xi = x - at, \quad \eta = t.$$

u_1 满足的方程化为

$$\frac{\partial u_1}{\partial \eta} + u_1 = 0,$$

解得

$$u_1 = f(\xi)\mathrm{e}^{-\eta} = f(x-at)\mathrm{e}^{-t}.$$

再利用初值条件 $u_1\mid_{t=0} = f(x) = \varphi(x)$，得

$$u_1 = \varphi(x-at)\mathrm{e}^{-t}.$$

为求解 u_2，我们先使用齐次化原理，取 $W(t,x,\tau)$ 满足

$$\begin{cases} \dfrac{\partial W}{\partial t} + a\dfrac{\partial W}{\partial x} + W = 0 \quad (t > \tau, -\infty < x < +\infty, a \neq 0\text{为常数}), \\ W\mid_{t=\tau} = f(\tau,x). \end{cases}$$

则

$$u_2 = \int_0^t W(t,x,\tau)\mathrm{d}\tau.$$

作自变量替换 $t_1 = t - \tau$，则 W 满足齐次问题

$$\begin{cases} \dfrac{\partial W}{\partial t_1} + a\dfrac{\partial W}{\partial x} + W = 0 \quad (t_1 > 0, -\infty < x < +\infty, a \neq 0\text{为常数}), \\ W\mid_{t_1=0} = f(\tau,x). \end{cases}$$

类似于求解 u_1 的过程，把 $f(\tau,x)$ 看成 u_1 问题中初值条件的 $\varphi(x)$，求得

$$W(t,x,\tau) = f(\tau,x-at_1)\mathrm{e}^{-t_1} = f(\tau, x-a(t-\tau))\mathrm{e}^{-(t-\tau)}.$$

综上，得原定解问题的解

$$u(t,x) = \varphi(x-at)\mathrm{e}^{-t} + \int_0^t f(\tau, x-a(t-\tau))\mathrm{e}^{-(t-\tau)}\mathrm{d}\tau.$$

例 1.3.3　直接使用求解弦振动非齐次问题的公式, 求解

$$\begin{cases} u_{tt} = 4u_{xx} + x + 3t \ (t > 0, -\infty < x < +\infty), \\ u(0, x) = x^2, \quad u_t(0, x) = \sin x. \end{cases}$$

解　使用求解弦振动非齐次问题的公式 (1.3.4) , 得到

$$u(t, x) = \frac{1}{2} \left((x - 2t)^2 + (x + 2t) \right)^2 + \frac{1}{4} \int_{x-2t}^{x+2t} \sin \xi \mathrm{d}\xi$$

$$+ \frac{1}{4} \int_0^t \mathrm{d}\tau \int_{x-2(t-\tau)}^{x+2(t-\tau)} (\xi + 3\tau) \mathrm{d}\xi,$$

化简得到

$$u(t, x) = x^2 + 4t^2 + \frac{1}{2} \sin x \sin 2t + \frac{1}{2} xt^2 + \frac{1}{2} t^3.$$

1.4　一阶和二阶线性偏微分方程 (A 型)

1.4.1　基本要求

1. 掌握一阶线性偏微分方程的特征线求解法.

(1) 对于含有两个自变量的一阶线性偏微分方程

$$a(x, y) \frac{\partial u}{\partial x} + b(x, y) \frac{\partial u}{\partial y} + c(x, y) u = f(x, y),$$

特征线求解法的一般步骤如下:

① 列出特征线方程

$$\frac{\mathrm{d}x}{a(x, y)} = \frac{\mathrm{d}y}{b(x, y)}.$$

② 求出特征线方程首次积分形式的解

$$\varphi(x, y) = h.$$

③ 作自变量替换

$$\xi = \varphi(x, y), \quad \eta = \phi(x, y),$$

其中 $\phi(x, y)$ 是与函数 $\varphi(x, y)$ 相互独立的任意函数.

④ 利用新自变量 ξ, η 代替 x, y 化简原方程. 此时, 对应新自变量 ξ, η 的一阶线性偏微分方程不再含有关于自变量 ξ 的偏导数项, 只含有关于自变量 η 的偏导数项, 形式上已变成了一阶线性常微分方程的形式, 从而可以借助一阶线性常微分方程公式来求解.

(2) 进一步, 对于含有 n 个自变量的一阶线性偏微分方程

$$\sum_{j=1}^{n} b_j(x_1, x_2, \cdots, x_n) \frac{\partial u}{\partial x_j} = f(x_1, x_2, \cdots, x_n),$$

相应的特征线解法一般步骤如下:

① 列出特征线方程

$$\frac{\mathrm{d}x_1}{b_1} = \frac{\mathrm{d}x_2}{b_2} = \cdots = \frac{\mathrm{d}x_n}{b_n}.$$

② 从以上特征方程求出 $n-1$ 个彼此独立的首次积分

$$\varphi_k(x_1, x_2, \cdots, x_n) = h_k \quad (k = 1, 2, \cdots, n-1).$$

③ 作自变量替换

$$\begin{cases} \xi_j = \varphi_j(x_1, x_2, \cdots, x_n) \quad (j = 1, 2, \cdots, n-1), \\ \xi_n = \varphi_n(x_1, x_2, \cdots, x_n), \end{cases}$$

其中 $\varphi_n(x_1, x_2, \cdots, x_n)$ 是与 $\varphi_k(x_1, x_2, \cdots, x_n)$ $(k = 1, 2, \cdots, n-1)$ 独立的任意函数.

④ 利用新自变量 ξ_j $(j = 1, 2, \cdots, n)$ 化简原方程. 此时, 采用新自变量 ξ_j $(j = 1, 2, \cdots, n)$ 的一阶线性偏微分方程不再含有关于自变量 $\xi_1, \xi_2, \cdots, \xi_{n-1}$ 的偏导数项, 而只含有关于自变量 ξ_n 的一阶偏导数项, 所以原一阶线性偏微分方程变成了一阶线性常微分方程的形式, 从而可以借助一阶线性常微分方程公式来求解.

2. 掌握两个自变量的二阶线性偏微分方程的特征线研究法, 并进一步能对二阶线性偏微分方程分类, 化简并化成标准形.

含有两个自变量的二阶线性偏微分方程是

$$a_{11} \frac{\partial^2 u}{\partial x^2} + 2a_{12} \frac{\partial^2 u}{\partial x \partial y} + a_{22} \frac{\partial^2 u}{\partial y^2} + b_1 \frac{\partial u}{\partial x} + b_2 \frac{\partial u}{\partial y} + cu = 0,$$

其中 a_{11}, a_{12}, a_{22} 不同时为 0, 而函数 $a_{i,j}, b_j\,(i, j = 1, 2)$ 以及 c 的自变量为 x, y. 原方程的特征方程是

$$a_{11}\left(\frac{\mathrm{d}y}{\mathrm{d}x}\right)^2 - 2a_{12}\frac{\mathrm{d}y}{\mathrm{d}x} + a_{22} = 0.$$

此特征方程可以看成以 $\dfrac{\mathrm{d}y}{\mathrm{d}x}$ 为变元的一元二次代数方程, 令

$$\Delta = a_{12}^2 - a_{11}a_{22}.$$

根据 Δ 的不同取值, 可以对方程进行如下分类:

(1) $\Delta > 0$, 这时方程为**双曲型**, 相应的特征方程分解成两个实形式的一阶常微分方程, 不妨设 $a_{11} \neq 0$, 则有

$$\frac{\mathrm{d}y}{\mathrm{d}x} = \frac{a_{12} + \sqrt{\Delta}}{a_{11}} \quad \text{和} \quad \frac{\mathrm{d}y}{\mathrm{d}x} = \frac{a_{12} - \sqrt{\Delta}}{a_{11}},$$

对应两族特征线

$$\varphi(x, y) = h_1, \quad \phi(x, y) = h_2.$$

作自变量替换

$$\xi = \varphi(x, y), \quad \eta = \phi(x, y).$$

原二阶线性偏微分方程以 ξ, η 为自变量, 一定具有以下简单形式, 即标准形

$$\frac{\partial^2 u}{\partial \xi \partial \eta} + C_1 u_\xi + C_2 u_\eta + C_3 u = 0,$$

其中 C_1, C_2 及 C_3 是 ξ, η 的函数.

(2) $\Delta = 0$, 这时方程为**抛物型**, 特征方程对应唯一的一个一阶常微分方程, 不妨设 $a_{11} \neq 0$, 则有

$$\frac{\mathrm{d}y}{\mathrm{d}x} = \frac{a_{12}}{a_{11}}.$$

对应唯一特征线族

$$\varphi(x, y) = h.$$

作自变量替换

$$\xi = \varphi(x, y), \quad \eta = \phi(x, y),$$

其中 $\phi(x, y)$ 是与函数 $\varphi(x, y)$ 相互独立的任意函数. 用新自变量 ξ, η 代替原二阶线性偏微分方程的自变量 x, y, 则原方程化为以下简单形式, 即标准形

$$\frac{\partial^2 u}{\partial \eta^2} + D_1 u_\xi + D_2 u_\eta + D_3 U = 0,$$

其中 D_1, D_2 及 D_3 是 ξ, η 的函数.

(3) $\Delta < 0$, 这时方程为**椭圆型**, 相应的特征方程在复数域分解成两个一阶常微分方程, 不妨设 $a_{11} \neq 0$, 则相应的一阶方程为

$$\frac{\mathrm{d}y}{\mathrm{d}x} = \frac{a_{12} + \mathrm{i}\sqrt{-\Delta}}{a_{11}} \quad \text{和} \quad \frac{\mathrm{d}y}{\mathrm{d}x} = \frac{a_{12} - \mathrm{i}\sqrt{-\Delta}}{a_{11}},$$

对应两族共轭的隐式解

$$\varphi(x, y) + \mathrm{i}\phi(x, y) = h_1, \quad \varphi(x, y) - \mathrm{i}\phi(x, y) = h_2.$$

作自变量替换

$$\xi = \varphi(x, y), \quad \eta = \phi(x, y).$$

用新自变量 ξ, η 代替原二阶线性偏微分方程的自变量 x, y, 则原方程必然化为以下形式, 即标准形

$$\frac{\partial^2 u}{\partial \xi^2} + \frac{\partial^2 u}{\partial \eta^2} + E_1 u_\xi + E_2 u_\eta + E_3 U = 0,$$

其中 E_1, E_2 及 E_3 是 ξ, η 的函数.

1.4.2 例题分析

例 1.4.1 利用特征线法求自由弦振动方程

$$u_{tt} = a^2 u_{xx} \quad (t > 0, -\infty < x < +\infty)$$

的通解.

解 首先列出特征线方程

$$\mathrm{d}x^2 = a^2 \mathrm{d}t^2,$$

于是得到两个首次积分

$$x + at = c_1, \quad x - at = c_2.$$

由这两个首次积分, 我们得到自变量变换

$$\xi = x + at, \quad \eta = x - at.$$

由此方程化为

$$\frac{\partial^2 u}{\partial \xi \partial \eta} = 0.$$

于是得到通解

$$u = f(\xi) + g(\eta) = f(x - at) + g(x + at).$$

例 1.4.2 求方程

$$x\frac{\partial u}{\partial x} - y\frac{\partial u}{\partial y} = 0$$

的通解.

解 原方程的特征线方程为

$$\frac{\mathrm{d}x}{x} = \frac{\mathrm{d}y}{-y}.$$

通过积分得到首次积分

$$xy = c.$$

作变量替换

$$\xi = xy, \quad \eta = x,$$

方程化简为

$$\frac{\partial u}{\partial \eta} = 0 \quad \Rightarrow \quad u = f(\xi),$$

也就是

$$u = f(xy).$$

例 1.4.3 求方程

$$u_{xx} + 2u_{xy} - 3u_{yy} = 0$$

的通解, 并求满足 $u(x,0) = 3x^2, u_y(x,0) = 0$ 的特解 u.

解 原方程的特征线方程为

$$\mathrm{d}y^2 - 2\mathrm{d}x\mathrm{d}y - 3\mathrm{d}x^2 = 0.$$

解得两族特征线

$$x + y = c_1, \quad y - 3x = c_2.$$

作变量替换

$$\xi = x + y, \quad \eta = y - 3x,$$

则通过复合求导计算得到

$$u_{xx} = u_{\xi\xi} - 6u_{\xi\eta} + 9u_{\eta\eta},$$
$$u_{xy} = u_{\xi\xi} - 2u_{\xi\eta} - 3u_{\eta\eta},$$
$$u_{yy} = u_{\xi\xi} + 2u_{\xi\eta} + u_{\eta\eta}.$$

代入原方程后得

$$\frac{\partial^2 u}{\partial\xi\partial\eta} = 0 \quad \Rightarrow \quad u = f(\xi) + g(\eta),$$

也就是原方程的通解

$$u = f(x+y) + g(y-3x).$$

再由定解条件

$$u(x,0) = f(x) + g(-3x) = 3x^2,$$
$$u_y(x,0) = f'(x) + g'(-3x) = 0,$$

得

$$f(x) - \frac{1}{3}g(-3x) = c \quad (c\text{为任意常数}),$$

所以

$$f(\xi) = \frac{3}{4}\xi^2 + \frac{3}{4}c, \quad g(\eta) = \frac{1}{4}\eta^2 - \frac{3}{4}c.$$

这样求得满足定解条件的解

$$u = \frac{3}{4}(x+y)^2 + \frac{3}{4}c + \frac{1}{4}(y-3x)^2 - \frac{3}{4}c = 3x^2 + y^2.$$

例 1.4.4　对以下二阶偏微分方程分类, 并将其化为相应的标准形:

(1) $\lambda_1\lambda_2 u_{xx} - (\lambda_1 + \lambda_2)u_{xy} + u_{yy} = 0$ $(\lambda_1 \neq \lambda_2)$;

(2) $x^2 u_{xx} - 2xy u_{xy} + y^2 u_{yy} + u_x = 0$;

(3) $y^2 u_{xx} + x^2 u_{yy} = 0$.

解　(1) 原方程的特征方程为

$$\lambda_1\lambda_2 \mathrm{d}y^2 + (\lambda_1 + \lambda_2)\mathrm{d}x\mathrm{d}y + \mathrm{d}x^2 = 0,$$

由此得到两族实的特征曲线

$$x + \lambda_1 y = c_1, \quad x + \lambda_2 y = c_2.$$

所以原方程是双曲型. 作变量替换

$$\xi = x + \lambda_1 y, \quad \eta = x + \lambda_2 y,$$

求复合导数:

$$u_{xx} = u_{\xi\xi} + 2u_{\xi\eta} + u_{\eta\eta},$$
$$u_{xy} = \lambda_1 u_{\xi\xi} + (\lambda_1 + \lambda_2)u_{\xi\eta} + \lambda_2 u_{\eta\eta},$$
$$u_{yy} = \lambda_1^2 u_{\xi\xi} + 2\lambda_1\lambda_2 u_{\xi\eta} + \lambda_2^2 u_{\eta\eta}.$$

代入原方程, 得到原方程的标准形

$$\frac{\partial^2 u}{\partial \xi \partial \eta} = 0.$$

(2) 原方程的特征方程为

$$x^2 \mathrm{d}y^2 + 2xy\mathrm{d}x\mathrm{d}y + y^2 \mathrm{d}x^2 = 0,$$

即

$$(y\mathrm{d}x + x\mathrm{d}y)^2 = 0,$$

积分得唯一特征线族

$$xy = c.$$

所以原方程是抛物型. 作变量替换

$$\xi = xy, \quad \eta = y.$$

求复合导数, 我们有

$$u_x = yu_\xi, \quad u_y = xu_\xi + u_\eta, \quad u_{xx} = y^2 u_{\xi\xi},$$
$$u_{xy} = u_\xi + y(xu_{\xi\xi} + u_{\xi\eta}), \quad u_{yy} = x(xu_{\xi\xi} + u_{\xi\eta}) + xu_{\xi\eta} + u_{\eta\eta}.$$

代入原方程并把 xy 替换为 ξ, y 替换为 η, 化简后我们得到原方程的标准形

$$\eta u_{\eta\eta} + u_\xi = 0.$$

(3) 原方程的特征方程为

$$y^2(\mathrm{d}y)^2 + x^2(\mathrm{d}x)^2 = 0.$$

由此得到一对共轭隐式通解, 所以此方程是椭圆型方程, 共轭隐式通解具体为

$$y^2 + \mathrm{i}x^2 = c_1, \quad y^2 - \mathrm{i}x^2 = c_2.$$

通过取所得共轭函数的实部和虚部作变量替换, 即

$$\xi = y^2, \quad \eta = x^2.$$

经过复合求导计算并化简, 得原方程的标准形

$$u_{\xi\xi} + u_{\eta\eta} + \frac{1}{2\xi}u_\xi + \frac{1}{2\eta}u_\eta = 0.$$

例 1.4.5 把方程

$$x^2\frac{\partial^2 u}{\partial x^2} - y^2\frac{\partial^2 u}{\partial y^2} = y\frac{\partial u}{\partial y} - x\frac{\partial u}{\partial x}$$

化为标准形, 并求出其通解.

解 特征线方程为

$$x^2(\mathrm{d}y)^2 - y^2(\mathrm{d}x)^2 = 0, \quad 即 \quad (x\mathrm{d}y + y\mathrm{d}x)(x\mathrm{d}y - y\mathrm{d}x) = 0.$$

解得两个独立的首次积分

$$xy = c_1, \quad \frac{y}{x} = c_2.$$

作自变量替换

$$\xi = xy, \quad \eta = \frac{y}{x}.$$

我们有

$$u_x = yu_\xi - \frac{y}{x^2}u_\eta, \quad u_{xx} = y^2u_{\xi\xi} - 2\frac{y^2}{x^2}u_{\xi\eta} + \frac{y^2}{x^4}u_{\eta\eta} + 2\frac{y}{x^3}u_\eta,$$

$$u_y = xu_\xi + \frac{1}{x}u_\eta, \quad u_{yy} = x^2u_{\xi\xi} + 2u_{\xi\eta} + \frac{1}{x^2}u_{\eta\eta}.$$

代入原方程化简, 得到原方程的标准形

$$\frac{\partial^2 u}{\partial\xi\partial\eta} = 0.$$

于是得到原方程的通解

$$u = f(\xi) + g(\eta) = f(xy) + g\left(\frac{y}{x}\right).$$

例 1.4.6　求以下一阶线性方程的通解:

$$(y + z)u_x + (z + x)u_y + (x + y)u_z = 0.$$

解　原一阶线性方程的特征线方程是

$$\frac{\mathrm{d}x}{y + z} = \frac{\mathrm{d}y}{z + x} = \frac{\mathrm{d}z}{x + y}. \tag{1}$$

由上式, 利用合分比定理得到

$$\frac{\mathrm{d}x - \mathrm{d}y}{y - x} = \frac{\mathrm{d}y - \mathrm{d}z}{z - y},$$

相应得到一个首次积分

$$\frac{x - y}{y - z} = c_1. \tag{2}$$

类似地, 由式 (1) 还可以得到

$$\frac{\mathrm{d}x + \mathrm{d}y + \mathrm{d}z}{2(x + y + z)} = \frac{\mathrm{d}x - \mathrm{d}y}{y - x}.$$

积分得到另外一个独立的首次积分

$$(x - y)^2(x + y + z) = c_2. \tag{3}$$

因此, 原方程的一般解为

$$u = f\left(\frac{x-y}{y-z},\, (x-y)^2(x+y+z)\right),$$

其中 f 为任意可微二元函数.

1.5 练 习 题

1. 求以下偏微分方程的通解:

(1) $\dfrac{\partial^2 u}{\partial t^2} - 4\dfrac{\partial^2 u}{\partial x^2} = x^3$;　　　　(2) $\dfrac{\partial^2 u}{\partial x \partial y} = xy + 1$;

(3) $\dfrac{\partial^2 u}{\partial x^2} = xy + 1$;　　　　(4) $\dfrac{\partial u}{\partial t} - 3\dfrac{\partial u}{\partial x} = x$.

2. 求以下方程在指定条件下的解:

(1) $\Delta_2 u = 0$, 形如 $u = \mathrm{e}^{ax}\cos by$ $(a, b$为实数$)$ 的解;

(2) $\dfrac{\partial^2 u}{\partial x^2} - \dfrac{\partial^2 u}{\partial y^2} = y$, 形如 $u = x^n y^m$ $(m, n$为非负整数$)$ 的解;

(3) $u_{tt} = a^2 \Delta_3 u$, 形如 $u = u(t, r)$ $(r = \sqrt{x^2 + y^2 + z^2}\,)$ 的解.

3. 求解以下定解问题:

(1) $\begin{cases} \dfrac{\partial u}{\partial t} = \sin 2x \ (t > 0,\ -\infty < x < +\infty), \\ u(0, x) = x^2 + 1; \end{cases}$

(2) $\begin{cases} \dfrac{\partial^2 u}{\partial x \partial y} = \sin x \ (x > 0, y > 0), \\ u(0, y) = y^2,\ u(x, 0) = 1; \end{cases}$

(3) $\begin{cases} u_{tt} - u_{xx} = x \ (t > 0,\ -\infty < x < +\infty), \\ u(0, x) = x^3,\ u_t(0, x) = x + 1; \end{cases}$

(4) $\begin{cases} u_t - 3u_x = x \ (t > 0,\ -\infty < x < +\infty), \\ u(0, x) = x^2 + \sin x; \end{cases}$

(5) $\begin{cases} u_{tt} - 3u_{xx} + \cos t - t^2 x = 0 \ (t > 0,\ -\infty < x < +\infty), \\ u(0, x) = \sin x,\ u_t(0, x) = x + 3. \end{cases}$

4. (A 型) 求以下线性方程的通解:

(1) $y\dfrac{\partial u}{\partial x} - x\dfrac{\partial u}{\partial y} = x$;　　　　(2) $\dfrac{\partial u}{\partial t} - 4\dfrac{\partial u}{\partial x} + t^2 x\, u = 0$;

(3) $u_{xx} + 5u_{xy} - 6u_{yy} = 0$;　　　　(4) $4y^2 u_{xx} - 9u_{yy} = 0$.

5. (A 型) 把以下二阶线性方程化为标准形:

(1) $yu_{xx} - 2xyu_{xy} + x^2 yu_{yy} + xu_x + 2yu_y = 0$;

(2) $x^5(t^2 u_{tt} + tu_t) - xu_{xx} + au_x = 0$ (a为常数, $xt \neq 0$).

6. (A 型) 求解以下定解问题:

(1) $\begin{cases} u_{xx} + 3u_{xy} + 2u_{yy} = 0, \\ u(x,0) = 6 + \sin 8x, \quad u_y(x,0) = x^2 \, ; \end{cases}$

(2) $\begin{cases} \sqrt{x}\dfrac{\partial u}{\partial x} + \sqrt{y}\dfrac{\partial u}{\partial y} + z\dfrac{\partial u}{\partial z} + u = 0, \\ u \mid_{z=1} = x^2 y + y. \end{cases}$

7. 设有半径为 a 的导体球壳, 被绝缘薄片分为上、下两个半球壳. 若上、下两个半球壳的电位分别为 V_1 和 V_2, 试写出球内电位满足的定解问题.

第 2 章 分离变量法

本章介绍分离变量法这一求解数学物理方程的重要方法. 首先通过用分离变量法求解自由弦振动方程混合问题和圆柱体稳态温度分布边值问题等典型例子, 演示分离变量法的适用问题和基本步骤. 然后对分离变量中出现的固有值问题进行一般性的讨论, 即 Sturm-Liouville 定理. 最后又对非齐次混合问题齐次化给出一般性的方法, 从而使得齐次化问题能用分离变量法解决.

通过本章学习, 要能掌握分离变量法的适用问题和基本步骤, 能用分离变量法求解某些典型区域上的定解问题; 能熟练解决一些常见的基本固有值问题; 理解 Sturm-Liouville 定理对常见的二阶固有值问题及其衍生性问题的指导意义; 能掌握固有函数系的正交性和完备性等重要性质, 会利用固有函数系作广义 Fourier 展开; 掌握把非齐次混合问题及边值问题齐次化的方法, 最终结合分离变量求解. 另外, 以下列出的一些已学过的微积分知识在本章中经常使用, 需要优先掌握:

1. 求解二阶线性齐次常系数微分方程

$$y'' + py' + qy = 0, \tag{1}$$

其中 p, q 为常数. 它的特征方程为

$$\lambda^2 + p\lambda + q = 0. \tag{2}$$

根据特征方程 (2) 的解的不同情况, 二阶常系数微分方程 (1) 有不同的解, 具体如下:

(1) 特征根有两个不同实根 λ_1, λ_2, 则通解

$$y(x) = c_1 e^{\lambda_1 x} + c_2 e^{\lambda_2 x}.$$

(2) 特征根有唯一重实根 λ_0, 则通解

$$y(x) = c_1 e^{\lambda_0 x} + c_2 x e^{\lambda_0 x}.$$

(3) 特征根有一对共轭复根 $\lambda_{1,2} = \alpha \pm i\beta$, 则通解

$$y(x) = c_1 e^{\alpha x} \cos\beta x + c_2 e^{\alpha x} \sin\beta x.$$

2. 求解 Euler 方程

$$x^2 y'' + pxy' + qy = 0,$$

其中 p, q 为常数. 作变换 $t = \ln x$, 则 Euler 方程化为二阶齐次常系数微分方程

$$\frac{\mathrm{d}^2 y}{\mathrm{d} t^2} + (p-1)\frac{\mathrm{d} y}{\mathrm{d} t} + qy = 0.$$

3. 余弦和正弦级数的展开

(1) 余弦级数

$$f(x) = \frac{A_0}{2} + \sum_{n=1}^{+\infty} A_n \cos\frac{n\pi x}{l} \quad (0 \leqslant x \leqslant l),$$

其中系数

$$A_n = \frac{2}{l}\int_0^l f(x)\cos\frac{n\pi x}{l}\mathrm{d}x \quad (n = 0, 1, 2, \cdots).$$

(2) 正弦级数

$$f(x) = \sum_{n=1}^{+\infty} A_n \sin\frac{n\pi x}{l} \quad (0 \leqslant x \leqslant l),$$

其中系数

$$A_n = \frac{2}{l}\int_0^l f(x)\sin\frac{n\pi x}{l}\mathrm{d}x \quad (n = 1, 2, \cdots).$$

2.1　分离变量法初步和固有值问题

2.1.1　基本要求

1. 能熟练使用分离变量法求解以下两个典型问题, 从而掌握分离变量法求解的思想和一般步骤.

(1) 自由弦振动方程混合问题:

$$\begin{cases} \dfrac{\partial^2 u}{\partial t^2} = a^2 \dfrac{\partial^2 u}{\partial x^2} & (t > 0,\ 0 < x < l), \\ u(t,0) = u(t,l) = 0, \\ u\mid_{t=0} = \varphi(x), \quad \dfrac{\partial u}{\partial t}\Big|_{t=0} = \psi(x). \end{cases}$$

(2) 圆柱体稳态温度边值问题:

$$\begin{cases} \Delta_2 u = \dfrac{1}{r}\dfrac{\partial}{\partial r}\left(r\dfrac{\partial u}{\partial r} \right) + \dfrac{1}{r^2}\dfrac{\partial^2 u}{\partial \theta^2} = 0, \\ u\mid_{r=a} = F(a\cos\theta, a\sin\theta) \triangleq f(\theta). \end{cases}$$

2. 掌握求解固有值问题 (或本征值问题) 的方法.

(1) 固有值问题: 是指含有参数的微分方程在附加了边界条件或周期性条件等后得到的问题. 当固有值问题有非零解时所对应的参数称为固有值, 相应的非零解称为固有函数. 在作分离变量后会得到固有值问题.

(2) 固有值问题示例:

$$\begin{cases} y'' + \lambda y = 0 & (0 < x < l), \\ y'(0) = 0, \quad y(l) = 0. \end{cases}$$

(3) 求解固有值问题的一般步骤: 求解固有值问题中的微分方程, 结合边界条件或其他附加条件, 找出符合条件的非零解对应的参数, 即固有值. 对应的解就是对应此固有值的固有函数. (在学过 Sturm-Liouville 定理后, 也可参照 Sturm-Liouville 定理的结论来求解二阶常微分方程固有值问题)

(4) 几种常见的固有值问题及相关结论:

$$\begin{cases} y'' + \lambda y = 0, \\ y(0) = 0,\ y(l) = 0 \end{cases} \Rightarrow \begin{cases} \text{固有值: } \lambda_n = \left(\dfrac{n\pi}{l}\right)^2\ (n = 1, 2, \cdots), \\ \text{固有函数: } y_n(x) = \sin\dfrac{n\pi x}{l}; \end{cases}$$

$$\begin{cases} y'' + \lambda y = 0, \\ y'(0) = 0,\ y'(l) = 0 \end{cases} \Rightarrow \begin{cases} \text{固有值: } \lambda_n = \left(\dfrac{n\pi}{l}\right)^2\ (n = 0, 1, 2, \cdots), \\ \text{固有函数: } y_n(x) = \cos\dfrac{n\pi x}{l}; \end{cases}$$

$$\begin{cases} y'' + \lambda y = 0, \\ y(0) = 0,\ y'(l) = 0 \end{cases} \Rightarrow \begin{cases} \text{固有值: } \lambda_n = \left(\dfrac{(2n+1)\pi}{2l}\right)^2\ (n = 0, 1, 2, \cdots), \\ \text{固有函数: } y_n(x) = \sin\dfrac{(2n+1)\pi x}{2l}; \end{cases}$$

$$\begin{cases} y'' + \lambda y = 0, \\ y'(0) = 0,\ y(l) = 0 \end{cases} \Rightarrow \begin{cases} \text{固有值: } \lambda_n = \left(\dfrac{(2n+1)\pi}{2l}\right)^2\ (n = 0, 1, 2, \cdots), \\ \text{固有函数: } y_n(x) = \cos\dfrac{(2n+1)\pi x}{2l}; \end{cases}$$

$$\begin{cases} y'' + \lambda y = 0, \\ y(\theta) = y(\theta + 2l) \end{cases} \Rightarrow \begin{cases} \text{固有值: } \lambda_n = \left(\dfrac{n\pi}{l}\right)^2 \ (n = 0, 1, 2, \cdots), \\ \text{固有函数: } y_n(\theta) = A_n \cos \dfrac{n\pi\theta}{l} + B_n \sin \dfrac{n\pi\theta}{l}. \end{cases}$$

3. 掌握分离变量求解的一般步骤:

(1) 寻求分离变量形式的解: 把自变量分组, 分离变量形式的解写成各组相应函数的乘积. 如 $u = u(t, x)$, 分离变量形式的解设为 $u = T(t)X(x)$. 又如 $u = u(t, x, y, z)$, 分离变量形式的解既可设为 $u = T(t)X(x)Y(y)Z(z)$, 也可设为 $u = T(t)V(x, y, z)$.

(2) 确定固有值问题: 把分离变量形式的解代入定解问题的泛定方程, 产生各组函数对应的微分方程. 再结合所给的齐次边界条件或周期性条件产生对应的固有值问题.

(3) 产生一系列分离变量形式的解: 求解固有值问题, 得到固有值和固有函数; 并把固有值代入剩余各组微分方程, 求出相应函数, 就得到一系列分离变量形式的解, 如 $u_n(t, x) = T_n(t)X_n(x) \ (n = 1, 2, \cdots)$.

(4) 叠加并最终求出定解问题的解: 根据叠加原理, 分离变量形式的解叠加后仍然满足泛定方程及齐次边界条件 (或周期性条件), 所以可对分离变量形式的解叠加以得到一般解, 如设 $u(t, x) = \sum\limits_{n=1}^{+\infty} u_n(t, x)$. 再根据其他定解条件 (如弦振动混合问题的初值条件) 确定一般解中的任意常数, 从而最终解决定解问题.

4. 掌握 Sturm-Liouville 定理的基本结论.

(1) Sturm-Liouville 型方程: 对于一般的二阶齐次线性偏微分方程

$$L_t u + C(t)L_x u = 0 \quad (a \leqslant x \leqslant b), \tag{2.1.1}$$

其中 L_t, L_x 是二阶线性偏微分算子, 且

$$L_t = a_0(t)\frac{\partial^2}{\partial t^2} + a_1(t)\frac{\partial}{\partial t} + a_2(t), \quad L_x = b_0(x)\frac{\partial^2}{\partial x^2} + b_1(x)\frac{\partial}{\partial x} + b_2(x).$$

作分离变量 $u = T(t)X(x)$, 代入后 $X(x)$ 产生的二阶微分方程有如下形式:

$$b_0(x)X''(x) + b_1(x)X'(x) + b_2(x)X(x) + \lambda X(x) = 0. \tag{2.1.2}$$

上式两边同乘以待定权值 $\rho(x)$, 方程变为

$$\rho(x)b_0(x)X''(x) + \rho(x)b_1(x)X'(x) + b_2(x)\rho(x)X(x) + \lambda\rho(x)X(x) = 0.$$

为使方程前两项配成完全导数形式, 要求权值 $\rho(x)$ 满足

$$\rho(x)b_1(x) = (\rho(x)b_0(x))' \quad \Rightarrow \quad \rho(x) = \frac{1}{b_0(x)}\exp\left(\int\frac{b_1(x)}{b_0(x)}\mathrm{d}x\right).$$

利用以上得到的 $\rho(x)$, 再记 $y(x) = X(x)$, 方程就化成 Sturm-Liouville 标准形式:

$$(k(x)y'(x))' - q(x)y'(x) + \lambda\rho(x)y(x) = 0, \tag{2.1.3}$$

其中 $k(x) = \rho(x)b_0(x), q(x) = -b_2(x)\rho(x)$.

(2) Sturm-Liouville 型方程附加的边界条件形成的固有值问题.

假定 Sturm-Liouville 方程的系数满足:

(a) $k(x) \in C^1[a,b], q(x), \rho(x) \in C[a,b]$, 在 (a,b) 上, $k(x), \rho(x) > 0$, 且 $q(x) \geqslant 0$;

(b) $q(x)$ 在 (a,b) 上连续, 而且在端点处至多是一级极点.

在以上假定下, Sturm-Liouville 方程可附加以下五种常用的边界条件:

(a) 当 $k(a) > 0$(或 $k(b) > 0$), 且 $q(x)$ 在 a 点 (或 b 点) 连续时, 对 $y(x)$ 可给出以下形式的第一、二、三类边界条件形成的固有值问题:

$$\alpha_1 y'(a) - \beta_1 y(a) = 0 \quad (\alpha_1, \beta_1 \geqslant 0),$$
$$\alpha_2 y'(b) + \beta_2 y(b) = 0 \quad (\alpha_2, \beta_2 \geqslant 0).$$

(b) 当 $k(a) = k(b) > 0$ 时, 可以附加周期性条件

$$y(a) = y(b), \quad y'(a) = y'(b).$$

(c) 当 $k(x)$ 在某个端点为 0 , 如 $k(a) = 0$, 且为一级零点, 则 $y(x)$ 在点 a 可以附加自然边界条件, 即

$$|y(a)| < +\infty.$$

（3）Sturm-Liouville 方程固有值问题的相关结论:

Sturm-Liouville 方程配以上五种边界条件之一, 形成相应的固有值问题, 则固有值和固有函数有以下性质:

(a) 可数性: 存在可数无穷多个固有值 $\lambda_1 < \lambda_2 < \cdots < \lambda_n < \cdots$, 且 $\lim\limits_{n\to+\infty}\lambda_n = +\infty$; 除了附加周期性条件外, 每个固有值只有唯一的固有函数与之对应.

(b) 非负性: $\lambda_n \geqslant 0$, 有固有值 $\lambda = 0$ 的充分必要条件是 $q(x) = 0$, 且在 a, b 两端都不取第一、三类边界条件, 这时固有函数是非零常数.

(c) 正交性: 设 $\lambda_m \neq \lambda_n$, 则相应的固有函数 $y_m(x), y_n(x)$ 在 $[a, b]$ 上带权正交, 即

$$\int_a^b \rho(x) y_m(x) y_n(x) \mathrm{d}x = 0 \, .$$

(d) 完备性: 固有函数系 $y_n(x)$ $(n = 1, 2, 3, \cdots)$ 是完备的, 即 $\forall f(x) \in L_\rho^2[a, b]$,

$$f(x) = \sum_{n=1}^{+\infty} C_n y_n(x).$$

以上收敛是均方意义下的收敛, 其中

$$C_n = \frac{1}{||y_n(x)||^2} \int_a^b \rho(x) f(x) y_n(x) \, \mathrm{d}x \quad (n = 1, 2, \cdots),$$

而

$$||y_n(x)||^2 = \int_a^b \rho(x) y_n^2(x) \mathrm{d}x \, .$$

2.1.2　例题分析

例 2.1.1　求解固有值问题

$$\begin{cases} y'' + \lambda y = 0, \\ y'(0) = 0, \quad y(l) = 0 \, . \end{cases}$$

分析　按照常微分方程理论, 对于任意 λ, 泛定方程都有解, 但是附加了边界条件后 λ 就受到限制, 能符合边界条件的非零解对应的 λ 就是固有值, 相应的非零解就是固有函数.

解　对 λ 分情况讨论.

(1) $\lambda < 0$, 记 $\lambda = -\omega^2$, 这时泛定方程的解是 $y = A\mathrm{e}^{\omega x} + B\mathrm{e}^{-\omega x}$, 代入边界条件 $y'(0) = 0$, 得出 $A = B$, 再代入边界条件 $y(l) = 0$, 得出 $A\mathrm{e}^{\omega l} + B\mathrm{e}^{-\omega l} = 0$, 于是求出 $A = B = 0$. 因此, $\lambda < 0$ 时无固有值.

(2) 类似于以上讨论, 可知 $\lambda = 0$ 不是固有值.

(3) $\lambda > 0$, 令 $\lambda = \omega^2$, 这时泛定方程的解是 $y = A\cos\omega x + B\sin\omega x$, 代入边界条件 $y'(0) = 0$, 得出 $B = 0$, 于是 $y = A\cos\omega x$. 最后利用边界条件 $y(l) = 0$, 得

出 $A\cos\omega l = 0$, A 不能再为 0 , 因此只能有 $\cos\omega l = 0$. 解得

$$\omega l = n\pi + \frac{\pi}{2} \quad \Rightarrow \quad \omega_n = \frac{n\pi + \pi/2}{l}.$$

这样得到固有值和固有函数分别为

$$\lambda_n = \omega_n^2 = \left(\frac{2n\pi + \pi}{2l}\right)^2 \quad (n = 0, 1, 2, \cdots),$$

$$y_n(x) = \cos\frac{(2n+1)\pi x}{2l}.$$

注 2.1.1 本例也可使用 Sturm-Liouville 定理直接判断出 $\lambda > 0$, 从而简化讨论过程.

例 2.1.2 求解以下固有值问题的固有值和固有函数:
$$\begin{cases} (r^2 R')' + \lambda r^2 R = 0 \quad (0 < r < a), \\ |R(0)| < +\infty, \quad R(a) = 0. \end{cases}$$

分析 此固有值问题的泛定方程是变系数方程, 可根据方程特点作变换 $Y = rR$, 把泛定方程化为常系数方程, 并定出相应的边界条件, 最终解决问题.

解 作变量替换 $Y = rR$, 则泛定方程化为

$$Y'' + \lambda Y = 0.$$

由于 $|R(0)| < +\infty$, 故 $Y(0) = \lim_{r \to 0} rR(r) = 0$, 而 $Y(a) = aR(a) = 0$, 这样 $Y(r)$ 满足固有值问题

$$\begin{cases} Y''(r) + \lambda Y = 0 \quad (0 < r < a), \\ Y(0) = 0, \quad Y(a) = 0. \end{cases}$$

求解此固有值问题, 解得

$$\lambda_n = \left(\frac{n\pi}{a}\right)^2, \quad Y_n(r) = \sin\frac{n\pi}{a}r.$$

即得原问题的固有值和固有函数:

$$\lambda_n = \left(\frac{n\pi}{a}\right)^2, \quad R_n(r) = \frac{1}{r}\sin\frac{n\pi}{a}r.$$

例 2.1.3 求解以下固有值问题的固有值和固有函数:
$$\begin{cases} X''(x) + 2X'(x) + \lambda X = 0, \\ X(0) = X(1) = 0. \end{cases}$$

解　泛定微分方程的特征方程为

$$k^2 + 2k + \lambda = 0.$$

记 $\Delta = 1 - \lambda$. 分情况讨论如下:

(1) $\Delta > 0$, 泛定方程的通解为 $y = Ae^{(-1+\sqrt{\Delta})x} + Be^{(-1-\sqrt{\Delta})x}$, 代入边界条件, 得到 $A = B = 0$, 即 $\Delta > 0$ 时无固有值.

(2) 类似地, $\Delta = 0$ 时没有固有值.

(3) $\Delta < 0$, 即 $\lambda > 1$ 时,

$$X(x) = Ae^{-x}\cos\sqrt{-\Delta}\,x + Be^{-x}\sin\sqrt{-\Delta}\,x.$$

代入边界条件 $X(0) = 0$, 得出 $A = 0$. 再由边界条件

$$X(1) = Be^{-1}\sin\sqrt{-\Delta} = 0 \quad \Rightarrow \quad \sin\sqrt{-\Delta} = 0,$$

解得

$$\sqrt{-\Delta} = n\pi \quad \Rightarrow \quad \sqrt{\lambda - 1} = n\pi \quad (n = 1, 2, \cdots).$$

综上, 固有值和固有函数分别为

$$\lambda_n = 1 + (n\pi)^2,$$
$$X_n(x) = B_n e^{-x}\sin n\pi x.$$

例 2.1.4　求解以下周期性条件下的固有值问题:

$$\begin{cases} \Theta''(\theta) + \lambda\Theta(\theta) = 0, \\ \Theta(\theta) = \Theta(\theta + 2l). \end{cases}$$

解　根据 Sturm-Liouville 定理的结论, 确定出固有值 $\lambda \geqslant 0$.

(1) 当 $\lambda = 0$ 时, 对应固有函数为常值函数, 不妨取固有函数为 $\Theta_0(\theta) = 1$.

(2) 当 $\lambda > 0$ 时, 令 $\lambda = \omega^2$, 则

$$\Theta(\theta) = A\cos\omega\theta + B\sin\omega\theta.$$

由于 $\cos\omega\theta$ 和 $\sin\omega\theta$ 的最小正周期是 $2\pi/\omega$, 所以 $\Theta(\theta)$ 的最小正周期也是 $2\pi/\omega$, 即 $\Theta(\theta)$ 的周期是 $n2\pi/\omega$, 因此要求

$$n\frac{2\pi}{\omega} = 2l \quad (n = 1, 2, 3, \cdots),$$

即

$$\omega_n = \frac{n\pi}{l}.$$

这样, 固有值和固有函数分别为

$$\lambda_n = \left(\frac{n\pi}{l}\right)^2 \quad (n = 1, 2, 3, \cdots),$$

$$\Theta_n(\theta) = A_n \cos \frac{n\pi}{l} \theta + B_n \sin \frac{n\pi}{l} \theta.$$

例 2.1.5 用分离变量法求解混合问题

$$\begin{cases} u_{tt} = a^2 u_{xx} \quad (0 < x < l, t > 0), \\ u(t, 0) = u_x(t, l) = 0, \\ u(0, x) = 0, \quad u_t(0, x) = x. \end{cases}$$

解 作分离变量, 令 $u(t, x) = T(t)X(x)$, 代入此混合问题的泛定方程, 有

$$T_{tt}X = a^2 T X_{xx},$$

即

$$\frac{T_{tt}}{a^2 T} = \frac{X_{xx}}{X}.$$

上式左边是 t 的函数, 右边是 x 的函数, 所以左、右两边只能等于常数. 设此常数为 $-\lambda$, 这样得到 $X(x)$ 和 $T(t)$ 分别对应的常微分方程

$$X''(x) + \lambda X(x) = 0, \quad T''(t) + \lambda a^2 T(t) = 0.$$

把 $u = T(t)X(x)$ 代入边界条件, 得到

$$T(t)X(0) = 0, \quad T(t)X'(l) = 0,$$

两边消去函数 $T(t)$, 得到

$$X(0) = 0, \quad X'(l) = 0.$$

结合 $X(x)$ 的常微分方程, 即得到固有值问题

$$\begin{cases} X'' + \lambda X = 0, \\ X(0) = 0, \quad X'(l) = 0. \end{cases}$$

求解此固有值问题, 得到

$$\lambda_n = \omega_n^2 = \left(\frac{(2n+1)\pi}{2l} \right)^2 ,$$

$$X_n(x) = B_n \sin \frac{(2n+1)\pi x}{2l} .$$

把已求出的 λ_n 代入 $T(t)$ 满足的方程, 相应地得到

$$T_n(t) = C_n \cos \frac{(2n+1)\pi a t}{2l} + D_n \sin \frac{(2n+1)\pi a t}{2l} .$$

所以我们就得到一系列分离变量形式的解 $u_n(t,x) = T_n(t)X_n(x)(n=0,1,2,\cdots)$.
根据叠加原理, 设

$$u(t,x) = \sum_{n=0}^{+\infty} \left(C_n \cos \frac{(2n+1)\pi a t}{2l} + D_n \sin \frac{(2n+1)\pi a t}{2l} \right) \sin \frac{(2n+1)\pi x}{2l} .$$

最后, 由初值条件确定 Fourier 系数 C_n, D_n:

$$u(0,x) = \sum_{n=0}^{+\infty} C_n \sin \frac{(2n+1)\pi x}{2l} = 0 \quad \Rightarrow \quad C_n = 0,$$

$$u_t(0,x) = \sum_{n=0}^{+\infty} D_n \left(\frac{(2n+1)\pi a}{2l} \right) \sin \frac{(2n+1)\pi x}{2l} = x .$$

由正弦级数系数确定公式

$$D_n \left(\frac{(2n+1)\pi a}{2l} \right) = \frac{2}{l} \int_0^l x \sin \frac{(2n+1)\pi x}{2l} \mathrm{d}x,$$

确定出

$$D_n = \frac{16l^2(-1)^n}{(2n+1)^3 \pi^3 a} .$$

整理后就得到此混合问题的解

$$u(t,x) = \frac{16l^2}{a\pi^3} \sum_{n=0}^{+\infty} \frac{(-1)^n}{(2n+1)^3} \sin \frac{(2n+1)\pi a t}{2l} \sin \frac{(2n+1)\pi x}{2l} .$$

例 2.1.6　$\Delta_2 u = 0$ 在极坐标下的表达式是

$$\frac{1}{r} \frac{\partial}{\partial r} \left(r \frac{\partial u}{\partial r} \right) + \frac{1}{r^2} \frac{\partial^2 u}{\partial \theta^2} = 0 \quad (r > 0, \ -\infty < \theta < +\infty). \tag{1}$$

(1) 利用分离变量法, 求此方程满足 $u(r, \theta) = u(r, \theta + 2\pi)$ 的分离变量形式的解, 进一步求出满足周期性条件 $u(r, \theta) = u(r, \theta + 2\pi)$ 的一般解.

(2) 利用 (1) 的结论, 求解圆内 Dirichlet 问题

$$\begin{cases} \Delta_2 u = 0 \quad (r < a), \\ u\mid_{r=a} = \sin 2\theta \cos \theta. \end{cases}$$

解　(1) 作分离变量, 设 $u = R(r)\Theta(\theta)$, 代入方程 (1) , 两边除以 $R(r)\Theta(\theta)$, 得到

$$\frac{\dfrac{1}{r}(rR')'}{R} + \frac{1}{r^2}\frac{\Theta''}{\Theta} = 0.$$

令 $\dfrac{\Theta''}{\Theta} = -\lambda$, 相应地得到微分方程

$$\Theta'' + \lambda\Theta = 0, \quad r^2 R'' + rR' - \lambda R(r) = 0.$$

利用条件 $u(r, \theta) = u(r, \theta + 2\pi)$, 得到

$$R(r)\Theta(\theta) = R(r)\Theta(\theta + 2\pi),$$

两边消去$R(r)$, 有 $\Theta(\theta) = \Theta(\theta + 2\pi)$. 结合 $\Theta(\theta)$ 的微分方程, 得到固有值问题

$$\begin{cases} \Theta''(\theta) + \lambda\Theta(\theta) = 0, \\ \Theta(\theta) = \Theta(\theta + 2\pi). \end{cases}$$

求解此固有值问题, 得到

$$\lambda_0 = 0, \quad \lambda_n = n^2 \quad (n = 1, 2, 3, \cdots),$$

$$\Theta_0(\theta) = 1, \quad \Theta_n(\theta) = C_n \cos n\theta + D_n \sin n\theta.$$

把求出的固有值代入 $R(r)$ 满足的方程, 解出

$$R_0(r) = A_0 + B_0 \ln r, \quad R_n(r) = A_n r^n + B_n r^{-n} \quad (n = 1, 2, 3, \cdots).$$

这样就得到一列分离变量形式的解:

$$u_0(r, \theta) = R_0(r)\Theta_0(\theta) = A_0 + B_0 \ln r,$$
$$u_n(r, \theta) = R_n(r)\Theta_n(\theta)$$

$$= (A_n r^n + B_n r^{-n})(C_n \cos n\theta + D_n \sin n\theta) \quad (n > 0).$$

根据叠加原理并考虑到 Sturm-Liouville 定理的完备性原理, 把这一系列分离变量形式的解叠加, 从而得到满足周期性条件 $u(r, \theta) = u(r, \theta + 2\pi)$ 的一般解

$$u(r, \theta) = A_0 + B_0 \ln r + \sum_{n=1}^{+\infty}(A_n r^n + B_n r^{-n})(C_n \cos n\theta + D_n \sin n\theta). \quad (2)$$

(2) 在圆 $r < 1$ 内, 由于 $\ln r$ 和 r^{-n} 在 $r = 0$ 无界, 根据题意中的有界性要求, 这时一般解 (2) 中应该取 $B_n = 0\,(n = 0, 1, 2, \cdots)$, 这样圆内解的公式简化为

$$u = \frac{A_0}{2} + \sum_{n=1}^{+\infty} r^n(A_n \cos n\theta + B_n \sin n\theta).$$

再利用边界条件

$$u\,|_{r=a} = \frac{A_0}{2} + \sum_{n=1}^{+\infty} a^n(A_n \cos n\theta + B_n \sin n\theta)$$
$$= \sin 2\theta \cos \theta = \frac{1}{2}(\sin 3\theta + \sin \theta),$$

比较系数得到

$$B_1 = \frac{1}{2a}, \quad B_3 = \frac{1}{2a^3} \quad (其余的 \text{ Fourier } 系数都为0).$$

最后得到此边值问题的解

$$u(r, \theta) = \frac{1}{2a} r \sin \theta + \frac{1}{2a^3} r^3 \sin 3\theta.$$

例 2.1.7　把下列三个二阶线性常微分方程配成 Sturm-Liouville 标准形, 并指出权值 ρ:

$$y'' - 2ay' + \lambda y = 0, \quad (1)$$
$$r^2 R'' + rR' + \lambda R(r) = 0, \quad (2)$$
$$r^2 R'' + rR' + (\lambda r^2 - 1)R(r) = 0. \quad (3)$$

分析　对于含有参数 λ 的二阶线性微分方程

$$b_0(x)X''(x) + b_1(x)X'(x) + b_2(x)X(x) + \lambda X(x) = 0, \quad (4)$$

把它化为 Sturm-Liouville 标准形的一般步骤是, 方程两边同乘以待定权值 $\rho(x)$:

$$\rho(x)b_0(x)X''(x) + \rho(x)b_1(x)X'(x) + b_2(x)\rho(x)X(x) + \lambda\rho(x)X(x) = 0, \qquad (5)$$

为使方程 (5) 前两项配成完全导数形式, 要求权值 $\rho(x)$ 满足

$$\rho(x)b_1(x) = (\rho(x)b_0(x))' \quad \Rightarrow \quad \rho(x) = \frac{1}{b_0(x)}\exp\left(\int\frac{b_1(x)}{b_0(x)}\mathrm{d}x\right).$$

这样求出权值 $\rho(x)$, 把式 (5) 的前两项合成一个完全导数项, 方程就成为以下形式, 即 Sturm-Liouville 标准形

$$(k(x)X'(x))' - q(x)X'(x) + \lambda\rho(x)X(x) = 0,$$

其中 $k(x) = \rho(x)b_0(x)$, $q(x) = -\rho(x)b_2(x)$.

解　首先把方程 (1) 配成 Sturm-Liouville 标准形, 为此两边同乘以 $\rho(x)$, 得

$$-2a\rho(x) = \rho'(x) \quad \Rightarrow \quad \rho(x) = c\mathrm{e}^{-2ax}.$$

不妨取 $c = 1$, 即权值为 $\rho(x) = \mathrm{e}^{-2ax}$. 这样式 (1) 两边乘以 $\rho(x)$, 得

$$\mathrm{e}^{-2ax}y'' - 2a\mathrm{e}^{-2ax}y' + \lambda\mathrm{e}^{-2ax}y = 0.$$

上式前两项合并成完全导数形式, 即得 Sturm-Liouville 标准形

$$\left(\mathrm{e}^{-2ax}y'\right)' + \lambda\mathrm{e}^{-2ax}y = 0.$$

再把方程 (2) 配成标准形: 先求待定权值 $\rho(r)$, 得

$$r\rho(r) = (r^2\rho(r))' \quad \Rightarrow \quad \rho(r) = c\frac{1}{r}.$$

不妨取 $c = 1$, 即权值为 $\rho(r) = 1/r$. 这样, 方程 (2) 两边同乘以 $\rho(r)$ 后, 方程配成了 Sturm-Liouville 标准形

$$(rR'(r))' + \lambda\frac{1}{r}R(r) = 0.$$

最后把方程 (3) 配成标准形, 首先把方程改写成形如式 (4) 的一般形式

$$R'' + \frac{1}{r}R' + \left(\lambda - \frac{1}{r^2}\right)R(r) = 0,$$

则权值 $\rho(r)$ 满足

$$\frac{1}{r}\rho(r) = \rho'(r) \quad \Rightarrow \quad \rho(r) = cr.$$

不妨取 $c = 1$, 即权值为 $\rho(r) = r$. 这样, 方程 (3) 两边同乘以 $\rho(r)$ 后, 方程配成了 Sturm-Liouville 标准形

$$(rR'(r))' + \left(\lambda r - \frac{1}{r}\right) R(r) = 0.$$

例 2.1.8 求以下固有值问题的固有值、固有函数以及固有函数模的平方:

$$\begin{cases} r^2 R'' + rR' + \lambda R(r) = 0 \quad (1 < r < \mathrm{e}), \\ R(1) = R(\mathrm{e}) = 1. \end{cases}$$

解 泛定方程是 Euler 方程. 作变换 $t = \ln r$, 则泛定方程变为常系数方程

$$\frac{\mathrm{d}^2 R}{\mathrm{d}t^2} + \lambda R(t) = 0,$$

相应的固有值问题变为

$$\begin{cases} \dfrac{\mathrm{d}^2 R}{\mathrm{d}t^2} + \lambda R(t) = 0 \quad (0 < t < 1), \\ R(0) = R(1) = 0. \end{cases}$$

解此固有值问题, 则固有值和固有函数分别为

$$\lambda_n = (n\pi)^2 \quad (n = 1, 2, \cdots), \quad R_n(t) = \sin n\pi t.$$

也就是

$$\lambda_n = (n\pi)^2, \quad R_n(r) = \sin(n\pi \ln r).$$

根据前面的例子, 方程的 Sturm-Liouville 标准形为

$$(rR'(r))' + \lambda \frac{1}{r} R(r) = 0.$$

所以方程对应的权值 $\rho(r) = 1/r$, 这样由固有函数模的平方计算公式, 固有函数模的平方为

$$\begin{aligned} ||R_n(r)||^2 &= \int_1^{\mathrm{e}} (\sin(n\pi \ln r))^2 \frac{1}{r} \mathrm{d}r \\ &= \int_1^{\mathrm{e}} (\sin(n\pi \ln r))^2 \mathrm{d}(\ln r) = \int_0^1 (\sin n\pi t)^2 \mathrm{d}t = \frac{1}{2}. \end{aligned}$$

例 2.1.9 利用分离变量法, 求解

$$\begin{cases} u_t = x^2 u_{xx} + 3x u_x - 2u, \\ u(t,1) = u(t,\mathrm{e}) = 0, \\ u(0,x) = \dfrac{1}{x}\left(\sin(\pi \ln x) - \sin(2\pi \ln x)\right). \end{cases}$$

分析 本题的泛定方程是变系数方程, 分离变量后对应于 Euler 方程, 可化为常系数方程, 这是解决本混合问题的关键.

解 利用分离变量法, 令 $u = T(t)X(x)$, 则

$$T_t X = x^2 T X_{xx} + 3x T X_x - 2TX,$$

从而有

$$\frac{T_t}{T} = \frac{x^2 X_{xx} + 3x X_x - 2X}{X} = -\lambda.$$

于是得到 $T(t)$ 和 $X(x)$ 满足的微分方程

$$T'(t) + \lambda T = 0, \quad x^2 X''(x) + 3x X'(x) + (\lambda - 2)X = 0.$$

把分离变量形式的解代入边界条件, 得 $T(t)X(1) = T(t)X(\mathrm{e}) = 0$, 消去 $T(t)$ 后有 $X(1) = X(\mathrm{e}) = 0$. 再结合 $X(t)$ 的方程, 得到固有值问题

$$\begin{cases} x^2 X''(x) + 3x X'(x) + (\lambda - 2)X = 0, \\ X(1) = X(\mathrm{e}) = 0. \end{cases}$$

此固有值问题的泛定方程是 Euler 方程, 故作自变量变换 $s = \ln x$. 这样, 我们得到常系数二阶微分方程固有值问题

$$\begin{cases} X''(s) + 2X'(s) + (\lambda - 2)X = 0 \quad (0 < s < 1), \\ X(0) = X(1) = 0. \end{cases}$$

求解此固有值问题, 得到

$$\lambda_n = 3 + (n\pi)^2, \quad X_n(s) = B_n \mathrm{e}^{-s} \sin n\pi s.$$

相应地, 把固有值 λ_n 代入 $T(t)$ 满足的方程的解, 得

$$T_n(t) = \mathrm{e}^{-(3+(n\pi)^2)t},$$

再把变量 s 还原为 $\ln x$，即有

$$X_n(x) = B_n \frac{1}{x} \sin n\pi \ln x.$$

于是我们得到一系列满足泛定方程和边界条件的分离变量形式的解

$$u_n(t,x) = T_n(t)X_n(x) = B_n \mathrm{e}^{-(3+(n\pi)^2)t} \left(\frac{1}{x} \sin n\pi \ln x \right).$$

由叠加原理, 可设

$$u(t,x) = \sum_{n=1}^{+\infty} B_n \mathrm{e}^{-(3+(n\pi)^2)t} \left(\frac{1}{x} \sin n\pi \ln x \right).$$

利用

$$u(0,x) = \sum_{n=1}^{+\infty} B_n \left(\frac{1}{x} \sin n\pi \ln x \right) = \frac{1}{x} \left(\sin(\pi \ln x) - \sin(2\pi \ln x) \right),$$

直接比较可得 Fourier 系数

$$B_1 = 1, \quad B_2 = -1, \quad B_n = 0 \quad (n = 3, 4, \cdots).$$

最后求得此混合问题的解

$$u = \mathrm{e}^{-(3+\pi^2)t} \left(\frac{1}{x} \sin \pi \ln x \right) - \mathrm{e}^{-(3+4\pi^2)t} \left(\frac{1}{x} \sin 2\pi \ln x \right).$$

例 2.1.10　在球坐标下, 三维热传导方程 $u_t = a^2 \Delta_3 u$ 的形如 $u = u(t,r)$ 的解称为方程的径向对称解, 求方程分离变量形式的且满足 $\lim\limits_{r \to +\infty} u = 0$ 的径向对称解.

解　当 $u = u(t,r)$ 时, 三维热传导方程约化为

$$\frac{\partial u}{\partial t} = a^2 \frac{1}{r^2} \frac{\partial}{\partial r} \left(r^2 \frac{\partial u}{\partial r} \right).$$

作分离变量: $u = T(t)R(r)$. 代入方程,得到

$$\frac{T'(t)}{a^2 T(t)} = \frac{\frac{1}{r^2} \left(r^2 R'(r) \right)'}{R} = -\lambda.$$

上式等价于微分方程

$$T'(t) + \lambda a^2 T(t) = 0 \quad \text{和} \quad (r^2 R'(r))' + \lambda r^2 R = 0.$$

作变换 $Y(r) = rR(r)$, $Y(r)$ 满足常系数方程

$$Y''(r) + \lambda Y(r) = 0.$$

(1) $\lambda > 0$. 令 $\lambda = \omega^2$, 则解得

$$Y(r) = A\cos\omega r + B\sin\omega r.$$

所以

$$T(t) = \mathrm{e}^{-a^2\omega^2 t}, \quad R(r) = \frac{A\cos\omega r + B\sin\omega r}{r}.$$

相应的分离变量形式的解

$$u(t,r) = \mathrm{e}^{-a^2\omega^2 t}\frac{A\cos\omega r + B\sin\omega r}{r}.$$

显然, 这时有 $\lim\limits_{r\to+\infty} u = 0$.

(2) $\lambda = 0$. 解得

$$R(r) = A_0 + B_0\frac{1}{r}, \quad T(t) = C_0.$$

由 $\lim\limits_{r\to+\infty} u = 0$, 得到 $A_0 = 0$. 因此满足条件的解为

$$u = B\frac{1}{r} \quad (B = C_0 B_0).$$

(3) $\lambda < 0$. 令 $\lambda = -\omega^2$. 类似地, 可得

$$u(t,r) = \mathrm{e}^{a^2\omega^2 t}\frac{A\mathrm{e}^{\omega r} + B\mathrm{e}^{-\omega r}}{r}.$$

由条件 $\lim\limits_{r\to+\infty} u = 0$, 得 $A = 0$. 这样

$$u(t,r) = \frac{B}{r}\mathrm{e}^{-(a^2\omega^2 t - \omega r)}.$$

例 2.1.11 求解半无界带形域的定解问题

$$\begin{cases} u_{xx} + u_{yy} = 0 \quad (0 < x < a, 0 < y < +\infty), \\ u(0,y) = u(a,y) = 0, \\ u(x,0) = \varphi(x), \\ \lim\limits_{y\to+\infty} u(x,y) = 0. \end{cases}$$

解 利用分离变量法. 设 $u = X(x)Y(y)$, 代入方程分离变量, 得到微分方程

$$X''(x) + \lambda X(x) = 0, \quad Y''(y) - \lambda Y(y) = 0.$$

再由边界条件 $u(0, y) = u(a, y) = 0$, 得

$$X(0)Y(y) = X(a)Y(y) = 0 \quad \Rightarrow \quad X(0) = X(a) = 0.$$

这样得到关于 $X(x)$ 的固有值问题

$$\begin{cases} X''(x) + \lambda X(x) = 0 & (0 < x < a), \\ X(0) = X(a) = 0. \end{cases}$$

解得

$$\lambda_n = \left(\frac{n\pi}{a}\right)^2, \quad X_n(x) = \sin\frac{n\pi}{a}x.$$

相应地, 把 λ_n 代入 $Y(y)$ 的方程, 得到

$$Y_n(y) = A_n \mathrm{e}^{\frac{n\pi}{a}y} + B_n \mathrm{e}^{-\frac{n\pi}{a}y}.$$

由叠加原理, 可设

$$u(x, y) = \sum_{n=1}^{+\infty} (A_n \mathrm{e}^{\frac{n\pi}{a}y} + B_n \mathrm{e}^{-\frac{n\pi}{a}y}) \sin\frac{n\pi}{a}x.$$

由于要求 $\lim\limits_{y \to +\infty} u(x, y) = 0$, 故上式中要求取 $A_n = 0 \, (n = 1, 2, 3, \cdots)$, 因此

$$u(x, y) = \sum_{n=1}^{+\infty} B_n \mathrm{e}^{-\frac{n\pi}{a}y} \sin\frac{n\pi}{a}x.$$

由于

$$u(x, 0) = \sum_{n=1}^{+\infty} B_n \sin\frac{n\pi}{a}x = \varphi(x),$$

所以

$$B_n = \frac{2}{a} \int_0^a \varphi(x) \sin\frac{n\pi}{a}x \mathrm{d}x.$$

最后, 得到此定解问题的解

$$u(x, y) = \frac{2}{a} \sum_{n=1}^{+\infty} \left(\int_0^a \varphi(x) \sin\frac{n\pi}{a}x \mathrm{d}x\right) \mathrm{e}^{-\frac{n\pi}{a}y} \sin\frac{n\pi}{a}x.$$

例 2.1.12 设半径为 a 的无限长圆柱体内无自由电荷分布, 且圆柱侧面电位是 $f(\theta)$, 试求出圆柱体内部电位分布.

解 不妨设柱体无限长方向为 z 轴方向, 所以分布与 z 无关, 可设电位分布为 $u(x,y)$, 而内部无自由电荷时电位分布对应齐次场位方程, 因此在极坐标下, 圆柱体内部电位分布满足的定解问题为

$$\begin{cases} \Delta_2 u = 0 \quad (r < a), \\ u\mid_{r=a} = f(\theta). \end{cases}$$

本节前面已经推出圆内 $\Delta_2 u = 0$ 的一般解公式为

$$u(r,\theta) = \frac{A_0}{2} + \sum_{n=1}^{+\infty} \left(\frac{r}{a}\right)^n (A_n \cos n\theta + B_n \sin n\theta).$$

根据圆柱侧面的边界条件, 有

$$u\mid_{r=a} = \frac{A_0}{2} + \sum_{n=1}^{+\infty} (A_n \cos n\theta + B_n \sin n\theta) = f(\theta).$$

根据 Fourier 级数系数确定公式

$$A_n = \frac{1}{\pi} \int_0^{2\pi} f(\varphi) \cos n\varphi \mathrm{d}\varphi \quad (n = 0, 1, 2, \cdots),$$

$$B_n = \frac{1}{\pi} \int_0^{2\pi} f(\varphi) \sin n\varphi \mathrm{d}\varphi \quad (n = 1, 2, 3, \cdots),$$

就得到圆柱体内部电位分布为

$$u(r,\theta) = \frac{1}{2\pi} \int_0^{2\pi} f(\varphi) \mathrm{d}\varphi + \frac{1}{\pi} \sum_{n=1}^{+\infty} \left(\frac{r}{a}\right)^n \int_0^{2\pi} f(\varphi)(\cos n(\varphi - \theta)) \mathrm{d}\varphi.$$

例 2.1.13 有一根长为 1、内部无热源的均匀细杆, 两端温度为 0 , 杆上温度初始分布为 $\varphi(x) = x(1-x)$. 若细杆的比热 c、热传导系数 k 和质量密度 ρ 都已知, 求细杆在任意时刻任一点的温度分布.

解 内部无热源的细杆温度分布 $u(t,x)$ 对应齐次热传导方程. 由于细杆长为 1 且两端温度为 0 , 所以 $u(t,0) = u(t,1) = 0$. 又初始温度 $u(0,x) = x(1-x)$, 因此温度分布 $u(t,x)$ 满足混合问题

$$\begin{cases} u_t = a^2 u_{xx} \quad (0 < x < 1), \\ u(t,0) = u(t,1) = 0, \\ u\mid_{t=0} = x(1-x), \end{cases} \tag{1}$$

其中 $a = \sqrt{k/(c\rho)}$. 作分离变量: $u = T(t)X(x)$. 代入定解问题 (1), 并结合边界条件, 得到固有值问题

$$\begin{cases} X'' + \lambda X(x) = 0 & (0 < x < 1), \\ X(0) = X(1) = 0 \end{cases} \tag{2}$$

和常微分方程

$$T'(t) + \lambda a^2 T = 0.$$

求解固有值问题 (2), 得到

$$\lambda_n = (n\pi)^2, \quad X_n(x) = \sin n\pi x.$$

相应地,

$$T_n(t) = C_n \mathrm{e}^{-(an\pi)^2 t}.$$

由叠加原理, 可设

$$u(t,x) = \sum_{n=1}^{+\infty} u_n(t,x) = \sum_{n=1}^{+\infty} C_n \mathrm{e}^{-a^2 n^2 \pi^2 t} \sin n\pi x.$$

由

$$u(0,x) = \sum_{n=1}^{+\infty} C_n \sin n\pi x = x(1-x),$$

定出

$$C_n = 2\int_0^1 x(1-x)\sin n\pi x \mathrm{d}x = \frac{4}{(n\pi)^3}\left(1 - (-1)^n\right).$$

这样细杆的温度分布为

$$u(t,x) = 4\sum_{n=1}^{+\infty} \frac{1-(-1)^n}{(n\pi)^3}\mathrm{e}^{-a^2 n^2 \pi^2 t}\sin n\pi x.$$

例 2.1.14 利用 Sturm-Liouville 定理的相关结论, 证明余弦级数展开定理和正弦级数展开定理, 即

(1) 余弦级数展开定理

$$f(x) = \frac{A_0}{2} + \sum_{n=1}^{+\infty} A_n \cos \frac{n\pi x}{l} \quad (\forall f(x) \in L^2[0,l], \ x \in [0,l]),$$

其中系数

$$A_n = \frac{2}{l} \int_0^l f(x) \cos \frac{n\pi x}{l} \mathrm{d}x \quad (n = 0, 1, 2, 3, \cdots);$$

(2) 正弦级数展开定理

$$f(x) = \sum_{n=1}^{+\infty} B_n \sin \frac{n\pi x}{l} \quad (\forall f(x) \in L^2[0, l], \ x \in [0, l]),$$

其中系数

$$B_n = \frac{2}{l} \int_0^l f(x) \sin \frac{n\pi x}{l} \quad (n = 1, 2, 3, \cdots).$$

证明　(1) 构造固有值问题

$$\begin{cases} y'' + \lambda y = 0 \quad (0 < x < 1), \\ y'(0) = y'(l) = 0. \end{cases}$$

解此固有值问题, 得

$$\lambda_0 = 0, \quad \lambda_n = \left(\frac{n\pi}{l}\right)^2 \quad (n = 1, 2, 3, \cdots),$$

$$y_0(x) = 1, \quad y_n(x) = \cos \frac{n\pi}{l} x \quad (n = 1, 2, 3, \cdots).$$

按照 Sturm-Liouville 定理的完备性理论, 固有函数系构成一个完备正交系, $\forall f(x) \in L^2[0, l], f(x)$ 在此正交系下有广义 Fourier 展开式

$$f(x) = C_0 y_0(x) + \sum_{n=1}^{+\infty} C_n y_n(x),$$

而

$$C_0 = \frac{\int_0^l f(x) y_0(x) \mathrm{d}x}{\|y_0(x)\|^2}, \quad C_n = \frac{\int_0^l f(x) y_n(x) \mathrm{d}x}{\|y_n(x)\|^2}.$$

模的平方为 $\|y(x)\|^2 = \int_0^l y^2(x)\mathrm{d}x$. 具体地, 把 $y_0(x) = 1, y_n(x) = \cos \frac{n\pi}{l} x$ 代入上式, 得到

$$C_0 = \frac{1}{l} \int_0^l f(x) \mathrm{d}x, \quad C_n = \frac{2}{l} \int_0^l f(x) \cos \frac{n\pi}{l} x \mathrm{d}x,$$

相应地, $f(x)$ 的展开式变为

$$f(x) = C_0 + \sum_{n=1}^{+\infty} C_n \cos \frac{n\pi}{l} x.$$

最后记 $C_0 = A_0/2, C_n = A_n$, 我们就得到了要证明的结论.

(2) 类似地, 构造固有值问题

$$\begin{cases} y'' + \lambda y = 0 & (0 < x < 1), \\ y(0) = y(l) = 0. \end{cases}$$

求出固有函数系后, 函数 $f(x)$ 在固有函数系下的展开就对应 $f(x)$ 的正弦级数展开式.

例 2.1.15　设两端和侧面都绝热、长为 $2l$ 的均匀杆的温度分布问题为

$$\begin{cases} u_t = a^2 u_{xx} & (0 < x < l), \\ u_x(t, 0) = u_x(t, 2l) = 0, \\ u(0, x) = \begin{cases} \dfrac{1}{2A} & (|x - l| < A < l), \\ 0 & (\text{其他}). \end{cases} \end{cases}$$

求 $u(t, x)$, 并说明极限值 $\lim\limits_{t \to \infty} u(t, x)$ 的物理意义.

解　作分离变量: $u = T(t)X(x)$. 代入泛定方程, 并结合边界条件, 得到固有值问题

$$\begin{cases} X'' + \lambda X(x) = 0 & (0 < x < l), \\ X'(0) = X'(2l) = 0 \end{cases}$$

和常微分方程

$$T'(t) + \lambda a^2 T = 0.$$

求解固有值问题, 得到

$$\lambda_0 = 0, \quad \lambda_n = \left(\frac{n\pi}{2l}\right)^2 \quad (n = 1, 2, 3, \cdots),$$
$$X_0(x) = 1, \quad X_n(x) = \cos\frac{n\pi}{2l}x.$$

相应地,

$$T_0(t) = A_0, \quad T_n(t) = C_n e^{-\left(\frac{n\pi a}{2l}\right)^2 t}.$$

由叠加原理, 可设

$$u(t, x) = \frac{C_0}{2} + \sum_{n=1}^{+\infty} C_n e^{-\left(\frac{n\pi a}{2l}\right)^2 t} \cos\frac{n\pi}{2l}x.$$

又

$$u(0,x) = \frac{C_0}{2} + \sum_{n=1}^{+\infty} C_n \cos \frac{n\pi}{2l}x = \varphi(x),$$

$$\varphi(x) = \begin{cases} \dfrac{1}{2A} & (|x-l| < A < l), \\ 0 & (其他). \end{cases}$$

由余弦级数系数的确定公式, 定出

$$C_0 = \frac{2}{2l} \int_0^l \varphi(x)\mathrm{d}x = \frac{2}{2l} \int_{l-A}^{l+A} \frac{1}{2A} \mathrm{d}x = \frac{1}{l},$$

$$C_n = \frac{2}{2l} \int_0^l \varphi(x) \cos nx \mathrm{d}x = \frac{2}{2l} \int_{l-A}^{l+A} \frac{1}{2A} \cos \frac{n\pi}{2l} x \mathrm{d}x$$

$$= \frac{1}{n\pi A} \cos \frac{n\pi}{2} \sin \frac{n\pi A}{2l} = \begin{cases} 0 & (n = 2k+1), \\ \dfrac{(-1)^k}{k\pi A} \sin \dfrac{k\pi A}{l} & (n = 2k). \end{cases}$$

最后整理得

$$u(t,x) = \frac{1}{2l} + \sum_{k=1}^{+\infty} \frac{(-1)^k}{k\pi A} \sin \frac{k\pi A}{l} \mathrm{e}^{-(\frac{n\pi a}{2l})^2 t} \cos \frac{n\pi}{2l}x.$$

令 $t \to +\infty$, 就得到

$$\lim_{t \to +\infty} u(t,x) = \frac{1}{2l}.$$

这个极限说明, 由于均匀杆是绝热的, 内部无热源分布, 所以当时间趋于无穷时, 均匀杆各处温度趋于均匀.

例 2.1.16 求解高阶方程固有值问题

$$\begin{cases} y^{(4)} + \lambda y = 0 & (0 < x < l), \\ y(0) = y(l) = y''(0) = y''(l) = 0. \end{cases}$$

分析 这是四阶方程固有值问题, 不能用 Sturm-Liouville 定理求解 (Sturm-Liouville 定理讨论的是二阶方程固有值问题), 因此要对固有值分情况讨论求解.

解 泛定方程的特征方程是

$$\alpha^4 + \lambda = 0.$$

下面对 λ 的不同取值进行讨论.

(1) $\lambda > 0$. 令 $\lambda = \omega^4 \ (\omega > 0)$, 这时特征根为两对共轭复根:

$$\alpha_{1,2} = \omega \left(\frac{\sqrt{2}}{2} \pm \frac{\sqrt{2}}{2}\mathrm{i} \right), \quad \alpha_{3,4} = \omega \left(\frac{-\sqrt{2}}{2} \pm \frac{\sqrt{2}}{2}\mathrm{i} \right),$$

相应的泛定方程的解为

$$y(x) = C_1 \mathrm{e}^{\frac{\sqrt{2}}{2}\omega x} \cos \frac{\sqrt{2}}{2}\omega x + C_2 \mathrm{e}^{\frac{\sqrt{2}}{2}\omega x} \sin \frac{\sqrt{2}}{2}\omega x$$
$$+ C_3 \mathrm{e}^{-\frac{\sqrt{2}}{2}\omega x} \cos \frac{\sqrt{2}}{2}\omega x + C_4 \mathrm{e}^{\frac{-\sqrt{2}}{2}\omega x} \sin \frac{\sqrt{2}}{2}\omega x.$$

代入边界条件, 解得

$$C_1 = C_2 = C_3 = C_4 = 0.$$

这样 $\lambda > 0$ 时无相应的固有值.

(2) $\lambda = 0$. 通过类似的讨论, 可知 $\lambda = 0$ 也不是固有值.

(3) $\lambda < 0$. 令 $\lambda = -\omega^4$, 这样特征方程的四个特征根为

$$\alpha_{1,2} = \pm\omega, \quad \alpha_{3,4} = \pm\mathrm{i}\omega.$$

这时, 有

$$y(x) = C_1 \mathrm{e}^{\omega x} + C_2 \mathrm{e}^{-\omega x} + C_3 \cos \omega x + C_4 \sin \omega x.$$

代入边界条件 $y(0) = y(l) = y''(0) = y''(l) = 0$, 得到

$$C_1 + C_2 + C_3 = 0, \quad C_1 + C_2 - C_3 = 0,$$
$$C_1 \mathrm{e}^{\omega l} + C_2 \mathrm{e}^{-\omega l} + C_3 \cos \omega l + C_4 \sin \omega l = 0,$$
$$C_1 \mathrm{e}^{\omega l} + C_2 \mathrm{e}^{-\omega l} - C_3 \cos \omega l - C_4 \sin \omega l = 0,$$

解得

$$C_1 = C_2 = C_3 = 0, \quad C_4 \sin \omega l = 0.$$

所以要寻求非零解, 只能 $C_4 \neq 0$, 因此

$$C_4 \sin \omega l = 0 \quad \Rightarrow \quad \sin \omega l = 0 \quad \Rightarrow \quad \omega l = n\pi \quad \Rightarrow \quad \omega = \frac{n\pi}{l}.$$

于是得到此固有值问题的固有值和固有函数:

$$\lambda_n = -\left(\frac{n\pi}{l} \right)^4, \quad y_n(x) = \sin \frac{n\pi x}{l} \quad (n = 1, 2, 3, \cdots).$$

例 2.1.17 求解扇形区域内的 Dirichlet 问题:

$$\begin{cases} \Delta_2 u = 0 & (r < d,\, 0 < \theta < \alpha), \\ u(r, 0) = u(r, \alpha) = 0, \\ u(d, \theta) = f(\theta). \end{cases}$$

解 使用极坐标, 泛定方程化为

$$\frac{1}{r} \frac{\partial}{\partial r} \left(r \frac{\partial u}{\partial r} \right) + \frac{1}{r^2} \frac{\partial^2 u}{\partial \theta^2} = 0 \quad (r > 0,\, -\infty < \theta < +\infty).$$

作分离变量: $u(r, \theta) = R(r)\Theta(\theta)$. 代入方程, 得到

$$\frac{\frac{1}{r}(rR')'}{R} + \frac{1}{r^2} \frac{\Theta''}{\Theta} = 0.$$

令 $\Theta''/\Theta = -\lambda$, 相应地得到微分方程

$$\Theta'' + \lambda\Theta = 0, \quad r^2 R'' + rR' - \lambda R(r) = 0.$$

再利用齐次边界条件 $u(r, 0) = u(r, \alpha) = 0$, 得 $\Theta(0) = \Theta(\alpha) = 0$, 于是对应有 Θ 的固有值问题

$$\begin{cases} \Theta'' + \lambda\Theta = 0 & (0 < \theta < \alpha), \\ \Theta(0) = \Theta(\alpha) = 0. \end{cases}$$

求解此固有值问题, 得到固有值和固有函数分别为

$$\lambda_n = \left(\frac{n\pi}{\alpha} \right)^2, \quad \Theta_n(\theta) = \sin \frac{n\pi\theta}{\alpha}.$$

相应地, 有

$$R_n(r) = A_n r^{\frac{n\pi}{\alpha}} + B_n r^{-\frac{n\pi}{\alpha}} \quad (n = 1, 2, 3, \cdots).$$

由于在圆内点 $r = 0$ 处 $r^{-\frac{n\pi}{\alpha}}$ 无界, 所以取 $B_n = 0$. 由叠加原理, 可得到满足泛定方程和齐次边界条件的一般解

$$u(r, \theta) = \sum_{n=1}^{+\infty} A_n r^{\frac{n\pi}{\alpha}} \sin \frac{n\pi\theta}{\alpha}.$$

再根据条件

$$u(d, \theta) = \sum_{n=1}^{+\infty} A_n d^{\frac{n\pi}{\alpha}} \sin \frac{n\pi\theta}{\alpha} = f(\theta),$$

确定出 Fourier 系数

$$A_n = \frac{2}{\alpha d^{\frac{n\pi}{\alpha}}} \int_0^\alpha f(\theta) \sin \frac{n\pi\theta}{\alpha} \mathrm{d}\theta.$$

由此得到此定解问题的解

$$u(r, \theta) = \sum_{n=1}^{+\infty} \left(\frac{2}{\alpha} \int_0^\alpha f(\theta) \sin \frac{n\pi\theta}{\alpha} \mathrm{d}\theta \right) \left(\frac{r}{d} \right)^{\frac{n\pi}{\alpha}} \sin \frac{n\pi\theta}{\alpha}.$$

2.2　含多个自变量方程的分离变量和非齐次问题

2.2.1　基本要求

1. 掌握含多个自变量方程的分离变量法.

含有多个自变量方程分离变量的常用方法有两种:

(1) 把各个变量同时分离: 比如对方程 $\Delta_3 u = 0$, 可直接对三个变量进行分离, 即

$$u(x, y, z) = X(x)Y(y)Z(z).$$

(2) 对变量逐层剥离: 比如对三维波动方程 $u_{tt} = \Delta_3 u$, 可先把空间变量和时间变量分离, 即

$$u = T(t)V(x, y, z),$$

然后再对 $V(x, y, z)$ 的变量 x, y, z 分离.

2. 掌握利用分离变量法求解非齐次问题的方法.

对于具有齐次边界条件的非齐次混合问题, 由于方程有非齐次项, 一般不能直接对方程使用分离变量法, 而是常用以下三种方法来解决:

(1) 特解法: 用观察或其他简单方法先求出 u 满足的非齐次方程的一个特解 u_1, 此特解不但要满足非齐次泛定方程, 而且要满足齐次边界条件. 这样作变换 $u = V + u_1$, 则 V 所满足的新混合问题的泛定方程和边界条件都是齐次的, 就可以直接用分离变量法求解.

(2) 利用齐次化原理: 类似于上一章用齐次化原理的方法, 用齐次化原理构造出齐次化的混合问题, 用分离变量法求出解 $W(t,x,\tau)$ 后, 用公式

$$u = \int_0^t W(t,x,\tau)\mathrm{d}\tau$$

求出原非齐次混合问题的解 u.

(3) Fourier 方法 (固有函数展开法): 对于非齐次混合问题, 可以利用对应的齐次方程及已知的齐次边界条件构成一个齐次问题. 用分离变量法求解此齐次问题会产生完备的正交函数系. 方程的解就可在这个完备的正交函数系下展开, 然后根据方程和定解条件定出展开系数, 从而使问题得到解决. 对于具有非齐次边界条件的混合问题, 首先要把边界条件齐次化, 再用以上方法求解.

2.2.2 例题分析

例 2.2.1 求解含多个自变量方程的定解问题

$$\begin{cases} u_{tt} = a^2 \Delta_3 u \quad (t>0, 0<x,y,z<1), & (1.a)\\ u(t,0,y,z) = u(t,1,y,z) = 0, & (1.b)\\ u(t,x,0,z) = u(t,x,1,z) = 0, & (1.c)\\ u(t,x,y,0) = u(t,x,y,1) = 0, & (1.d)\\ u(0,x,y,z) = \varphi(x,y,z), \quad u_t(0,x,y,z) = 0. & (1.e) \end{cases}$$

解 作分离变量:

$$u(t,x,y,z) = T(t)X(x)Y(y)Z(z). \tag{2}$$

代入泛定方程 (1.a), 得到

$$T''XYZ = a^2 T \left(X''YZ + XY''Z + XYZ'' \right).$$

两边同除以 $a^2 XYZT$, 得

$$\frac{T''}{a^2 T} = \frac{X''}{X} + \frac{Y''}{Y} + \frac{Z''}{Z}. \tag{3}$$

上式每项都是彼此独立的函数, 因此每项均为常数时上式才能成立, 这样可令

$$\frac{X''}{X} = -\alpha, \quad \frac{Y''}{Y} = -\beta, \quad \frac{Z''}{Z} = -\gamma.$$

代入式 (3) , 得到

$$T'' + a^2(\alpha + \beta + \gamma)T = 0.$$

再把分离变量形式的解分别代入边界条件 (1.b) $\sim$ (1.d), 得到

$$X(0) = X(1) = 0, \quad Y(0) = Y(1) = 0, \quad Z(0) = Z(1) = 0.$$

整理即得固有值问题及其相应解如下:

$$\begin{cases} X'' + \alpha X(x) = 0 \ (0 < x < 1), \\ X(0) = X(1) = 0 \end{cases} \Rightarrow \begin{aligned} &\alpha_m = (m\pi)^2 \ (m = 1, 2, 3, \cdots), \\ &X_m(x) = \sin m\pi x. \end{aligned}$$

$$\begin{cases} Y'' + \beta Y(y) = 0 \ (0 < y < 1), \\ Y(0) = Y(1) = 0 \end{cases} \Rightarrow \begin{aligned} &\beta_n = (n\pi)^2 \ (n = 1, 2, 3, \cdots), \\ &Y_n(y) = \sin n\pi y. \end{aligned}$$

$$\begin{cases} Z'' + \gamma Z(z) = 0 \ (0 < z < 1), \\ Z(0) = Z(1) = 0 \end{cases} \Rightarrow \begin{aligned} &\gamma_k = (k\pi)^2 \ (k = 1, 2, 3, \cdots), \\ &Z_k(z) = \sin k\pi z. \end{aligned}$$

把以上求出的固有值代入 $T(t)$ 的方程, 得到

$$T_{mnk}(t) = C_{mnk} \cos \omega_{mnk} t + D_{mnk} \sin \omega_{mnk} t \quad (\omega_{mnk} = \pi a \sqrt{m^2 + n^2 + k^2}).$$

由叠加原理, 可设满足泛定方程和齐次边界条件的解为

$$u(t, x, y, z)$$
$$= \sum_{m,n,k=1}^{+\infty} (C_{mnk} \cos \omega_{mnk} t + D_{mnk} \sin \omega_{mnk} t) \sin m\pi x \sin n\pi y \sin k\pi z.$$

下面再由初值条件确定 Fourier 系数. 由于

$$u_t(0, x, y, z) = \sum_{m,n,k=1}^{+\infty} D_{mnk} \omega_{mnk} \sin m\pi x \sin n\pi y \sin k\pi z = 0$$
$$\Rightarrow \quad D_{mnk} = 0,$$

所以

$$u(0, x, y, z) = \sum_{m,n,k=1}^{+\infty} C_{mnk} \sin m\pi x \sin n\pi y \sin k\pi z = \varphi(x, y, z).$$

根据 Fourier 系数确定公式, 得

$$C_{mnk} = \frac{\int_0^1 \int_0^1 \int_0^1 \varphi(x, y, z) \sin m\pi x \sin n\pi y \sin k\pi z \mathrm{d}x \mathrm{d}y \mathrm{d}z}{\| \sin m\pi x \sin n\pi y \sin k\pi z \|^2}.$$

而

$$|| \sin m\pi x \sin n\pi y \sin k\pi z ||^2 = \int_0^1 \int_0^1 \int_0^1 \sin^2 m\pi x \sin^2 n\pi y \sin^2 k\pi z \mathrm{d}x\mathrm{d}y\mathrm{d}z = \frac{1}{8},$$

故

$$C_{mnk} = 8 \int_0^1 \int_0^1 \int_0^1 \varphi(x,y,z) \sin m\pi x \sin n\pi y \sin k\pi z \mathrm{d}x\mathrm{d}y\mathrm{d}z \,.$$

综上, 此定解问题的解是

$$u(t,x,y,z) = \sum_{m,n,k=1}^{+\infty} C_{mnk} \cos \omega_{mnk} t \sin m\pi x \sin n\pi y \sin k\pi z,$$

其中 $\omega_{mnk} = \pi a \sqrt{m^2 + n^2 + k^2}$.

例 2.2.2 求解高维非齐次边界的定解问题

$$\begin{cases} \Delta_3 u = 0 \quad (0 < x,y,z < 1), & \text{(1.a)} \\ u\,|_{x=0} = \sin 4\pi y \sin 3\pi z, \quad u\,|_{x=1} = \sin 3\pi y \sin 4\pi z, & \text{(1.b)} \\ u\,|_{y=0} = \sin 4\pi x \sin 3\pi z, \quad u\,|_{y=1} = \sin 3\pi x \sin 4\pi z, & \text{(1.c)} \\ u\,|_{z=0} = \sin 4\pi x \sin 3\pi y, \quad u\,|_{z=1} = \sin 3\pi x \sin 4\pi y. & \text{(1.d)} \end{cases}$$

分析 这是一个以正方体的三对表面为边界的边值问题, 但每个表面的边界条件都是非齐次的, 所以可先利用叠加原理把此边值问题分解成三个形式对称的简单边值问题: 每个边值问题都有两对表面是齐次的边界条件, 只有一对表面边界是非齐次的, 从而可以用分离变量法直接求解.

解 利用叠加原理, 设 $u = u_1 + u_2 + u_3$, 其中 u_1, u_2, u_3 分别满足

$$\begin{cases} \Delta_3 u_1 = 0 \quad (0 < x,y,z < 1), & \text{(2.a)} \\ u_1\,|_{x=0} = 0, \quad u_1\,|_{x=1} = 0, & \text{(2.b)} \\ u\,|_{y=0} = 0, \quad u_1\,|_{y=1} = 0, & \text{(2.c)} \\ u_1\,|_{z=0} = \sin 4\pi x \sin 3\pi y, \quad u_1\,|_{z=1} = \sin 3\pi x \sin 4\pi y, & \text{(2.d)} \end{cases}$$

$$\begin{cases} \Delta_3 u_2 = 0 \quad (0 < x,y,z < 1), & \text{(3.a)} \\ u_2\,|_{x=0} = 0, \quad u_2\,|_{x=1} = 0, & \text{(3.b)} \\ u_2\,|_{y=0} = \sin 4\pi x \sin 3\pi z, \quad u_2\,|_{y=1} = \sin 3\pi x \sin 4\pi z, & \text{(3.c)} \\ u_2\,|_{z=0} = 0, \quad u_2\,|_{z=1} = 0, & \text{(3.d)} \end{cases}$$

$$\begin{cases} \Delta_3 u_3 = 0 \quad (0 < x, y, z < 1), & \text{(4.a)} \\ u_3\mid_{x=0} = \sin 4\pi y \sin 3\pi z, \quad u_3\mid_{x=1} = \sin 3\pi y \sin 4\pi z, & \text{(4.b)} \\ u_3\mid_{y=0} = 0, \quad u_3\mid_{y=1} = 0, & \text{(4.c)} \\ u_3\mid_{z=0} = 0, \quad u_3\mid_{z=1} = 0. & \text{(4.d)} \end{cases}$$

为了求解 u_1, 作分离变量: $u_1 = X(x)Y(y)Z(x)$. 代入 u_1 的方程, 并结合边界条件, 得到

$$\begin{cases} X'' + \lambda X = 0, \\ X(0) = X(1) = 0, \end{cases} \qquad \begin{cases} Y'' + \mu Y = 0, \\ Y(0) = Y(1) = 0, \end{cases}$$

以及

$$Z'' - (\lambda + \mu)Z = 0\,.$$

相应的固有值和固有函数分别为

$$\begin{cases} \lambda_m = m^2\pi^2, \\ X_m(x) = \sin m\pi x, \end{cases} \qquad \begin{cases} \mu_n = n^2\pi^2, \\ Y_n(y) = \sin n\pi y\,, \end{cases}$$

其中 $m, n = 1, 2, 3, \cdots$. 相应地, 有

$$Z_{mn}(z) = A_{mn} \sinh \gamma_{mn} z + B_{mn} \cosh \gamma_{mn} z,$$

而 $\gamma_{mn} = \sqrt{m^2 + n^2}\,\pi$. 把分离变量形式的解叠加, 得到

$$u_1 = \sum_{m=1}^{+\infty} \sum_{n=1}^{+\infty} (A_{mn} \sinh \gamma_{mn} z + B_{mn} \cosh \gamma_{mn} z) \sin m\pi x \sin n\pi y\,.$$

利用边界条件, 得到

$$u_1\mid_{z=0} = \sum_{m=1}^{+\infty} \sum_{n=1}^{+\infty} B_{mn} \sin m\pi x \sin n\pi y = \sin 4\pi x \sin 3\pi y,$$

比较系数, 得到

$$B_{43} = 1, \quad B_{i,j} = 0 \quad (i \neq 4, j \neq 3).$$

所以

$$u_1\mid_{z=1} = \sum_{m=1}^{+\infty} \sum_{n=1}^{+\infty} A_{mn} \sinh \gamma_{mn} \sin m\pi x \sin n\pi y + B_{43} \cosh \gamma_{43} \sin 4\pi x \sin 3\pi y$$

$$= \sin 3\pi x \sin 4\pi y.$$

比较系数, 得到

$$A_{34} \sinh \gamma_{34} = 1, \quad A_{43} \sinh \gamma_{43} + B_{43} \cosh \gamma_{43} = 0.$$

由于已算出 $B_{43} = 1$, 而 $\gamma_{43} = \sqrt{4^2 + 3^2}\, \pi = 5\pi$, 因此可进一步求出

$$A_{34} = (\sinh 5\pi)^{-1}, \quad A_{43} = -\coth 5\pi.$$

这样, 有

$$u_1 = \frac{\sinh 5\pi z}{\sinh 5\pi} \sin 3\pi x \sin 4\pi y + (\cosh 5\pi z - \coth 5\pi \sinh 5\pi z) \sin 4\pi x \sin 3\pi y.$$

类似地, 可求得

$$u_2 = \frac{\sinh 5\pi y}{\sinh 5\pi} \sin 3\pi x \sin 4\pi z + (\cosh 5\pi y - \coth 5\pi \sinh 5\pi y) \sin 4\pi x \sin 3\pi z,$$

$$u_3 = \frac{\sinh 5\pi x}{\sinh 5\pi} \sin 3\pi z \sin 4\pi y + (\cosh 5\pi x - \coth 5\pi \sinh 5\pi x) \sin 4\pi y \sin 3\pi z.$$

综上, $u = u_1 + u_1 + u_3$ 即是原高维非齐次边界的定解问题的解.

例 2.2.3 求定解问题

$$\begin{cases} u_t = a^2 u_{xx} + A\mathrm{e}^{-\alpha x} & (t > 0,\ 0 < x < l), \\ u(t, 0) = u(t, l) = 0, \\ u(0, x) = T_0. \end{cases}$$

解法 1 使用特解法. 观察到泛定方程有特解 $u = -\dfrac{A}{a^2\alpha^2}\mathrm{e}^{-\alpha x}$, 但这个解不满足齐次边界条件, 因而可取 $u_1 = -\dfrac{A}{a^2\alpha^2}\mathrm{e}^{-\alpha x} + bx + c$ 也满足泛定方程, 其中 b, c 根据边界条件待定. 把 u_1 代入边界条件, 得到

$$u_1 = \frac{A}{a^2\alpha^2}\left(-\mathrm{e}^{-\alpha x} + \frac{1}{l}(\mathrm{e}^{-\alpha l} - 1)x + 1\right).$$

作变换

$$u = v + u_1,$$

则 $v(t, x)$ 满足齐次化混合问题

$$\begin{cases} v_t = a^2 v_{xx} & (t > 0,\ 0 < x < l), \\ v(t, 0) = v(t, l) = 0, \\ v(0, x) = T_0 - \dfrac{A}{a^2\alpha^2}\left(-\mathrm{e}^{-\alpha x} + \dfrac{1}{l}(\mathrm{e}^{-\alpha l} - 1)x + 1\right). \end{cases}$$

用分离变量法, 令 $v(t,x) = T(t)X(x)$, 代入固有值问题, 得

$$\begin{cases} X''(x) + \lambda X = 0, \\ X(0) = X(l) = 0, \end{cases}$$

以及微分方程

$$T(t) + \lambda a^2 T = 0.$$

解固有值问题, 得到固有值和固有函数:

$$\lambda_n = \left(\frac{n\pi}{l} \right)^2, \quad X_n(x) = \sin \frac{n\pi x}{l}.$$

相应地, 有

$$T_n(t) = e^{-(n\pi a/l)^2 t}.$$

利用叠加原理, 设

$$v(t,x) = \sum_{n=1}^{+\infty} C_n e^{-(n\pi a/l)^2 t} \sin \frac{n\pi x}{l}.$$

而

$$V(0,x) = \sum_{n=1}^{+\infty} C_n \sin \frac{n\pi x}{l} = T_0 - \frac{A}{a^2\alpha^2} \left(-e^{-\alpha x} + \frac{1}{l}(e^{-\alpha l} - 1)x + 1 \right).$$

由正弦 Fourier 级数系数确定公式, 得

$$\begin{aligned} C_n &= \frac{2}{l} \int_0^l \left(T_0 - \frac{A}{a^2\alpha^2} \left(-e^{-\alpha x} + \frac{1}{l}(e^{-\alpha l} - 1)x + 1 \right) \right) \sin \frac{n\pi x}{l} \mathrm{d}x \\ &= 2T_0 \frac{1 - (-1)^n}{n\pi} - \frac{2A}{a^2 n\pi} \frac{(1 - (-1)^n)e^{-\alpha l}}{\alpha^2 + (n\pi/l)^2}. \end{aligned}$$

从而有

$$\begin{aligned} u &= u_1 + v(t,x) \\ &= \frac{A}{a^2\alpha^2} \left(-e^{-\alpha x} + \frac{1}{l}(e^{-\alpha l} - 1)x + 1 \right) \\ &\quad + \sum_{n=1}^{+\infty} \left(2T_0 \frac{1 - (-1)^n}{n\pi} - \frac{2A}{a^2 n\pi} \frac{(1 - (-1)^n)e^{-\alpha l}}{\alpha^2 + (n\pi a/l)^2} \right) e^{-(n\pi a/l)^2 t} \sin \frac{n\pi x}{l}. \end{aligned}$$

解法 2 使用 Fourier 方法 (固有函数展开法). 设 $H(t,x)$ 满足方程对应的齐次问题及齐次边界条件, 即 $H(t,x)$ 满足

$$\begin{cases} H_t = a^2 H_{xx} \quad (t > 0, \ 0 < x < l), \\ H(t,0) = H(t,l) = 0, \end{cases}$$

类似地, 作分离变量, 令 $H(t,x) = T(t)X(x)$. 由 $X(x)$ 满足的固有值问题, 得出固有值和固有函数系为

$$\lambda_n = \left(\frac{n\pi}{l}\right)^2, \quad X_n(x) = \sin\frac{n\pi x}{l}.$$

设 $u(t,x)$ 按此函数系作 Fourier 展开,

$$u(t,x) = \sum_{n=1}^{+\infty} T_n(t)\sin\frac{n\pi x}{l}.$$

把此定解问题中其他函数也按此函数系展开为

$$e^{-\alpha x} = \sum_{n=1}^{+\infty} \left(\frac{2n\pi}{l^2}\frac{(1-(-1)^n)e^{-\alpha l}}{\alpha^2 + (n\pi/l)^2}\right)\sin\frac{n\pi x}{l}.$$

代入原定解问题, 得到 $T_n(t)$ 满足的常微分方程初值问题为

$$\begin{cases} T_n'(t) + \left(\dfrac{n\pi a}{l}\right)^2 T_n(t) = A\dfrac{2n\pi}{l^2}\dfrac{(1-(-1)^n)e^{-\alpha l}}{\alpha^2 + (n\pi/l)^2}, \\ T_n(0) = 2T_0\dfrac{1-(-1)^n}{n\pi}. \end{cases}$$

利用 Laplace 变换或者直接求解, 可解出

$$T_n(t) = \frac{2A}{n\pi a^2}\frac{(1-(-1)^n)e^{-\alpha l}}{\alpha^2 + (n\pi/l)^2}\left(1 - e^{-(n\pi a/l)^2 t}\right) + 2T_0\frac{1-(-1)^n}{n\pi}e^{-(n\pi a/l)^2 t}.$$

这样原混合问题的解为

$$u(t,x) = \sum_{n=1}^{+\infty}\left[\frac{2A}{n\pi a^2}\frac{(1-(-1)^n)e^{-\alpha l}}{\alpha^2 + (n\pi/l)^2}\left(1 - e^{-(n\pi a/l)^2 t}\right) \right.$$
$$\left. + 2T_0\frac{1-(-1)^n}{n\pi}e^{-(n\pi a/l)^2 t}\right]\sin\frac{n\pi x}{l}.$$

注 2.2.1 除了本例使用的以上两种方法外, 典型的方法还有齐次化原理等. 另外, 本例中用特解法和固有函数展开法得到解的形式略有差别, 但实际是一样的 (只是特解法得到的解中有一部分函数没有写成固有函数系下的展开形式).

例 2.2.4 求解定解问题

$$\begin{cases} u_{tt} = a^2 u_{xx} \quad (t > 0,\, 0 < x < 1), \\ u_x(t,0) = 1, \quad u(t,1) = 0, \\ u(0,x) = 0, \quad u_t(0,x) = 0. \end{cases}$$

分析　本题是边界条件非齐次的混合问题, 所以首先要把边界条件齐次化, 再求解出此混合问题.

解　设有满足边界条件的解 $W(t,x) = A(t)x + B(t)$, 代入边界条件, 得到

$$W_x(t,0) = A(t) = 1, \quad W(t,1) = A(t) + B(t) = 0,$$

所以 $B(t) = -A(t) = -1$. 这样 $W(t,x) = x - 1$, 因此, 作变换 $u = v + (x-1)$. 则 v 满足齐次边界的混合问题

$$\begin{cases} v_{tt} = a^2 v_{xx} \quad (t > 0, 0 < x < 1), \\ v_x(t,0) = 0, \quad v(t,1) = 0, \\ v(0,x) = 1 - x, \quad v_t(0,x) = 0. \end{cases}$$

用分离变量法, 设 $v = T(t)X(x)$, 结合边界条件, 得到固有值问题

$$\begin{cases} X'' + \lambda X = 0, \\ X'(0) = X(1) = 0, \end{cases}$$

以及微分方程

$$T''(t) + \lambda a^2 T = 0.$$

求解固有值问题, 得固有值和固有函数:

$$\lambda_n = \left(n\pi + \frac{\pi}{2}\right)^2 \quad (n = 0,1,2,\cdots), \quad X_n(x) = \cos\left(n\pi + \frac{\pi}{2}\right)x.$$

相应地, 有

$$T_n(t) = C_n \cos\left(n\pi + \frac{\pi}{2}\right)at + D_n \sin\left(n\pi + \frac{\pi}{2}\right)at.$$

由叠加原理, 可设

$$v(t,x) = \sum_{n=0}^{+\infty} \left(C_n \cos\frac{2n+1}{2}\pi at + D_n \sin\frac{2n+1}{2}\pi at\right) \cos\frac{2n+1}{2}\pi x.$$

由

$$v_t(0,x) = \sum_{n=1}^{+\infty} \frac{2n+1}{2}\pi a D_n \cos\frac{2n+1}{2}\pi x = 0,$$

解得 $D_n = 0$. 又

$$v(0,x) = \sum_{n=0}^{+\infty} C_n \cos\frac{2n+1}{2}\pi x = 1 - x,$$

其中

$$C_n = 2 \int_0^1 (1-x) \cos \frac{2n+1}{2} \pi x \mathrm{d}x = \frac{8}{(2n+1)^2 \pi^2},$$

所以

$$v(t,x) = \sum_{n=0}^{+\infty} \frac{8}{(2n+1)^2 \pi^2} \cos \frac{2n+1}{2} \pi a t \cos \frac{2n+1}{2} \pi x.$$

这样, 最终得到原定解问题的解

$$u(t,x) = x - 1 + \sum_{n=0}^{+\infty} \frac{8}{(2n+1)^2 \pi^2} \cos \frac{2n+1}{2} \pi a t \cos \frac{2n+1}{2} \pi x.$$

例 2.2.5　分别使用特解法、齐次化原理、固有函数展开法三种不同方法, 求解非齐次定解问题

$$\begin{cases} \dfrac{\partial^2 u}{\partial t^2} = 4 \dfrac{\partial^2 u}{\partial x^2} + \sin 2x \sin \omega t & (0 < x < \pi, t > 0), \\ u\mid_{x=0} = 0, \quad u\mid_{x=\pi} = 0, \\ u\mid_{t=0} = 0, \quad u_t\mid_{t=0} = 0. \end{cases}$$

解法 1 (特解法)　通过观察本题泛定方程及齐次边界条件, 可设同时满足此定解问题中泛定方程和边界条件的特解是

$$u_1 = k \sin 2x \sin \omega t \quad (k 为待定系数).$$

由于 u_1 显然满足边界条件, 因此只要把 u_1 代入泛定方程即可定出 k. 实际上, 把 u_1 代入泛定方程, 得到

$$-k\omega^2 \sin 2x \sin \omega t = -16k \sin 2x \sin \omega t + \sin 2x \sin \omega t.$$

上式两边消去 $\sin 2x \sin \omega t$, 整理后定出 $k = \dfrac{1}{16 - \omega^2}$, 所以

$$u_1 = \frac{1}{16 - \omega^2} \sin 2x \sin \omega t.$$

作变换 $u = v + u_1$, 则 v 满足齐次混合问题

$$\begin{cases} \dfrac{\partial^2 v}{\partial t^2} = 4 \dfrac{\partial^2 v}{\partial x^2} & (0 < x < \pi, t > 0), \\ v\mid_{x=0} = 0, \quad u\mid_{x=\pi} = 0, \\ v\mid_{t=0} = 0, \quad v_t\mid_{t=0} = -\dfrac{\omega}{16 - \omega^2} \sin 2x. \end{cases}$$

下面我们就可以用分离变量法来求解 v. 为此, 令 $v = T(t)X(x)$, 代入泛定方程并结合边界条件, 得到固有值问题

$$\begin{cases} X'' + \lambda X = 0 \quad (0 < x < \pi), \\ X(0) = X(\pi) = 0, \end{cases}$$

以及 $T(t)$ 满足的常微分方程

$$T''(t) + 4\lambda T = 0.$$

求解固有值问题, 得到固有值和固有函数分别为

$$\lambda_n = n^2 \quad (n = 1, 2, 3, \cdots), \quad X_n(x) = \sin nx.$$

相应地, 有

$$T_n(t) = C_n \cos 2nt + D_n \sin 2nt.$$

于是得到一系列分离变量形式的解

$$v_n(t, x) = T_n(t)X_n(x) \quad (n = 1, 2, 3, \cdots).$$

由叠加原理, 可设

$$v(t, x) = \sum_{n=1}^{+\infty} (C_n \cos 2nt + D_n \sin 2nt) \sin nx.$$

再由初值条件

$$v(0, x) = \sum_{n=1}^{+\infty} C_n \sin nx = 0,$$

得 $C_n = 0$. 因而

$$v_t(0, x) = \sum_{n=1}^{+\infty} 2nD_n \sin nx = -\frac{\omega}{16 - \omega^2} \sin 2x.$$

直接比较系数, 得

$$D_2 = -\frac{\omega}{4(16 - \omega^2)}, \quad D_n = 0 \quad (n \neq 2).$$

综上, 得到

$$u(t, x) = u_1 + v = \frac{1}{16 - \omega^2} \left(\sin \omega t - \frac{\omega}{4} \sin 4t \right) \sin 2x.$$

解法 2 (齐次化原理法)　注意到此混合问题对应的是零初值条件, 所以可以直接使用齐次化原理求解, 即

$$u = \int_0^t w(t,x,\tau)\mathrm{d}\tau,$$

而 $w(t,x,\tau)$ 满足齐次化定解问题

$$\begin{cases} \dfrac{\partial^2 w}{\partial t^2} = 4\dfrac{\partial^2 w}{\partial x^2} & (t > \tau, 0 < x < \pi), \\ w\mid_{x=0} = 0, \quad w\mid_{x=\pi} = 0, \\ w\mid_{t=\tau} = 0, \quad w_t\mid_{t=\tau} = \sin 2x \sin \omega\tau. \end{cases}$$

作变量变换 $t_1 = t - \tau$, 记 $v(t_1,x,\tau) = w(t,x,\tau) = w(t_1+\tau,x,\tau)$, 则 $v(t_1,x,\tau)$ 满足

$$\begin{cases} \dfrac{\partial^2 v}{\partial t_1^2} = 4\dfrac{\partial^2 v}{\partial x^2} & (t_1 > 0, 0 < x < \pi), \\ v\mid_{x=0} = 0, \quad v\mid_{x=\pi} = 0, \\ v\mid_{t_1=0} = 0, \quad v_{t_1}\mid_{t_1=0} = \sin 2x \sin \omega\tau. \end{cases}$$

使用类似于解法 1 的分离变量过程, 算得

$$v(t_1,x,\tau) = \frac{\sin \omega\tau}{4}\sin 4t_1 \sin 2x,$$

即

$$w(t,x,\tau) = v(t-\tau,x,\tau) = \frac{\sin \omega\tau}{4}\sin 4(t-\tau)\sin 2x.$$

从而有

$$\begin{aligned} u(t,x) &= \int_0^t w(t,x,\tau)\mathrm{d}\tau = \int_0^t \frac{\sin \omega\tau}{4}\sin 4(t-\tau)\sin 2x\mathrm{d}\tau \\ &= \frac{\sin 2x}{8}\int_0^t (\cos(\omega\tau - 4(t-\tau)) - \cos(\omega\tau + 4(t-\tau)))\mathrm{d}\tau \\ &= \frac{\sin 2x}{8}\left(\frac{\sin(\omega\tau - 4(t-\tau))}{\omega+4} - \frac{\sin(\omega\tau + 4(t-\tau))}{\omega-4}\right)\Big|_0^t. \end{aligned}$$

整理后得到

$$u(t,x) = \frac{1}{16 - \omega^2}\left(\sin \omega t - \frac{\omega}{4}\sin 4t\right)\sin 2x.$$

这和解法 1 (特解法) 算出的结果一样.

解法 3 (固有函数展开法)　根据此混合问题的泛定方程对应的齐次方程及边界条件, 我们考虑齐次问题

$$\begin{cases} \dfrac{\partial^2 W}{\partial t^2} = 4\dfrac{\partial^2 W}{\partial x^2} & (t > 0, 0 < x < \pi), \\ W\mid_{x=0} = 0, \quad W\mid_{x=\pi} = 0. \end{cases}$$

然后用分离变量法求解这个齐次问题产生的相应固有值和固有函数系, 容易求得

$$\lambda_n = n^2, \quad X_n(x) = \sin nx.$$

这样我们就可把要求解的非齐次混合问题的解在固有函数系 $X_n(x)$ 下展开 (把 t 看成参数), 即设

$$u(t, x) = \sum_{n=1}^{+\infty} T_n(t) \sin nx.$$

代入泛定方程, 得到

$$\sum_{n=1}^{+\infty} T_n''(t) \sin nx = -4 \sum_{n=1}^{+\infty} n^2 T_n(t) \sin nx + \sin 2x \sin \omega t.$$

比较 $\sin nx$ 的系数, 得到

$$T_n''(t) + 4n^2 T_n(t) = 0 \quad (n \neq 2), \quad T_2''(t) + 16T_2(t) = \sin \omega t.$$

再代入初值条件, 即 $u(0, x) = 0, u_t(0, x) = 0$, 相应地, 得出 T_n 的初值

$$T_n(0) = 0, \quad T_n'(0) = 0 \quad (n = 1, 2, 3, \cdots).$$

整理以上结果, 得到确定 $T_n(t)$ 的问题

$$\begin{cases} T_n''(t) + 4n^2 T_n(t) = 0, \\ T_n(0) = 0, \quad T_n'(0) = 0 \end{cases} (n \neq 2),$$

$$\begin{cases} T_2''(t) + 16T_2(t) = \sin \omega t, \\ T_2(0) = 0, \quad T_2'(0) = 0. \end{cases}$$

显然当 $n \neq 2$ 时, $T_n(t) = 0$, 而使用 Laplace 变换 (或其他求解方法), 容易求得

$$T_2(t) = \frac{1}{16 - \omega^2} \left(\sin \omega t - \frac{\omega}{4} \sin 4t \right).$$

这样我们用固有函数展开法也求得了此定解问题的解

$$u(t,x) = \frac{1}{16 - \omega^2} \left(\sin \omega t - \frac{\omega}{4} \sin 4t \right) \sin 2x .$$

例 2.2.6 求二维热传导方程 $u_t = a^2 \Delta_2 u$ 满足 $\lim\limits_{t \to +\infty} u = 0$ 的所有分离变量解.

解 由于 $u = u(t,x,y)$, 所以分离变量解可设为 $u = T(t)X(x)Y(y)$. 代入方程, 得到

$$T_t XY = a^2 (TX_{xx}Y + TXY_{yy}),$$

即

$$\frac{T_t}{a^2 T} = \frac{X_{xx}}{X} + \frac{Y_{yy}}{Y} .$$

取

$$\frac{X_{xx}}{X} = -\lambda, \quad \frac{Y_{yy}}{Y} = -\mu,$$

则

$$\frac{T_t}{a^2 T} = -(\lambda + \mu),$$

解得

$$T(t) = \mathrm{e}^{-a^2(\lambda+\mu)t} .$$

要使 $\lim\limits_{t \to +\infty} u = 0$, 只需 $\lim\limits_{t \to +\infty} T(t) = 0$. 显然, 只需满足 $\lambda + \mu > 0$, 下面分几种情况讨论.

(1) $\lambda > 0, \mu > 0$. 这时满足条件 $\lambda + \mu > 0$. 记 $\lambda = \omega^2$, $\mu = \gamma^2$, 代入 $X(x), Y(y)$ 满足的方程, 解得

$$X(x) = A_1 \cos \omega x + B_1 \sin \omega x, \quad Y(y) = C_1 \cos \gamma y + D_1 \sin \gamma y.$$

所以

$$u(t,x) = \mathrm{e}^{-a^2(\omega^2+\gamma^2)t} \begin{Bmatrix} \cos \omega x \\ \sin \omega x \end{Bmatrix} \begin{Bmatrix} \cos \gamma y \\ \sin \gamma y \end{Bmatrix},$$

其中 $\begin{Bmatrix} \cos \omega x \\ \sin \omega x \end{Bmatrix}$ 表示 $\cos \omega x$ 和 $\sin \omega x$ 的线性组合.

(2) $\lambda > 0, \mu < 0, \lambda + \mu > 0$. 记 $\lambda = \omega^2$, $\mu = -\gamma^2$, 则

$$u(t,x) = \mathrm{e}^{-a^2(\omega^2-\gamma^2)t} \begin{Bmatrix} \cos\omega x \\ \sin\omega x \end{Bmatrix} \begin{Bmatrix} \mathrm{e}^{\gamma y} \\ \mathrm{e}^{-\gamma y} \end{Bmatrix} \quad (\omega > \gamma > 0).$$

(3) $\lambda < 0, \mu > 0, \lambda + \mu > 0$. 记 $\lambda = -\omega^2$, $\mu = \gamma^2$, 则

$$u(t,x) = \mathrm{e}^{-a^2(\gamma^2-\omega^2)t} \begin{Bmatrix} \mathrm{e}^{\omega x} \\ \mathrm{e}^{-\omega x} \end{Bmatrix} \begin{Bmatrix} \cos\gamma y \\ \sin\gamma y \end{Bmatrix} \quad (\gamma > \omega > 0).$$

(4) $\lambda > 0, \mu = 0$. 记 $\lambda = \omega^2$, 则

$$u(t,x) = \mathrm{e}^{-a^2\omega^2 t} \begin{Bmatrix} \cos\omega x \\ \sin\omega x \end{Bmatrix} \begin{Bmatrix} 1 \\ y \end{Bmatrix}.$$

(5) $\lambda = 0, \mu > 0$. 记 $\mu = \gamma^2$, 则

$$u(t,x) = \mathrm{e}^{-a^2\gamma^2 t} \begin{Bmatrix} 1 \\ x \end{Bmatrix} \begin{Bmatrix} \cos\gamma y \\ \sin\gamma y \end{Bmatrix}.$$

例 2.2.7　求解非齐次 Poisson 方程边值问题

$$\begin{cases} \Delta_2 u = a + b(x^2 - y^2) & (a,b\text{为常数}, r < R), \\ u(R,\theta) = C. \end{cases}$$

分析　这是一个圆内 Laplace 方程的非齐次边值问题, 首先应该求出特解使方程齐次化, 然后使用圆内齐次 Laplace 方程求解的极坐标公式求解.

解　由于 $\Delta_2 u = \dfrac{\partial^2 u}{\partial x^2} + \dfrac{\partial^2 u}{\partial y^2}$, 所以可以观察出方程显然有特解

$$u_1 = \frac{a}{4}(x^2 + y^2) + \frac{b}{12}(x^4 - y^4) = \frac{a}{4}r^2 + \frac{b}{12}r^4\cos 2\theta.$$

作变换

$$u = V + u_1 = V + \frac{a}{4}r^2 + \frac{b}{12}r^4\cos 2\theta,$$

则有

$$\begin{cases} \Delta_2 V = 0 & (a,b\text{为常数}, r < R), \\ V(R,\theta) = C - \dfrac{a}{4}R^2 - \dfrac{b}{12}R^4\cos 2\theta. \end{cases}$$

由齐次 Laplace 方程在圆内解的一般公式, 可设

$$V = \frac{A_0}{2} + \sum_{n=1}^{\infty} \left(\frac{r}{R}\right)^n (A_n\cos n\theta + B_n\sin n\theta).$$

依据边界条件, 有

$$V\mid_{r=R} = \frac{A_0}{2} + \sum_{n=1}^{\infty}(A_n\cos n\theta + B_n\sin n\theta)$$

$$= C - \frac{a}{4}R^2 - \frac{b}{12}R^4\cos 2\theta.$$

比较系数, 得到

$$A_0 = 2C - \frac{a}{2}R^2, \quad A_2 = -\frac{b}{12}R^4, \quad A_n = 0\,(n\neq 0,2), \quad B_n = 0.$$

这样

$$V(r,\theta) = C - \frac{a^2}{4}R^2 - \frac{b}{12}R^2r^2\cos 2\theta.$$

最后得到

$$u = V + u_1 = C + \frac{a}{4}(r^2 - R^2) + \frac{b}{12}r^2(r^2 - R^2)\cos 2\theta.$$

例 2.2.8 求解矩形区域内非齐次 Poisson 方程

$$\begin{cases} u_{xx} + u_{yy} = A, \\ u(0,y) = u(a,y) = 0, \\ u(x,0) = u(x,b) = 0 \end{cases}$$

的边值问题.

分析 本题中虽然泛定方程是非齐次的, 但边界条件都是齐次的, 我们可以直接利用其中一个齐次边界条件结合分离变量求得相应的固有函数系, 然后用固有函数展开法求出方程的解.

解 根据方程的齐次部分及边界条件 $u(0,y) = u(a,y)$, 我们考虑相应的齐次问题

$$\begin{cases} V_{xx} + V_{yy} = 0, \\ V(0,y) = V(a,y) = 0. \end{cases}$$

作分离变量 $V(x,y) = X(x)Y(y)$, 并结合齐次边界条件, 得固有值问题

$$\begin{cases} X''(x) + \lambda X = 0, \\ X(0) = X(a) = 0. \end{cases}$$

解得固有值和固有函数分别为

$$\lambda_n = \left(\frac{n\pi}{a}\right)^2, \quad X_n(x) = \sin\frac{n\pi}{a}x.$$

利用固有函数展开法, 可设原非齐次问题的解

$$u(t,x) = \sum_{n=1}^{+\infty} Y_n(y)\sin\frac{n\pi}{a}x.$$

再令 $A = \sum\limits_{n=1}^{+\infty} A_n\sin\frac{n\pi}{a}x$, 其中

$$A_n = \frac{2}{a}\int_0^a A\sin\frac{n\pi}{a}x\mathrm{d}x = \begin{cases} 0 & (n = 2k, k = 1,2,3,\cdots), \\ \dfrac{4A}{(2k+1)\pi} & (n = 2k+1, k = 0,1,2,\cdots), \end{cases}$$

由此得原方程非齐次项的展开式为

$$A = \sum_{k=0}^{+\infty} \frac{4A}{(2k+1)\pi}\sin\frac{(2k+1)\pi}{a}x.$$

将以上展开式代入泛定方程及边界条件 $u(x,0) = u(x,b) = 0$, 得到

$$\begin{cases} -\sum\limits_{n=1}^{+\infty}\left(\dfrac{n\pi}{a}\right)^2 Y_n(y)\sin\dfrac{n\pi}{a}x + \sum\limits_{n=1}^{+\infty} Y_n''(y)\sin\dfrac{n\pi}{a}x = \sum\limits_{k=0}^{+\infty}\dfrac{4A}{(2k+1)\pi}\sin\dfrac{(2k+1)\pi}{a}x, \\ \sum\limits_{n=1}^{+\infty} Y_n(0)\sin\dfrac{n\pi}{a}x = \sum\limits_{n=1}^{+\infty} Y_n(b)\sin\dfrac{n\pi}{a}x = 0. \end{cases}$$

比较 $\sin\frac{n\pi}{a}x$ 的系数, 得到

$$\begin{cases} Y_{2k}''(y) - \left(\dfrac{2k\pi}{a}\right)^2 Y_{2k}(y) = 0, \\ Y_{2k}(0) = Y_{2k}(b) = 0, \end{cases}$$

$$\begin{cases} Y_{2k+1}''(y) - \left(\dfrac{(2k+1)\pi}{a}\right)^2 Y_{2k+1}(y) = \dfrac{4A}{(2k+1)\pi}, \\ Y_{2k+1}(0) = Y_{2k+1}(b) = 0. \end{cases}$$

显然有 $Y_{2k}(x) = 0\,(k = 1,2,3,\cdots)$. 下面求 Y_{2k+1}.

首先原方程有常数解 $\dfrac{-4a^2 A}{(2k+1)^3\pi^3}$, 因此可设

$$Y_{2k+1}(y) = C_k\cosh\frac{(2k+1)\pi}{a}y + D_k\sinh\frac{(2k+1)\pi}{a}y - \frac{4a^2 A}{(2k+1)^3\pi^3}.$$

代入边界条件 $Y_{2k+1}(0) = Y_{2k+1}(b) = 0$, 定出

$$C_k = \frac{4Aa^2}{(2k+1)^3\pi^3}, \quad D_k = \frac{4Aa^2\left(1 - \cosh\dfrac{2k+1}{a}\pi b\right)}{(2k+1)^3\pi^3 \sinh\dfrac{2k+1}{a}\pi b}.$$

这样, 求得此定解问题的解

$$u(t,x) = \sum_{k=1}^{+\infty} \left(C_k \cosh\frac{(2k+1)\pi}{a}y + D_k \sinh\frac{(2k+1)\pi}{a}y - \frac{4a^2A}{(2k+1)^3\pi^3}\right)$$
$$\cdot \sin\frac{(2k+1)\pi}{a}x,$$

其中

$$C_k = \frac{4Aa^2}{(2k+1)^3\pi^2}, \quad D_k = \frac{4Aa^2\left(1 - \cosh\dfrac{2k+1}{a}\pi b\right)}{(2k+1)^3\pi^3 \sinh\dfrac{2k+1}{a}\pi b}.$$

2.3 练 习 题

1. 求解以下固有值问题的固有值和固有函数, 并计算出固有函数模的平方:

(1) $\begin{cases} y'' + \lambda y = 0 \ (0 < x < 2), \\ y(0) = 0, \ y'(2) = 0; \end{cases}$

(2) $\begin{cases} y'' + \lambda y = 0 \ (-2 < x < 1), \\ y(-2) = 0, \ y(1) = 0; \end{cases}$

(3) $\begin{cases} y'' - 4y' + \lambda y = 0 \ (0 < x < 1), \\ y(0) = 0, \ y'(1) = 0. \end{cases}$

2. 求解下列定解问题:

(1) $\begin{cases} u_t = u_{xx} + 2u \ (t > 0, 0 < x < l), \\ u(t,0) = u(t,l) = 0, \\ u(0,x) = \varphi(x); \end{cases}$

(2) $\begin{cases} u_{tt} = 3u_{xx} \ (t > 0, 0 < x < \pi), \\ u_x(t,0) = u_x(t,\pi) = 0, \\ u(0,x) = 1 + 3\cos 2x + 2\cos 5x, \ u_t(0,x) = 0; \end{cases}$

(3) $\begin{cases} u_{xx} + u_{yy} = 0 \ (0 < x < 1), \\ u_x(0,y) = u_x(1,y) = 0, \\ u(x,0) = 0, u_y(x,0) = 1 + x^2; \end{cases}$

$$(4) \begin{cases} r^2 u_{rr} + r u_r + u_{\theta\theta} = 0 \ (1 < r < \mathrm{e},\ 0 < \theta < \dfrac{\pi}{2}), \\ u\mid_{r=1} = u\mid_{r=\mathrm{e}} = 0, \\ u\mid_{\theta=0} = 0,\ u\mid_{\theta=\frac{\pi}{2}} = r. \end{cases}$$

3. 求弦振动方程 $u_{tt} = a^2 u_{xx}$ 满足 $\lim\limits_{t \to +\infty} u = 0$ 的所有分离变量形式的解.

4. 求解以下边值问题:

$$(1) \begin{cases} \Delta_2 u = 0 \ (0 < r < 1,\ r = \sqrt{x^2 + y^2}), \\ u\mid_{r=1} = x^2 y^3; \end{cases}$$

$$(2) \begin{cases} \Delta_2 u = 0 \ (1 < r < 2,\ r = \sqrt{x^2 + y^2}), \\ u\mid_{r=1} = x^2 y^2,\ u\mid_{r=2} = x + 1; \end{cases}$$

$$(3) \begin{cases} \Delta_2 u = 0 \ (r > 1,\ r = \sqrt{x^2 + y^2}), \\ u\mid_{r=1} = x^3 y^2. \end{cases}$$

5. 求解以下非齐次问题:

$$(1) \begin{cases} u_t = u_{xx} + \sinh x \ (t > 0,\ 0 < x < l), \\ u(t,0) = u(t,l) = 0, \\ u(0,x) = u_t(0,x) = 0; \end{cases}$$

$$(2) \begin{cases} u_t = 4 u_{xx} + \sin \omega t \ (t > 0,\ 0 < x < 1), \\ u_x(t,0) = u_x(t,l) = 0, \\ u(0,x) = 0; \end{cases}$$

$$(3) \begin{cases} u_{tt} = u_{xx} + t \ (t > 0,\ 0 < x < 4), \\ u(t,0) = 0,\ u_x(t,4) = \sin t, \\ u(0,x) = 0,\ u_t(0,x) = 0; \end{cases}$$

$$(4) \begin{cases} u_{tt} = u_{xx} + u \ (t > 0,\ 0 < x < 1), \\ u(t,0) = 0,\ u(t,1) = 1, \\ u(0,x) = x - x^2,\ u_t(0,x) = 0; \end{cases}$$

$$(5) \begin{cases} \Delta_2 u = x^2 - 2y^4 \ (r < 1,\ r = \sqrt{x^2 + y^2}), \\ u\mid_{r=1} = xy; \end{cases}$$

$$(6) \begin{cases} u_{tt} = u_{xx} - 4 u_x + \mathrm{e}^x \sin \pi x \ (t > 0,\ 0 < x < 1), \\ u\mid_{t=0} = x,\ u_t\mid_{t=0} = 1, \\ u\mid_{x=0} = 1,\ u_x\mid_{x=1} = 0. \end{cases}$$

6. 有一个半径为 a 的半圆形平板, 其圆周边界上温度保持 $u(a, \theta) = f(\theta)$, 在直径边界上温度为常数 u_0, 板的侧面绝缘, 求板内温度的稳态分布.

第 3 章　特殊函数

对于三维 Laplace 方程 (或其他方程, 如 Helmholtz 方程), 在柱坐标下分离变量时, 产生变系数的常微分方程——Bessel 方程, 在球坐标轴对称情形下产生 Legendre 方程. 对这两个常微分方程分别用广义幂级数求解法和幂级数求解法进行求解, 则相应的 Bessel 方程的解是 Bessel 函数, 而 Legendre 方程的有界解就是 Legendre 函数. 本章列出这两个特殊函数的详细性质并对这两个方程的固有值问题进行论述, 解决与 Bessel 方程和 Legendre 方程相关的一系列定解问题. 在 A 型教学要求中, 还对三维 Laplace 方程在非轴对称情形下分离变量, 讨论产生的伴随 Legendre 方程及固有值问题, 以及 Bessel 方程的衍生问题: 球 Bessel 方程问题和虚变量的 Bessel 方程问题.

通过本章的学习, 要求能掌握 Bessel 方程和 Legendre 方程产生的基本背景, 以及求解这两个方程的方法, 并能求解相应的固有值问题, 掌握 Bessel 函数和 Legendre 函数的性质, 特别是固有值问题的相关结论, 最终能利用这些特殊函数求解相应的定解问题. 对于 A 型教学, 还要能掌握伴随 Legendre 方程、球 Bessel 方程和虚变量的 Bessel 方程等衍生性方程.

3.1　Bessel 方程和 Bessel 函数

3.1.1　基本要求

1. 掌握 Bessel 方程的形式及解.

Bessel 方程为

$$x^2 y'' + xy' + (x^2 - \nu^2)y = 0 \quad (\nu \geqslant 0),$$

其通解为

$$y = C\mathrm{J}_\nu(x) + D\mathrm{N}_\nu(x).$$

其中 $\mathrm{J}_\nu(x)$ 和 $\mathrm{N}_\nu(x)$ 分别是第一类和第二类 Bessel 函数. 第一类 Bessel 函数是方程的广义幂级数解, 表达式为

$$\mathrm{J}_\nu(x) = \sum_{k=0}^{+\infty} \frac{(-1)^k}{k!\Gamma(k+\nu+1)} \left(\frac{x}{2}\right)^{2k+\nu}.$$

第二类 Bessel 函数定义如下: 当 $\nu \neq m$ (m 是非负整数) 时,

$$\mathrm{N}_\nu(x) = \frac{\cos\nu\pi}{\sin\nu\pi}\mathrm{J}_\nu(x) - \frac{1}{\sin\nu\pi}\mathrm{J}_{-\nu}(x);$$

当 $\nu = m$ (m 是非负整数) 时,

$$\mathrm{N}_m(x) = \lim_{\nu \to m}\mathrm{N}_\nu(x).$$

2. 熟知由三维 Laplace 方程在柱坐标下分离变量, 产生 Bessel 方程这一经典过程.

对于三维 Laplace 方程 $\Delta_3 u = 0$, 在柱坐标下它可表示为

$$\frac{1}{r}\frac{\partial}{\partial r}\left(r\frac{\partial u}{\partial r}\right) + \frac{1}{r^2}\frac{\partial^2 u}{\partial \theta^2} + \frac{\partial^2 u}{\partial z^2} = 0.$$

如作分离变量 $u(r,\theta,z) = R(r)\Theta(\theta)Z(z)$, 那么 $R(r)$ 部分满足一个变系数的常微分方程, 相应地可化为 Bessel 方程.

3. 掌握 Bessel 函数的基本性质.

(1) 渐近性质:

$$\lim_{x \to 0}\mathrm{J}_\nu(x) = \begin{cases} 1 & (\nu = 0), \\ 0 & (\nu \geqslant 1), \end{cases}$$

$$\lim_{x \to 0}\mathrm{N}_\nu(x) = \infty.$$

显然, 第一类 Bessel 函数在自变量趋于 0 时趋于有界量, 而第二类 Bessel 函数在自变量趋于 0 时趋于无穷. 这说明第一类和第二类 Bessel 函数在自变量趋于 0 的渐近性态是有明显区别的. 而

$$\lim_{x \to +\infty} J_\nu(x) = \lim_{x \to +\infty} N_\nu(x) = 0,$$

这说明 $x \to +\infty$ 时, 第一类和第二类 Bessel 函数渐近性态比较相似.

(2) 零点性质: $J_\nu(x), J_\nu'(x)$ 及 $J_\nu(x) + hxJ_\nu'(x)$ 都有无穷可数个非负零点. 这一结论为将来讨论 Bessel 方程固有值问题提供了论述函数零点方面的依据.

(3) 递推公式: 利用 Bessel 函数的级数表达式及母函数等, 可以得出一系列 Bessel 函数的递推公式. 如

$$(x^\nu J_\nu(x))' = x^\nu J_{\nu-1}(x), \quad \left(x^{-\nu} J_\nu(x)\right)' = -x^{-\nu} J_{\nu+1}(x).$$

利用这些递推公式可计算含 Bessel 函数的一些积分或完成 Bessel 函数值的计算等其他运算.

4. 掌握 Bessel 方程的固有值问题的形式和结论.

(1) 问题的模型:

ν 阶 Bessel 方程的固有值问题是

$$\begin{cases} (rR')' + \left(\lambda r - \dfrac{\nu^2}{r}\right) R = 0 \quad (0 < r < a), \\ |R(0)| < +\infty, \quad \alpha R(a) + \beta R'(a) = 0. \end{cases}$$

此问题的应用背景如下: 考虑截面圆半径为 a 的圆柱体, 求解方程 $\Delta_3 u = 0$ 时, 在柱坐标下分离变量, 得到关于 $R(r)$ 的方程经简单的变换就化为 Bessel 方程, 又根据 Sturm-Liouville 定理, $r = 0$ 为方程的正则奇点, $r = a$ 是常点, 因而在 $r = 0$ 可添加有界性条件, 在 $r = a$ 可添加第一、二、三类边界条件中的任何一种.

(2) Bessel 方程的固有值问题的结论:

利用 Bessel 方程的通解, 以及零点、渐近性等性质, 可得此固有值问题的固有值和固有函数分别为

$$\lambda_n = \omega_n^2, \quad R_n(r) = J_\nu(\omega_n r),$$

其中 ω_n 为代数方程

$$\alpha J_\nu(\omega a) + \beta \omega J_\nu'(\omega a) = 0$$

的第 n 个正根. (如果有固有值 $\omega = 0$, 则记 $\omega_0 = 0$.)

(3) Fourier-Bessel 展开:

按照 Sturm-Liouville 定理, 由 ν 阶 Bessel 方程的固有值问题得到的固有函数系 $J_\nu(\omega_n r)$ 是完备的带权正交系, 所以任意取函数 $f(r) \in L_r^2[0, a]$, $f(r)$ 可以在此函数系下展开为 Fourier-Bessel 级数, 即

$$f(r) = \sum_{n=0\text{或}1}^{+\infty} C_n J_\nu(\omega_n r),$$

其中

$$C_n = \frac{1}{||J_\nu(\omega_n r)||^2} \int_0^a r f(r) J_\nu(\omega_n r) \mathrm{d}r,$$

而

$$||J_\nu(\omega_n r)||^2 = \int_0^a r J_\nu^2(\omega_n r) \mathrm{d}r\,.$$

由于 $J_\nu(\omega_n r)$ 满足 Bessel 方程的固有值问题, 在 a 点附加三类不同的边界条件时, 可推出 $||J_\nu(\omega_n r)||^2$ 的化简结果分别为

$$N_{\nu 1 n}^2 = ||J_\nu(\omega_n r)||^2 = \frac{a^2}{2} J_{\nu+1}^2(\omega_n a) \quad \text{(第一类边界条件下)},$$

$$N_{\nu 2 n}^2 = ||J_\nu(\omega_n r)||^2 = \frac{1}{2}\left(a^2 - \frac{\nu^2}{\omega_n^2}\right) J_\nu^2(\omega_n a) \quad \text{(第二类边界条件下)},$$

$$N_{\nu 3 n}^2 = ||J_\nu(\omega_n r)||^2 = \frac{1}{2}\left(a^2 - \frac{\nu^2}{\omega_n^2} + \frac{a^2 \alpha^2}{\beta^2 \omega_n^2}\right) J_\nu^2(\omega_n a) \quad \text{(第三类边界条件下)}.$$

3.1.2 例题分析

例 3.1.1 求 $\Delta_3 u = 0$ 在柱坐标下分离变量产生的微分方程.

分析 这是一个含三个自变量的偏微分方程的分离变量问题, 在多个自变量分离变量后, 应该把含独立变量的部分当成常数, 从而建立相应的微分方程, 使问题得以解决.

解 在柱坐标下, $\Delta_3 u = 0$ 为

$$\Delta_3 u = \frac{1}{r}\frac{\partial}{\partial r}\left(r\frac{\partial u}{\partial r}\right) + \frac{1}{r^2}\frac{\partial^2 u}{\partial \theta^2} + \frac{\partial^2 u}{\partial z^2} = 0.$$

作分离变量, 令 $u(r,\theta,z) = R(r)\Theta(\theta)Z(z)$, 代入上面的方程, 两边除以 $R\Theta Z$, 有

$$\Delta_3 u = \frac{\frac{1}{r}(rR')'}{R} + \frac{1}{r^2}\frac{\Theta''}{\Theta} + \frac{Z''}{Z} = 0. \tag{1}$$

由于此方程含 θ 的部分和含 z 的部分分别是 Θ''/Θ 和 Z''/Z, 故可把这两个独立部分取作独立常数. 事实上, 我们令

$$\frac{Z''}{Z} = -\mu, \quad \frac{\Theta''}{\Theta} = -\sigma.$$

把上式代入式 (1) , 得到 $R(r)$ 满足

$$\frac{\frac{1}{r}(rR')'}{R} - \frac{1}{r^2}\sigma - \mu = 0.$$

令 $\lambda = -\mu,$, 并记 $\sigma = \nu^2$, 代入上式并整理, 得到

$$\frac{\frac{1}{r}(rR')'}{R} - \frac{\nu^2}{r^2} + \lambda = 0 \quad \Rightarrow \quad (rR')' + \left(\lambda r - \frac{\nu^2}{r}\right)R = 0.$$

综上, 分离变量后 $Z(z), \Theta(\theta), R(r)$ 满足微分方程

$$Z'' + \mu Z = 0, \quad \Theta'' + \sigma\Theta = 0, \quad (rR')' + \left(\lambda r - \frac{\nu^2}{r}\right)R = 0,$$

其中 $\sigma = \nu^2$.

例 3.1.2 求下列方程满足 $|y(0)| < +\infty$ 的解:

(1) $x^2 y'' + x y' + x^2 y = 0$;

(2) $x^2 y'' + x y' + (x^2 - 3)y = 0$.

解 (1) 方程是零阶 Bessel 方程 (对应参数 $\nu^2 = 0$), 因此方程的通解为

$$y = C\mathrm{J}_0(x) + D\mathrm{N}_0(x),$$

即通解 $y(x)$ 是零阶的第一类和第二类 Bessel 函数的线性组合. 但根据 Bessel 函数性质的相关结论, 第二类 Bessel 函数 $\mathrm{N}_0(x)$ 在 $x \to 0$ 时趋于无穷, 因此不符合条件 $|y(0)| < +\infty$, 这样原方程满足 $|y(0)| < +\infty$ 的解是

$$y = C\mathrm{J}_0(x).$$

(2) 原方程也是 Bessel 方程, 对应的参数 $\nu^2 = 3$, 即 $\nu = \sqrt{3}$, 类似于第 (1) 问的讨论, 得到原方程满足 $|y(0)| < +\infty$ 的解是

$$y = C\mathrm{J}_{\sqrt{3}}(x).$$

例 3.1.3 求以下固有值问题的固有值和固有函数, 并写出固有函数模的平方:

(1) $\begin{cases} r^2 R'' + rR' + \lambda r^2 R = 0 \ (0 < r < a), \\ |R(0)| < +\infty, \ R'(a) = 0; \end{cases}$

(2) $\begin{cases} (rR')' + \left(\lambda r - \dfrac{4}{r}\right) R = 0 \ (0 < r < 4), \\ |R(0)| < +\infty, \ R(4) = 0. \end{cases}$

解 (1) 此固有值问题是零阶 Bessel 方程固有值问题 (对应参数 $\nu = 0$). 由 Bessel 方程固有值问题的结论, 符合 $|R(0)| < +\infty$ 的解的形式为

$$R(r) = C\mathrm{J}_0(\omega r) \quad (\lambda = \omega^2, \ \omega \geqslant 0).$$

把 $R(r)$ 的表达式代入另一个端点 a 的边界条件, 得出确定 ω 的方程

$$\mathrm{J}_0'(\omega a) = 0.$$

此代数方程的非负根可设为

$$\omega_0 = 0, \omega_1, \cdots, \omega_k, \cdots \quad (\omega_k \text{ 是 } \mathrm{J}_0'(\omega a) = 0 \text{ 的第 } k \text{ 个正根}).$$

所以我们就得到固有值

$$\lambda_0 = 0, \quad \lambda_n = \omega_n^2 \quad (n = 1, 2, \cdots),$$

而 ω_n 是 $\mathrm{J}_0'(\omega a) = 0$ 的第 n 个正根.

相应的固有函数为

$$R_0(r) = 1 \quad (\text{因为 } \mathrm{J}_0(0) = 1), \quad R_n(r) = \mathrm{J}_0(\omega_n r) \quad (n = 1, 2, \cdots).$$

注意到在右端点 $x = a$ 给出的是第二类边界条件. 根据 Bessel 方程固有值问题在第二类边界条件下模的平方公式

$$\mathrm{N}_{\nu 2n}^2 = ||\mathrm{J}_\nu(\omega_n r)||^2 = \frac{1}{2}\left(a^2 - \frac{\nu^2}{\omega_n^2}\right)\mathrm{J}_\nu^2(\omega_n a),$$

把参数 $\nu = 0$ 代入, 就得到本问题的固有函数模的平方

$$||R_0(r)||^2 = \frac{1}{2}a^2,$$

$$||R_n(r)||^2 = ||\mathrm{J}_0(\omega_n r)||^2 = \frac{1}{2}a^2\mathrm{J}_0^2(\omega_n a) \quad (n \geqslant 1).$$

(2) 此固有值问题是二阶 Bessel 方程固有值问题 (对应参数 $\nu = 2$). 由 Bessel 方程固有值问题的结论, 符合 $|R(0)| < +\infty$ 的解的形式为

$$R(r) = C\mathrm{J}_2(\omega r) \quad (\lambda = \omega^2,\ \omega > 0).$$

进一步, 把 $R(r)$ 的表达式代入另一个端点 $r = 4$ 的边界条件, 得出确定 ω 的方程

$$\mathrm{J}_2(4\omega) = 0.$$

此代数方程的正数解由小到大可设为

$$\omega_1, \omega_2, \cdots, \omega_k, \cdots \quad (\omega_k\ \text{是}\ \mathrm{J}_2(4\omega) = 0\ \text{的第}\ k\ \text{个正根}).$$

所以我们就得到固有值和固有函数分别为

$$\lambda_n = \omega_n^2 \quad (n = 1, 2, \cdots),$$
$$R_n(r) = \mathrm{J}_2(\omega_n r) \quad (n = 1, 2, \cdots).$$

由于在 $r = 4$ 是第一类边界条件, 根据 Bessel 方程固有函数在第一类边界条件下模的平方公式

$$\mathrm{N}_{\nu 1 n}^2 = ||\mathrm{J}_\nu(\omega_n r)||^2 = \frac{a^2}{2}\mathrm{J}_{\nu+1}^2(\omega_n a),$$

再把参数 $\nu = 2, a = 4$ 代入, 求得固有函数模的平方

$$||R_n(r)||^2 = ||\mathrm{J}_2(\omega_n r)||^2 = 8\mathrm{J}_3^2(4\omega_n) = 8\mathrm{J}_1^2(4\omega_n).$$

例 3.1.4 证明第一类 Bessel 函数的递推公式

$$(x^\nu \mathrm{J}_\nu)' = x^\nu \mathrm{J}_{\nu-1}.$$

证明 根据第一类 Bessel 函数的级数表示

$$\mathrm{J}_\nu(x) = \sum_{k=0}^{+\infty} \frac{(-1)^k}{k!\Gamma(k+\nu+1)}\left(\frac{x}{2}\right)^{2k+\nu},$$

并利用递推式 $\Gamma(x+1) = x\Gamma(x)$, 得到

$$
\begin{aligned}
(x^\nu \mathrm{J}_\nu(x))' &= \left(\sum_{k=0}^{+\infty} \frac{(-1)^k}{k!\Gamma(k+\nu+1)} \frac{x^{2k+2\nu}}{2^{2k+\nu}} \right)' \\
&= \sum_{k=0}^{+\infty} \frac{(-1)^k}{k!(k+\nu)\Gamma(k+\nu)} (2k+2\nu) \frac{x^{2k+2\nu-1}}{2^{2k+\nu}} \\
&= x^\nu \sum_{k=0}^{+\infty} \frac{(-1)^k}{k!\Gamma(k+(\nu-1)+1)} \left(\frac{x}{2}\right)^{2k+(\nu-1)} \\
&= x^\nu \mathrm{J}_{\nu-1}(x).
\end{aligned}
$$

于是我们证明了递推公式

$$
(x^\nu \mathrm{J}_\nu)' = x^\nu \mathrm{J}_{\nu-1}.
$$

例 3.1.5　利用 Bessel 方程的递推公式, 计算以下积分:

(1) $\displaystyle\int x^3 \mathrm{J}_0(x)\mathrm{d}x$;　　(2) $\displaystyle\int \mathrm{J}_3(x)\mathrm{d}x$.

解　(1) 应用 Bessel 函数的递推公式 $(x^\nu \mathrm{J}_\nu)' = x^\nu \mathrm{J}_{\nu-1}$, 我们有

$$
(x\mathrm{J}_1(x))' = x\mathrm{J}_0(x), \quad (x^2\mathrm{J}_2(x))' = x^2\mathrm{J}_1(x).
$$

因此

$$
\begin{aligned}
\int x^3 \mathrm{J}_0(x)\mathrm{d}x &= \int x^2(x\mathrm{J}_0(x))\mathrm{d}x = \int x^2 \mathrm{d}(x\mathrm{J}_1(x)) \\
&= x^2(x\mathrm{J}_1(x)) - \int x\mathrm{J}_1(x)\mathrm{d}(x^2) = x^3 \mathrm{J}_1(x) - \int 2x^2 \mathrm{J}_1(x)\mathrm{d}x \\
&= x^3 \mathrm{J}_1(x) - 2\int \mathrm{d}(x^2 \mathrm{J}_2(x)) = x^3 \mathrm{J}_1(x) - 2x^2 \mathrm{J}_2(x) + c \\
&= x^3 \mathrm{J}_1(x) + 2x^2 \mathrm{J}_0(x) - 4x\mathrm{J}_1(x) + c,
\end{aligned}
$$

最后一步用了公式 $2\nu x^{-1}\mathrm{J}_\nu = \mathrm{J}_{\nu-1} + \mathrm{J}_{\nu+1}$, 即有 $\mathrm{J}_2(x) = -\mathrm{J}_0(x) + 2x^{-1}\mathrm{J}_1(x)$.

(2) 应用 Bessel 函数的递推公式 $(x^{-\nu}\mathrm{J}_\nu)' = -x^{-\nu}\mathrm{J}_{\nu+1}$ 我们有

$$
\begin{aligned}
\int \mathrm{J}_3(x)\mathrm{d}x &= \int x^2 \left(x^{-2}\mathrm{J}_3(x) \right)\mathrm{d}x = -\int x^2 \mathrm{d}\left(x^{-2}\mathrm{J}_2(x) \right) \\
&= -x^2 \left(x^{-2}\mathrm{J}_2(x) \right) + \int x^{-2}\mathrm{J}_2(x)\mathrm{d}(x^2) = -\mathrm{J}_2(x) + 2\int x^{-1}\mathrm{J}_2(x)\mathrm{d}x \\
&= -\mathrm{J}_2(x) - 2\int \mathrm{d}\left(x^{-1}\mathrm{J}_1(x) \right) = -\mathrm{J}_2(x) - 2\frac{\mathrm{J}_1(x)}{x} + c \\
&= -\left(-\mathrm{J}_0(x) + 2x^{-1}\mathrm{J}_1(x) \right) - 2\frac{\mathrm{J}_1(x)}{x} + c = \mathrm{J}_0(x) - 4\frac{\mathrm{J}_1(x)}{x} + c.
\end{aligned}
$$

例 3.1.6 求证 $J_{\frac{1}{2}}(x)$ 是初等函数, 并进一步证明所有半整数阶 Bessel 函数都是初等函数.

分析 因为初等函数都有相应的幂级数表示, 所以可根据 $J_{\frac{1}{2}}(x)$ 的广义幂级数表达式, 论证其是初等函数. 又由于 $J_{\frac{3}{2}}(x) = J_{(\frac{1}{2}+1)}(x)$, 所以 $J_{\frac{3}{2}}(x)$ 就能由 $J_{\frac{1}{2}}(x)$ 递推出来, 因此可以根据 $J_{\frac{1}{2}}(x)$ 是初等函数论这一事实, 论证出 $J_{\frac{3}{2}}(x)$ 也是初等函数, 然后以此类推, 进一步说明所有半整数阶 Bessel 函数都是初等函数.

证明 由 $J_{\nu}(x)$ 的表达式

$$J_{\nu}(x) = \sum_{k=0}^{+\infty} \frac{(-1)^k}{k!\Gamma(k+\nu+1)} \left(\frac{x}{2}\right)^{2k+\nu},$$

我们知道

$$J_{\frac{1}{2}}(x) = \sum_{k=0}^{+\infty} \frac{(-1)^k}{k!\Gamma(k+\frac{1}{2}+1)} \left(\frac{x}{2}\right)^{2k+\frac{1}{2}}$$

$$= \left(\frac{x}{2}\right)^{-\frac{1}{2}} \sum_{k=0}^{+\infty} \frac{(-1)^k}{k!\Gamma(k+\frac{1}{2}+1)2^{2k+1}} x^{2k+1}. \tag{1}$$

利用 Γ 函数的递推公式 $\Gamma(x+1) = x\Gamma(x)$ 及 $\Gamma(1/2) = \sqrt{\pi}$, 我们得到

$$k!\Gamma\left(k+\frac{1}{2}+1\right)2^{2k+1} = 2^{2k+1}k!\left(k+\frac{1}{2}\right)\left(k-\frac{1}{2}\right)\cdots\frac{1}{2}\Gamma\left(\frac{1}{2}\right)$$

$$= (2k)!!(2k+1)!!\sqrt{\pi} = (2k+1)!\sqrt{\pi}.$$

把上式代入表达式 (1) , 我们得到

$$J_{\frac{1}{2}}(x) = \left(\frac{x}{2}\right)^{-\frac{1}{2}} \sum_{k=0}^{+\infty} \frac{(-1)^k}{(2k+1)!\sqrt{\pi}} x^{2k+1}$$

$$= \sqrt{\frac{2}{\pi x}} \sum_{k=0}^{+\infty} \frac{(-1)^k}{(2k+1)!} x^{2k+1} = \sqrt{\frac{2}{\pi x}} \sin x.$$

这样就证明了 $J_{\frac{1}{2}}(x)$ 是初等函数. 下面我们证明 $n > 1$ 时, $J_{n+\frac{1}{2}}(x)$ 也是初等函数. 事实上, 利用相隔 n 阶两个 Bessel 函数的递推公式

$$\left(\frac{1}{x}\frac{\mathrm{d}}{\mathrm{d}x}\right)^n (x^{-\nu}J_{\nu}) = (-1)^n x^{-(\nu+n)}J_{\nu+n},$$

把此式中的 ν 换成 $1/2$, 并利用已经证明的 $J_{\frac{1}{2}}(x) = \sqrt{\frac{2}{\pi x}}\sin x$, 得到

$$J_{n+\frac{1}{2}}(x) = (-1)^n \sqrt{\frac{2}{\pi}} x^{n+\frac{1}{2}} \left(\frac{1}{x}\frac{\mathrm{d}}{\mathrm{d}x}\right)^n \frac{\sin x}{x}.$$

因此, $J_{n+\frac{1}{2}}(x)$ 是初等函数. 类似地, 再利用另一个相隔 n 阶的 Bessel 函数的递推公式

$$\left(\frac{1}{x}\frac{\mathrm{d}}{\mathrm{d}x}\right)^n (x^\nu J_\nu) = x^{\nu-n} J_{\nu-n},$$

可以证明 $J_{-(n+\frac{1}{2})}(x)$ 是初等函数.

综上, 就完全证明了半阶的第一类 Bessel 函数是初等函数. 最后只需证明第二类半阶 Bessel 函数是初等函数. 事实上, ν 是非整数时, 第二类 Bessel 函数定义为

$$N_\nu(x) = \frac{\cos\nu\pi}{\sin\nu\pi}J_\nu(x) - \frac{1}{\sin\nu\pi}J_{-\nu}(x),$$

此式中把 ν 换成 $n+1/2$, 则有

$$N_{n+\frac{1}{2}}(x) = (-1)^{n+1}J_{-(n+\frac{1}{2})}(x).$$

这样, 由第一类半阶 Bessel 函数是初等函数的结论, 我们自然证明了第二类半阶 Bessel 函数是初等函数.

例 3.1.7　求解定解问题

$$\begin{cases} \Delta_3 u = 0 & (r < 1, 0 < z < 1), \\ u\,|_{r=0}\ \text{有界}, \quad \dfrac{\partial u}{\partial r}\Big|_{r=1} = 0, \\ u\,|_{z=0} = 0, \quad u\,|_{z=1} = 3J_0(ar) + 5J_0(br), \end{cases}$$

其中 $r = \sqrt{x^2+y^2}$, $0 < a < b$ 且 $J_0'(a) = J_0'(b) = 0$.

分析　本定解问题方程的定义区域是柱形区域, 故借助柱坐标 (r, θ, z) 表示解. 又因为方程为齐次的, 不显含 θ 且边界条件与 θ 无关, 所以可直接设解为 $u = u(r,z)$, 使问题简化.

解　由定解条件, 可设 $u = u(r,z)$. 用分离变量法. 设 $u = R(r)Z(z)$. 由分离变量法得零阶 Bessel 固有值问题

$$\begin{cases} r^2 R''(r) + rR'(r) + \lambda r^2 R = 0, \\ |R(0)| < +\infty, \quad R'(1) = 0, \end{cases}$$

以及微分方程

$$Z''(z) - \lambda Z = 0.$$

根据 Bessel 固有值问题解的结论, 有

$$\lambda_0 = 0, \quad \lambda_n = \omega_n^2 \quad (n = 1, 2, 3, \cdots),$$

其中 w_n 是代数方程 $J_0'(\omega) = 0$ 的第 n 个正实根. 相应的固有函数为

$$R_0(r) = 1, \quad R_n(r) = J_0(\omega_n r).$$

把 $\lambda_n = \omega_n^2$ 代入 $Z(z)$ 满足的方程, 解得

$$Z_0(z) = C_0 + D_0 z, \quad Z_n(z) = C_n \cosh \omega_n z + D_n \sinh \omega_n z.$$

这样可令

$$u = C_0 + D_0 z + \sum_{n=1}^{+\infty} (C_n \cosh \omega_n z + D_n \sinh \omega_n z) J_0(\omega_n r).$$

依条件

$$u \mid_{z=0} = C_0 + \sum_{n=1}^{\infty} C_n J_0(\omega_n r) = 0,$$

有 $C_k = 0 \, (k = 0, 1, 2, \cdots)$, 且有

$$u \mid_{z=1} = D_0 + \sum_{n=1}^{\infty} D_n \sinh \omega_n J_0(\omega_n r) = 3 J_0(ar) + 5 J_0(br).$$

又因为 $J_0'(a) = J_0'(b) = 0$, 所以 a, b 满足代数方程 $J_0'(\omega) = 0$. 不妨设

$$\omega_l = a, \quad \omega_m = b.$$

比较得到

$$D_l = \frac{3}{\sinh a}, \quad D_m = \frac{5}{\sinh b}.$$

即此定解问题的解为

$$u = \frac{3}{\sinh a} \sinh az J_0(ar) + \frac{5}{\sinh b} \sinh bz J_0(br).$$

例 3.1.8 已知 Bessel 方程固有值问题

$$\begin{cases} (xY')' + \left(\lambda x - \dfrac{1}{x}\right) Y = 0 & (0 < x < 1), \\ |Y(0)| < +\infty, \quad Y(1) = 0. \end{cases}$$

(1) 求解此固有值问题的固有值和固有函数.

(2) 把 $f(x) = 5x$ 在所得到的固有函数系中展开成 Fourier-Bessel 级数.

解　·(1) 此固有值问题是一阶 Bessel 方程的固有值问题, 对应方程参数 $\nu = 1$. 根据 Bessel 方程固有值问题的结论, 固有值和固有函数分别为

$$\lambda_n = \omega_n^2, \quad Y_n(x) = \mathrm{J}_1(\omega_n x) \quad (n = 1, 2, 3, \cdots),$$

其中 ω_k 是代数方程 $\mathrm{J}_1(\omega) = 0$ 的第 k 个正根.

(2) 由 Fourier-Bessel 展开公式, 我们可以把 $f(x) = 5x$ 在此固有函数系下作广义 Fourier 展开:

$$f(x) = \sum_{n=1}^{+\infty} C_n \mathrm{J}_1(\omega_n x),$$

其中

$$C_n = \frac{\int_0^1 x f(x) \mathrm{J}_1(\omega_n x) \mathrm{d}x}{||\mathrm{J}_1(\omega_n x)||^2}. \tag{1}$$

而利用递推公式 $(x^\nu \mathrm{J}_\nu)' = x^\nu \mathrm{J}_{\nu-1}$, 求得

$$\int_0^1 x f(x) \mathrm{J}_1(\omega_n x) \mathrm{d}x = \int_0^1 5x^2 \mathrm{J}_1(\omega_n x) \mathrm{d}x = \frac{5}{\omega_n^3} \int_0^1 \left((\omega_n x)^2 \mathrm{J}_2(\omega_n x) \right)' \mathrm{d}x$$

$$= \frac{5}{\omega_n^3} (\omega_n x)^2 \mathrm{J}_2(\omega_n x) \Big|_0^1 = \frac{5 \mathrm{J}_2(\omega_n)}{\omega_n}.$$

又根据 Bessel 方程在第一类边界条件下模的平方的计算公式, 得到

$$||\mathrm{J}_1(\omega_n x)||^2 = \frac{1}{2} \mathrm{J}_2^2(\omega_n).$$

把以上两式代入式 (1), 得到

$$C_n = \frac{10}{\omega_n \mathrm{J}_2(\omega_n)}.$$

综上, 得到展开式

$$f(x) = 5x = \sum_{n=1}^{+\infty} \frac{10}{\omega_n \mathrm{J}_2(\omega_n)} \mathrm{J}_1(\omega_n x) \quad (0 < x < 1).$$

例 3.1.9　求解定解问题

$$\begin{cases} \Delta_3 u = 0 \quad (r < a, \ 0 < \theta < 2\pi, \ 0 < z < h), \\ u \mid_{r=0} \text{ 有界}, \quad u \mid_{r=a} = 0, \\ u \mid_{z=0} = 0, \quad u \mid_{z=h} = f(r). \end{cases}$$

解 在柱坐标形式下, 方程为

$$\Delta_3 u = \frac{1}{r}\frac{\partial}{\partial r}\left(r\frac{\partial u}{\partial r}\right) + \frac{1}{r^2}\frac{\partial^2 u}{\partial \theta^2} + \frac{\partial^2 u}{\partial z^2} = 0.$$

由于 u 的定解条件只依赖变量 r 和 z, 故可设 $u(r,z) = R(r)Z(z)$. 代入原方程, 得

$$\frac{R'' + \dfrac{1}{r}R'}{R} = -\frac{Z''}{Z} = -\lambda,$$

所以

$$R'' + \frac{1}{r}R' + \lambda R = 0, \quad Z'' - \lambda Z = 0.$$

代入半径方向的定解条件并考虑到有界性, 我们有

$$\begin{cases} R'' + \dfrac{1}{r}R' + \lambda R = 0 \quad (r < a), \\ |R(0)| < +\infty, \quad R(a) = 0. \end{cases}$$

这是零阶 Bessel 方程的固有值问题, 则固有值 $\lambda_n = \omega_n^2$, 而 ω_n 为 $J_0(\omega a) = 0$ 的第 n 个正根; 固有函数 $R_n(r) = J_0(\omega_n r)$. 把 $\lambda_n = \omega_n^2$ 代入 $Z(z)$ 的方程, 得到

$$Z_n(z) = A_n \cosh \omega_n z + B_n \sinh \omega_n z.$$

令

$$u(r,z) = \sum_{n=1}^{+\infty} (A_n \cosh \omega_n z + B_n \sinh \omega_n z) J_0(\omega_n r).$$

最后, 由 z 方向条件定出 Fourier 系数:

$$u\mid_{z=0} = \sum_{n=1}^{+\infty} A_n J_0(\omega_n r) = 0 \quad \Rightarrow \quad A_n = 0,$$

$$u\mid_{z=h} = \sum_{n=1}^{+\infty} B_n \sinh \omega_n h J_0(\omega_n r) = f(r).$$

所以

$$B_n \sinh \omega_n h = \frac{\displaystyle\int_0^a f(r) J_0(\omega_n r) r \, \mathrm{d}r}{\|J_0(\omega_n)r\|^2}.$$

而由 Bessel 方程固有值问题在第一类边界条件下固有函数模的平方公式

$$\|J_0(\omega_n r)\|^2 = \frac{a^2}{2} J_1^2(\omega_n a),$$

解得

$$B_n = \frac{2\displaystyle\int_0^a f(r)\mathrm{J}_0(\omega_n r)r\,\mathrm{d}r}{a^2 \sinh \omega_n h \mathrm{J}_1^2(\omega_n a)}\,.$$

综上, 得到本定解问题的解

$$Z_n(z) = \sum_{n=1}^{+\infty} \left(\frac{2\displaystyle\int_0^a f(r)\mathrm{J}_0(\omega_n r)r\,\mathrm{d}r}{a^2 \sinh \omega_n h \mathrm{J}_1^2(\omega_n a)} \right) \sinh \omega_n z\,.$$

例 3.1.10　用分离变量法, 求圆盘内的固有值问题

$$\begin{cases} \Delta_2 u + \lambda u = 0 & (\,r = \sqrt{x^2 + y^2} < 1\,), \\ u\,|_{r=1} = 0. \end{cases}$$

分析　这是一个偏微分方程固有值问题, 固有值是 λ, 可以结合齐次边界条件, 使用分离变量法来解决.

解　由于是圆内的问题, 故使用极坐标, 原方程化为

$$\Delta_2 u = \frac{\partial^2 u}{\partial r^2} + \frac{1}{r}\frac{\partial u}{\partial r} + \frac{1}{r^2}\frac{\partial^2 u}{\partial \theta^2} + \lambda u = 0\,.$$

作分离变量 $u = R(r)\Theta(\theta)$, 代入原方程并整理, 得到

$$\frac{R''(r) + \dfrac{1}{r}R'(r)}{R(r)} + \frac{1}{r^2}\frac{\Theta''(\theta)}{\Theta(\theta)} + \lambda = 0\,.$$

令

$$\frac{\Theta''(\theta)}{\Theta(\theta)} = -\mu,$$

则有

$$\frac{R''(r) + \dfrac{1}{r}R'(r)}{R(r)} + \frac{1}{r^2}(-\mu) + \lambda = 0\,.$$

考虑到圆盘问题内蕴的周期性条件和有界性条件

$$u(r,\theta) = u(r,\theta + 2\pi), \quad |u(0,\theta)| < +\infty,$$

以及已知的边界条件 $u(1,\theta) = 0$, 我们得到固有值问题

$$\begin{cases} \Theta''(\theta) + \mu\Theta = 0, \\ \Theta(\theta) = \Theta(\theta + 2\pi), \end{cases}$$

$$\begin{cases} r^2 R''(r) + r R'(r) + (\lambda r^2 - \mu) R(r) = 0, \\ |R(0)| < +\infty, \quad R(1) = 0. \end{cases}$$

解 $\Theta(\theta)$ 的固有值问题, 得到

$$\mu_n = n^2, \quad \Theta_n(\theta) = A_n \cos n\theta + B_n \sin n\theta \quad (n = 0, 1, 2, \cdots).$$

相应地, $R(r)$ 满足的固有值问题变成 n 阶 Bessel 方程的固有值问题

$$\begin{cases} r^2 R''(r) + r R'(r) + (\lambda r^2 - n^2) R(r) = 0, \\ |R(0)| < +\infty, \quad R(1) = 0. \end{cases}$$

由 Bessel 方程固有值问题的结论, 有

$$\lambda_{mn} = \omega_{mn}^2, \quad R_{mn}(r) = \mathrm{J}_n(\omega_{mn} r),$$

其中 ω_{mn} 是 $\mathrm{J}_n(\omega) = 0$ 的第 m 个正根. 因此, 所求的固有值和固有函数分别为

$$\lambda_{mn} = \omega_{mn}^2,$$
$$u_{mn}(r, \theta) = (A_n \cos n\theta + B_n \sin n\theta) \mathrm{J}_n(\omega_{mn} r).$$

例 3.1.11 求解定解问题

$$\begin{cases} u_t = u_{rr} + \dfrac{1}{r} u_r \quad (0 < r < 1), \\ |u(t, 0)| < +\infty, \quad u(t, 1) = 0, \\ u\,|_{t=0} = \varphi(r), \end{cases}$$

并算出 $\varphi(r) = \mathrm{J}_0(ar) + 3\mathrm{J}_0(br)$ 时的解, 其中 $0 < a < b$, 且 $\mathrm{J}_0(a) = \mathrm{J}_0(b) = 0$.

解 利用分离变量, 令 $u = T(t) R(r)$, 代入泛定方程, 得到

$$\frac{T_t}{T} = \frac{R_{rr} + \dfrac{1}{r} R_r}{R} = -\lambda.$$

从而得到微分方程

$$T_t + \lambda T = 0, \quad r^2 R_{rr} + r R_r + \lambda r^2 R = 0.$$

由边界条件 $|u(t, 0)| < +\infty, u(t, 1) = 0$, 得到

$$|R(0)| < +\infty, \quad R(1) = 0.$$

这样得到关于 $R(r)$ 的固有值问题

$$\begin{cases} r^2 R_{rr} + r R_r + \lambda r^2 R = 0, \\ R(0) < +\infty, \quad R(1) = 0. \end{cases}$$

这是零阶 Bessel 方程的固有值问题. 由相应结论得到

$$\lambda_n = \omega_n^2, \quad \mathrm{J}_0(\omega_n r),$$

其中 ω_n 是 $\mathrm{J}_0(\omega) = 0$ 的第 n 个正根. 相应地, 有

$$T_n(t) = \mathrm{e}^{-\lambda_n t} = \mathrm{e}^{-\omega_n^2 t}.$$

由叠加原理, 可设

$$u(t, r) = \sum_{n=1}^{+\infty} A_n \mathrm{e}^{-\omega_n^2 t} \mathrm{J}_0(\omega_n r).$$

由初值条件

$$u(0, r) = \sum_{n=1}^{+\infty} A_n \mathrm{J}_0(\omega_n r) = \varphi(r),$$

确定出

$$A_n = \frac{1}{||\mathrm{J}_0(\omega_n r)||^2} \int_0^1 r \mathrm{J}_0(\omega_n r) \varphi(r) \mathrm{d}r.$$

由第一类边界条件下 Bessel 函数模的平方公式

$$||\mathrm{J}_0(\omega_n r)||^2 = \frac{1}{2} \mathrm{J}_1^2(\omega_n),$$

可将 A_n 化为

$$A_n = \frac{2}{\mathrm{J}_1^2(\omega_n)} \int_0^1 r \mathrm{J}_0(\omega_n r) \varphi(r) \mathrm{d}r.$$

最终求得

$$u(t, r) = \sum_{n=1}^{+\infty} \left(\frac{2}{\mathrm{J}_1^2(\omega_n)} \int_0^1 r \mathrm{J}_0(\omega_n r) \varphi(r) \mathrm{d}r \right) \mathrm{e}^{-\omega_n^2 t} \mathrm{J}_0(\omega_n r),$$

其中 ω_n 是代数方程 $\mathrm{J}_0(\omega) = 0$ 的第 n 个正根.

特别当 $\varphi(r) = \mathrm{J}_0(ar) + 3\mathrm{J}_0(br)$ 时, 由于 $\mathrm{J}_0(a) = \mathrm{J}_0(b) = 0$, 即 a, b 满足方程 $\mathrm{J}_0(\omega) = 0$, 所以不妨设 $a = \omega_{k_1}, b = \omega_{k_2}$, 直接比较系数, 得

$$A_{k_1} = 1, \quad A_{k_2} = 3, \quad A_n = 0 \quad (n \neq k_1, k_2).$$

这时对应的解为

$$u(t,r) = \mathrm{e}^{-a^2 t}\mathrm{J}_0(ar) + 3\mathrm{e}^{-b^2 t}\mathrm{J}_0(br).$$

例 3.1.12 设 (r,θ) 为极坐标, 求解定解问题

$$
\begin{cases}
u_t = \dfrac{1}{r}\dfrac{\partial}{\partial r}\left(r\dfrac{\partial u}{\partial r}\right) + \dfrac{1}{r^2}\dfrac{\partial^2 u}{\partial \theta^2} & (t>0, r<1), \\
u|_{r=1} = 0, \\
u|_{t=0} = (2 - 2r^2)\cos^2\theta.
\end{cases}
$$

解 用分离变量法. 令 $u = T(t)R(r)H(\theta)$, 得到

$$\frac{T'(t)}{T} = \frac{R''(r) + \dfrac{1}{r}R'(r)}{R} + \frac{1}{r^2}\frac{H''(\theta)}{H}.$$

由边界条件, 结合周期性条件 $u(r,\theta) = u(r,\theta+2\pi)$ 和有界性条件 $|u(0,\theta)| < +\infty$, 得到固有值问题

$$
\begin{cases}
H'' + \mu H = 0 & (-\infty < \theta < +\infty), \\
H(\theta) = H(\theta + 2\pi),
\end{cases}
$$

$$
\begin{cases}
r^2 R'' + rR' + (\lambda r^2 - \mu)R = 0 & (0 < r < 1), \\
|R(0)| < +\infty, \quad R(1) = 0,
\end{cases}
$$

以及方程

$$T'(t) + \lambda T = 0.$$

解以上固有值问题, 得到

$$\mu_m = m^2, \quad H_m(\theta) = C_{mn}\cos m\theta + D_{mn}\sin m\theta \quad (m = 0,1,2,\cdots).$$

再把 $\mu_m = m^2$ 代入 $R(r)$ 的 Bessel 方程固有值问题, 得到

$$\lambda_{mn} = \omega_{mn}^2, \quad R_{mn}(r) = \mathrm{J}_m(\omega_{mn}r) \quad (n = 1,2,\cdots),$$

其中 ω_{mn} 是 $\mathrm{J}_m(\omega) = 0$ 的第 n 个正根. 将 λ_{mn} 代入 $T(t)$ 的方程, 得到

$$T_{mn}(t) = C\mathrm{e}^{-\omega_{mn}^2 t}.$$

把分离变量形式的解叠加, 设

$$u(t,r,\theta) = \sum_{m=0}^{+\infty}\sum_{n=1}^{+\infty}(C_{mn}\cos m\theta + D_{mn}\sin m\theta)\,\mathrm{J}_m(\omega_{mn}r)\mathrm{e}^{-\omega_{mn}^2 t}.$$

由初值条件

$$u(0, r, \theta) = \sum_{m=0}^{+\infty} \sum_{n=1}^{+\infty} (C_{mn} \cos m\theta + D_{mn} \sin m\theta) \, J_m(\omega_{mn} r)$$
$$= (1 - r^2)(1 + \cos 2\theta),$$

通过比较可知: 只有 $m = 0$, $m = 2$ 时, $C_{mn} \neq 0$, 而其余的 C_{mn} 和 D_{mn} 全为 0. 于是 $u(t, r, \theta)$ 简化为

$$u(t, r, \theta) = \sum_{n=1}^{+\infty} C_{0n} J_0(\omega_{0n} r) \mathrm{e}^{-\omega_{0n}^2 t} + \sum_{n=1}^{+\infty} C_{2n} J_2(\omega_{2n} r) \mathrm{e}^{-\omega_{2n}^2 t} \cos 2\theta.$$

代入初值条件, 得

$$u(0, r, \theta) = \sum_{n=1}^{+\infty} C_{0n} J_0(\omega_{0n} r) + \sum_{n=1}^{+\infty} C_{2n} J_2(\omega_{2n} r) \cos 2\theta$$
$$= (1 - r^2)(1 + \cos 2\theta).$$

通过比较得到

$$\sum_{n=1}^{+\infty} C_{0n} J_0(\omega_{0n} r) = 1 - r^2, \quad \sum_{n=1}^{+\infty} C_{2n} J_2(\omega_{2n} r) = 1 - r^2.$$

由 Bessel 函数系下展开的系数确定公式, 结合递推公式, 可算出广义 Fourier 系数:

$$C_{0n} = \frac{\displaystyle\int_0^1 r(1 - r^2) J_0(\omega_{0n} r) \mathrm{d}r}{N_{0n}^2} = \frac{1}{N_{0n}^2} \frac{1}{\omega_{0n}^2} \int_0^{\omega_{0n}} t \left(1 - \frac{t^2}{\omega_{0n}^2}\right) J_0(t) \mathrm{d}t$$
$$= \frac{1}{N_{0n}^2 \omega_{0n}^2} \left(\left(1 - \frac{t^2}{\omega_{0n}^2}\right) t J_1(t) \Big|_0^{\omega_{0n}} + \frac{2}{\omega_{0n}^2} \int_0^{\omega_{0n}} t^2 J_1(t) \mathrm{d}t \right)$$
$$= \frac{4 J_2(\omega_{0n})}{\omega_{0n}^2 J_1^2(\omega_{0n})} = \frac{8}{\omega_{0n}^3 J_1(\omega_{0n})}.$$

另外, 有

$$C_{2n} = \frac{1}{||J_2(\omega_{2n} r)||^2} \int_0^1 r(1 - r^2) J_2(\omega_{2n} r) \mathrm{d}r$$
$$= \frac{1}{||J_2(\omega_{2n} r)||^2} \left(\int_0^1 r J_2(\omega_{2n} r) \mathrm{d}r - \int_0^1 r^3 J_2(\omega_{2n} r) \mathrm{d}r \right), \tag{1}$$

其中

$$\int_0^1 r^3 J_2(\omega_{2n} r) \mathrm{d}r = \frac{1}{\omega_{2n}^4} \int_0^{\omega_{2n}} \mathrm{d}(t^3 J_3(t)) = \frac{1}{\omega_{2n}} J_3(\omega_{2n}),$$

$$\int_0^1 r\mathrm{J}_2(\omega_{2n}r)\mathrm{d}r = \int_0^1 r^2 r^{-1}\mathrm{J}_2(\omega_{2n}r)\mathrm{d}r = -\frac{1}{\omega_{2n}^2}\int_0^{\omega_{2n}} t^2\mathrm{d}(t^{-1}\mathrm{J}_1(t))$$

$$= -\frac{1}{\omega_{2n}}\mathrm{J}_1(\omega_{2n}) + 2\frac{1}{\omega_{2n}^2}\int_0^{\omega_{2n}}\mathrm{J}_1(t)\mathrm{d}t$$

$$= -\frac{1}{\omega_{2n}}\mathrm{J}_1(\omega_{2n}) - 2\frac{1}{\omega_{2n}^2}\left(\mathrm{J}_0(\omega_{2n})-1\right).$$

另外, 利用递推公式 $2\nu x^{-1}\mathrm{J}_\nu = \mathrm{J}_{\nu-1} + \mathrm{J}_{\nu+1}$ 和条件 $\mathrm{J}_2(\omega_{2n}) = 0$, 可得转换关系

$$\mathrm{J}_0(\omega_{2n}) = \frac{2}{\omega_{2n}}\mathrm{J}_1(\omega_{2n}), \quad \mathrm{J}_3(\omega_{2n}) = -\mathrm{J}_1(\omega_{2n}),$$

$$\|\mathrm{J}_2(\omega_{2n}r)\|^2 = \frac{1}{2}\mathrm{J}_3^2(\omega_{2n}) = \frac{1}{8}\omega_{2n}^2\mathrm{J}_0^2(\omega_{2n}).$$

把以上结论代入式 (1), 解得

$$C_{2n} = \frac{16\left(1 - \mathrm{J}_0(\omega_{2n})\right)}{\omega_{2n}^4\mathrm{J}_0^2(\omega_{2n})}.$$

综上, 求得

$$u(t,r,\theta) = \sum_{n=1}^{+\infty}\left(\frac{8}{\omega_{0n}^3\mathrm{J}_1(\omega_{0n})}\right)\mathrm{J}_0(\omega_{0n}r)\mathrm{e}^{-\omega_{0n}^2 t}$$

$$+ \sum_{n=1}^{+\infty}\left(\frac{16\left(1-\mathrm{J}_0(\omega_{2n})\right)}{\omega_{2n}^4\mathrm{J}_0^2(\omega_{2n})}\right)\mathrm{J}_2(\omega_{2n}r)\mathrm{e}^{-\omega_{2n}^2 t}\cos 2\theta.$$

3.2 Legendre 方程和 Legendre 函数

3.2.1 基本要求

1. 熟知 Legendre 方程的典型背景和 Legendre 方程固有值问题的形式.

在球坐标下, 考虑轴对称情形, 即 $u = u(r,\theta)$, 三维 Laplace 方程简化为

$$\frac{1}{r^2}\frac{\partial}{\partial r}\left(r^2\frac{\partial u}{\partial r}\right) + \frac{1}{r^2\sin\theta}\frac{\partial}{\partial\theta}\left(\sin\theta\frac{\partial u}{\partial\theta}\right) = 0.$$

进行分离变量: $u = R(r)\Theta(\theta)$. 求得 $\Theta(\theta)$ 满足的方程

$$\frac{1}{\sin\theta}(\sin\theta\Theta')' + \lambda\Theta = 0. \tag{3.2.1}$$

作坐标变换 $x = \cos\theta$, 并记 $y(x) = \Theta(\arccos x)$, 方程 (3.2.1) 化为 Legendre 方程

$$((1-x^2)y')' + \lambda y = 0. \tag{3.2.2}$$

$x = \pm 1$ 为方程的正则奇点，可在两端点附加自然边界条件 $|y(\pm 1)| < +\infty$，这样形成 Legendre 方程固有值问题

$$
\begin{cases}
((1 - x^2)y')' + \lambda y = 0 & (-1 < x < 1), \\
|y(\pm 1)| < +\infty.
\end{cases}
$$

2. 掌握 Legendre 方程的解和固有值问题的基本结论.

根据 Legendre 方程的形式和常微分方程理论，Legendre 方程具有幂级数形式的解，但方程中的参数 $\lambda \neq n(n+1)$ 时，方程的任何解在 $x = \pm 1$ 都是无界的，只有 $\lambda = n(n+1)\,(n = 0, 1, 2, \cdots)$ 时，方程才有一支在 $x = \pm 1$ 有有界的解，这支解就是 Legendre 函数 $\mathrm{P}_n(x)$，而这时方程另外一支基础解 (记作 $Q_n(x)$) 在 $x = \pm 1$ 仍然是无界的，因此，Legendre 方程的固有值问题

$$
\begin{cases}
((1 - x^2)y')' + \lambda y = 0 & (-1 < x < 1), \\
|y(\pm 1)| < +\infty
\end{cases}
$$

的固有值和固有函数分别为

$$
\lambda_n = n(n+1), \quad y_n(x) = \mathrm{P}_n(x).
$$

3. 熟知 Legendre 函数的各种表示.

(1) 微分表示:

$$
\mathrm{P}_n(x) = \frac{1}{2^n n!} \frac{\mathrm{d}^n}{\mathrm{d}x^n}(x^2 - 1)^n.
$$

(2) 二项式展开表示:

$$
\mathrm{P}_n(x) = \sum_{k=0}^{\left[\frac{n}{2}\right]} \frac{(-1)^k (2n - 2k)!}{2^n k!(n-k)!(n-2k)!} x^{n-2k} \quad (n = 0, 1, 2, \cdots).
$$

(3) 积分表示:

$$
\mathrm{P}_n(x) = \frac{1}{\pi} \int_0^\pi (x + \sqrt{1 - x^2}\,\mathrm{i}\cos\theta)^n \mathrm{d}\theta.
$$

(4) 母函数表示:

$$
(1 - 2xt + t^2)^{-\frac{1}{2}} = \sum_{n=0}^{+\infty} \mathrm{P}_n(x) t^n \quad (|t| < 1).
$$

4. 熟知 Legendre 函数的性质.

利用 Legendre 函数的各种表示式及 Legendre 固有值问题的结论, 可以得到 Legendre 函数的一系列性质, 主要有:

(1) 奇偶性: $P_n(-x) = (-1)^n P_n(x)$.

(2) 次数性质: $P_n(x)$ 是 n 次多项式.

(3) 特殊点的函数值:

$$P_n(0) = \begin{cases} 0 & (n = 2m + 1 \geqslant 1), \\ \dfrac{(-1)^m (2m-1)!!}{2m!!} & (n = 2m \geqslant 2), \\ 1 & (n = 0), \end{cases}$$

$$P_n(1) = 1, \quad P_n(-1) = (-1)^n.$$

(4) 正交性:

$$\int_{-1}^{1} P_n(x) P_m(x) \mathrm{d}x = 0 \quad (n \neq m).$$

(5) 模的平方:

$$||P_n(x)||^2 = \int_{-1}^{1} P_n^2(x) \mathrm{d}x = \frac{2}{2n+1}.$$

(6) 广义 Fourier 展开: Legendre 多项式系是 Legendre 固有值问题解出的完备正交系 (权值 $\rho(x) = 1$), 所以任意 $f(x) \in L^2[-1, 1]$ 均可在 Legendre 函数系下作广义 Fourier 展开:

$$f(x) = \sum_{n=0}^{+\infty} C_n P_n(x),$$

其中

$$C_n = \frac{1}{||P_n(x)||^2} \int_{-1}^{1} f(x) P_n(x) \mathrm{d}x = \frac{2n+1}{2} \int_{-1}^{1} f(x) P_n(x) \mathrm{d}x.$$

(7) 递推公式: 利用母函数等性质可得到 Legendre 函数的许多递推公式, 如

$$P'_{n+1}(x) - P'_{n-1}(x) = (2n+1) P_n(x).$$

5. 掌握三维 Laplace 方程轴对称解公式:

在球坐标 $(r, \theta, \varphi)\,(0 \leqslant \theta \leqslant \pi, 0 \leqslant \varphi \leqslant 2\pi)$ 下, 如果只考虑与 φ 无关的解, 即 $u = u(r, \theta)$, 这样的解 $u(r, \theta)$ 就是轴对称解. 如对三维 Laplace 方程 $\Delta_3 u = 0$ 在轴

对称情形下分离变量, 并利用 Legendre 固有值问题的结论, 可以求得三维 Laplace 方程 $\Delta_3 u = 0$ 在轴对称情形下的一般解结论, 即: 在球坐标下, 方程 $\Delta_3 u = 0$ 的轴对称情形的一般解 $u = u(r, \theta)$ 是

$$u(r, \theta) = \sum_{n=0}^{+\infty} \left(C_n r^n + D_n r^{-(n+1)} \right) \mathrm{P}_n(\cos\theta).$$

3.2.2　例题分析

例 3.2.1　已知方程

$$\frac{1}{\sin\theta} \frac{\mathrm{d}}{\mathrm{d}\theta} \left(\sin\theta \frac{\mathrm{d}\Theta}{\mathrm{d}\theta} \right) + \lambda\Theta = 0, \tag{1}$$

其中 λ 为实参数, 求此方程经过 $x = \cos\theta$ 变换后 $y(x)$ 满足的方程.

分析　此方程实际上是 Legendre 方程的原始形式 (以 θ 为变量), 经过 $x = \cos\theta$ 变换和复合求导运算后就可以化为 Legendre 方程.

解　由于 $x = \cos\theta, y(x) = \Theta(\arccos x)$, 所以

$$\sin\theta \frac{\mathrm{d}\Theta}{\mathrm{d}\theta} = \sin\theta \frac{\mathrm{d}y}{\mathrm{d}x} \frac{\mathrm{d}x}{\mathrm{d}\theta} = \sin\theta \frac{\mathrm{d}y}{\mathrm{d}x}(-\sin\theta)$$
$$= -\sin^2\theta \frac{\mathrm{d}y}{\mathrm{d}x} = -(1 - x^2)\frac{\mathrm{d}y}{\mathrm{d}x},$$

从而有

$$\frac{1}{\sin\theta} \frac{\mathrm{d}}{\mathrm{d}\theta} \left(\sin\theta \frac{\mathrm{d}\Theta}{\mathrm{d}\theta} \right) = \frac{1}{\sin\theta} \frac{\mathrm{d}}{\mathrm{d}\theta} \left(-(1 - x^2)\frac{\mathrm{d}y}{\mathrm{d}x} \right) = \frac{1}{\sin\theta} \frac{\mathrm{d}}{\mathrm{d}x} \left(-(1 - x^2)\frac{\mathrm{d}y}{\mathrm{d}x} \right) \frac{\mathrm{d}x}{\mathrm{d}\theta}$$
$$= \frac{1}{\sin\theta} \frac{\mathrm{d}}{\mathrm{d}x} \left(-(1 - x^2)\frac{\mathrm{d}y}{\mathrm{d}x} \right)(-\sin\theta) = \frac{\mathrm{d}}{\mathrm{d}x} \left((1 - x^2)\frac{\mathrm{d}y}{\mathrm{d}x} \right).$$

此结果代入 $\Theta(\theta)$ 满足的方程 (1), 即得 $y(x) = \Theta(\arccos x)$ 满足

$$\frac{\mathrm{d}}{\mathrm{d}x} \left((1 - x^2)\frac{\mathrm{d}y}{\mathrm{d}x} \right) + \lambda y = 0 \quad (\text{Legendre 方程}).$$

例 3.2.2　在球坐标 (r, θ, φ) 下, 考虑方程

$$\Delta_3 u = 0 \quad (r > 0, \, 0 < \theta < \pi, \, 0 < \varphi < 2\pi).$$

(1) 作分离变量 $u = R(r)\Theta(\theta)\Phi(\varphi)$, 求代入方程后 $R(r), \Theta(\theta)$ 和 $\Phi(\varphi)$ 满足的常微分方程;

(2) 若 $u = u(r, \theta)$（即 u 与 φ 无关），求方程 $\Delta_3 u = 0$ 的解的一般形式.

解 (1) 在球坐标系下, $\Delta_3 u = 0$ 表示为

$$\frac{1}{r^2} \frac{\partial}{\partial r} \left(r^2 \frac{\partial u}{\partial r} \right) + \frac{1}{r^2 \sin \theta} \frac{\partial}{\partial \theta} \left(\sin \theta \frac{\partial u}{\partial \theta} \right) + \frac{1}{r^2 \sin^2 \theta} \frac{\partial^2 u}{\partial \varphi^2} = 0.$$

作分离变量 $u = R(r)\Theta(\theta)\Phi(\varphi)$, 代入此球坐标表示的方程, 得到

$$\frac{1}{r^2} \frac{\mathrm{d}}{\mathrm{d}r} \left(r^2 \frac{\mathrm{d}R}{\mathrm{d}r} \right) \Theta \Phi + \frac{1}{r^2 \sin \theta} \frac{\mathrm{d}}{\mathrm{d}\theta} \left(\sin \theta \frac{\mathrm{d}\Theta}{\mathrm{d}\theta} \right) R\Phi + \frac{1}{r^2 \sin^2 \theta} \frac{\mathrm{d}^2 \Phi}{\mathrm{d}\varphi^2} R\Theta = 0.$$

上式两边除以 $R\Theta\Phi$, 得到

$$\frac{1}{r^2} \frac{(r^2 R')'}{R} + \frac{1}{r^2} \left(\frac{1}{\sin \theta} \frac{(\sin \theta \Theta')'}{\Theta} + \frac{1}{\sin^2 \theta} \frac{\Phi''}{\Phi} \right) = 0. \tag{1}$$

为了得到分离变量的方程, 令只含 φ 的独立部分为常数, 即

$$\frac{\Phi''}{\Phi} = -\mu \quad (\mu \text{为常数}).$$

代入式 (1), 得到

$$\frac{1}{r^2} \frac{(r^2 R')'}{R} + \frac{1}{r^2} \left(\frac{1}{\sin \theta} \frac{(\sin \theta \Theta')'}{\Theta} + \frac{-\mu}{\sin^2 \theta} \right) = 0. \tag{2}$$

类似地, 在此式中把含 θ 的独立部分当作常数, 即

$$\frac{1}{\sin \theta} \frac{(\sin \theta \Theta')'}{\Theta} + \frac{-\mu}{\sin^2 \theta} = -\lambda.$$

这样再结合式 (2), 就可剥离出 $R(r)$ 满足的微分方程

$$\frac{1}{r^2} \frac{(r^2 R')'}{R} - \frac{\lambda}{r^2} = 0.$$

整理以上结果, 就得到 $\Phi(\varphi), R(r), \Theta(\theta)$ 满足的常微分方程

$$\Phi'' + \mu\Phi = 0,$$
$$(r^2 R')' - \lambda R = 0 \quad (\text{Euler 方程}),$$
$$\frac{1}{\sin \theta}(\sin \theta \Theta')' + \left(\lambda - \frac{\mu}{\sin^2 \theta} \right) \Theta = 0.$$

(2) 若 $u = u(r, \theta)$（即 u 与 φ 无关), 可作分离变量 $u = R(r)\Theta(\theta)$. 类似地, 可得到 $R(r)$ 和 $\Theta(\theta)$ 满足的方程

$$(r^2 R')' - \lambda R = 0, \tag{3}$$

$$\frac{1}{\sin\theta}(\sin\theta\Theta')' + \lambda\Theta = 0. \tag{4}$$

由于 $\theta = 0, \theta = \pi$ 是方程的正则奇点, 根据 Sturm-Liouville 定理, 在 $\theta = 0, \theta = \pi$ 两点可附加自然边界条件, 即 $|\Theta(0)| < +\infty, |\Theta(\pi)| < +\infty$. 这样得到固有值问题

$$\begin{cases} \dfrac{1}{\sin\theta}(\sin\theta\Theta')' + \lambda\Theta = 0, \\ |\Theta(0)| < +\infty, \quad |\Theta(\pi)| < +\infty. \end{cases}$$

作变换 $x = \cos\theta$, 则以上固有值问题可变为 Legendre 方程的固有值问题

$$\begin{cases} ((1-x^2)y')' + \lambda y = 0 \quad (-1 < x < 1), \\ |y(\pm 1)| < +\infty. \end{cases} \tag{5}$$

利用 Legendre 方程固有值问题的结论, 得到

$$\lambda_n = n(n+1) \quad (n = 0, 1, 2, \cdots),$$
$$y_n(x) = \mathrm{P}_n(x).$$

相应地, $\Theta(\theta)$ 的固有值问题的解是

$$\lambda_n = n(n+1) \quad (n = 0, 1, 2, \cdots),$$
$$\Theta_n(\theta) = \mathrm{P}_n(\cos\theta).$$

把 $\lambda_n = n(n+1)$ 代入 $R(r)$ 满足的 Euler 方程, 求解得到

$$R_n(r) = A_n r^n + B_n r^{-(n+1)}.$$

于是得到一系列分离变量形式的解

$$u_n(r, \theta) = (A_n r^n + B_n r^{-(n+1)})\mathrm{P}_n(\cos\theta) \quad (n = 0, 1, 2, \cdots).$$

利用叠加原理, 我们最后得到当 $u = u(r, \theta)$ 时, 方程 $\Delta_3 u = 0$ 的解的一般形式

$$u(r, \theta) = \sum_{n=0}^{+\infty} (A_n r^n + B_n r^{-(n+1)})\mathrm{P}_n(\cos\theta). \tag{6}$$

例 3.2.3 求解定解问题

$$\begin{cases} \Delta_3 u = 0 \quad (r < a), \\ u\mid_{r=a} = 1 + \cos^2\theta. \end{cases}$$

解 根据定解条件的形式, 可假定 $u = u(r, \theta)$. 根据 $\Delta_3 u = 0$ 在 $u = u(r, \theta)$ 情形下球坐标表示的一般解公式, 得到

$$u(r, \theta) = \sum_{n=0}^{+\infty} (A_n r^n + B_n r^{-(n+1)}) \mathrm{P}_n(\cos\theta). \tag{1}$$

由于是球内问题, 要保证 $r = 0$ 时解的有界性, 上式中 $r^{-(n+1)}$ $(n = 0, 1, 2, \cdots)$ 的项要舍去, 即 $B_n = 0$ $(n = 0, 1, 2, \cdots)$, 这样有

$$u(r, \theta) = \sum_{n=0}^{+\infty} A_n r^n \mathrm{P}_n(\cos\theta). \tag{2}$$

再利用边界条件 $u\,|_{r=a} = 1 + \cos^2\theta$, 即有

$$u\,|_{r=a} = \sum_{n=0}^{+\infty} A_n a^n \mathrm{P}_n(\cos\theta) = 1 + \cos^2\theta.$$

令 $x = \cos\theta$, 则上式变为

$$\sum_{n=0}^{+\infty} A_n a^n \mathrm{P}_n(x) = 1 + x^2. \tag{3}$$

又因为上式右边是二次多项式, 且每项都是偶数次项, 所以根据 Legendre 函数的奇偶性质, 式 (3) 可简化为

$$A_0 \mathrm{P}_0(x) + A_2 a^2 \mathrm{P}_2(x) = 1 + x^2. \tag{4}$$

根据 Legendre 函数的微分表达式

$$\mathrm{P}_n(x) = \frac{1}{2^n n!} \frac{\mathrm{d}^n}{\mathrm{d}x^n} (x^2 - 1)^n \quad (n = 0, 1, 2, \cdots),$$

易知 $\mathrm{P}_0(x) = 1, \mathrm{P}_2(x) = \frac{1}{2}(3x^2 - 1)$, 代入上式, 得

$$u = A_0 + A_2 \frac{a^2}{2}(3x^2 - 1) = 1 + x^2.$$

比较 x 同幂次的系数, 得确定 A_0, A_2 的方程

$$A_2 \frac{3a^2}{2} = 1, \quad A_0 - A_2 \frac{a^2}{2} = 1.$$

解得

$$A_0 = \frac{4}{3}, \quad A_2 = \frac{2}{3a^2}.$$

最后得到此定解问题的解

$$u(r,\theta) = \frac{4}{3} + \frac{2}{3a^2}r^2\mathrm{P}_2(\cos\theta).$$

例 3.2.4 求解定解问题

$$\begin{cases} \Delta_3 u = 0 \quad (r > 2,\, 0 < \theta < \pi), \\ u\,|_{r=2} = 2 + 3\cos^2\theta, \\ u\,|_{r=+\infty} = 2013, \end{cases}\quad .$$

其中 (r,θ,φ) 为球坐标.

解 根据定解条件形式, 可设轴对称形式的解 $u = u(r,\theta)$, $\Delta_3 u = 0$ 在球坐标系下的一般解公式为

$$u(r,\theta) = \sum_{n=0}^{+\infty}\left(A_n r^n + B_n r^{-(n+1)}\right)\mathrm{P}_n(\cos\theta).$$

方程在球外成立, 为保证 $r \to +\infty$ 时解的有界性, r^n 项要舍去, 即 $A_n = 0\,(n > 1)$. 所以

$$u(r,\theta) = A_0 + \sum_{n=0}^{\infty}B_n r^{-(n+1)}\mathrm{P}_n(\cos\theta). \tag{1}$$

把 $u|_{r=+\infty} = 2013$ 代入式 (1), 得到 $A_0 = 2013$. 再根据 $r = 2$ 时的边界条件, 得到

$$u(r,\theta) = A_0 + \sum_{n=0}^{\infty}B_n 2^{-(n+1)}\mathrm{P}_n(\cos\theta) = 2 + 3\cos^2\theta.$$

通过比较, 得 $n > 2$ 时 $B_n = 0$. 因而

$$A_0 + \frac{B_0}{2}\mathrm{P}_0(\cos\theta) + \frac{B_1}{4}\mathrm{P}_1(\cos\theta) + \frac{B_2}{8}\mathrm{P}_2(\cos\theta) = 2 + 3\cos^2\theta. \tag{2}$$

由

$$\mathrm{P}_n(x) = \frac{1}{2^n n!}\frac{\mathrm{d}^n}{\mathrm{d}x^n}(x^2 - 1)^n \quad (n = 0, 1, 2, \cdots),$$

可求得 $\mathrm{P}_0(x) = 1, \mathrm{P}_1(x) = x, \mathrm{P}_2(x) = \frac{1}{2}(3x^2 - 1)$, 代入式 (2), 得

$$A_0 + \frac{B_0}{2} + \frac{B_1}{4}\cos\theta + \frac{B_2}{8}\times\frac{1}{2}(3\cos^2\theta - 1) = 2 + 3\cos^2\theta.$$

比较 $\cos\theta$ 同次幂的系数, 得到

$$A_0 + \frac{B_0}{2} - \frac{B_2}{16} = 2, \quad B_1 = 0, \quad \frac{3}{16}B_2 = 3.$$

再利用已经算出的 $A_0 = 2013$, 继而算得 $B_0 = -4020, B_2 = 16$. 最后得到此定解问题的解

$$u = 2013 - 4020r^{-1} + 16r^{-3}P_2(\cos\theta).$$

例 3.2.5 证明

$$\int_{-1}^{1} P_n^2(x)dx = \frac{2}{2n+1},$$

并用此结果计算 $\displaystyle\int_{-1}^{1} P_{100}^2(x)dx$.

证明 Legendre 函数的母函数表示为

$$(1 - 2xt + t^2)^{-\frac{1}{2}} = \sum_{n=0}^{+\infty} P_n(x)t^n \quad (|t| < 1). \tag{1}$$

上式两边平方, 得到

$$(1 - 2xt + t^2)^{-1} = \sum_{n=0}^{+\infty}\sum_{m=0}^{+\infty} P_n(x)P_m(x)t^{n+m} \quad (|t| < 1). \tag{2}$$

等式两边从 -1 到 1 积分, 得到

$$\int_{-1}^{1} \frac{dx}{1 - 2xt + t^2} = \sum_{n=0}^{+\infty}\sum_{m=0}^{+\infty} \left(\int_{-1}^{1} P_n(x)P_m(x)dx \right) t^{n+m} \quad (|t| < 1). \tag{3}$$

将 Legendre 函数的正交性

$$\int_{-1}^{1} P_n(x)P_m(x)dx = \begin{cases} 0 & (m \neq n), \\ \int_{-1}^{1} P_n^2(x)dx & (m = n) \end{cases} \tag{4}$$

应用于式 (3), 得到

$$\int_{-1}^{1} \frac{dx}{1 - 2xt + t^2} = \sum_{n=0}^{+\infty} \left(\int_{-1}^{1} P_n^2(x)dx \right) t^{2n} \quad (|t| < 1). \tag{5}$$

上式左边积分化为

$$\int_{-1}^{1} \frac{dx}{1 - 2xt + t^2} = -\frac{1}{2t}\ln(1 - 2xt + t^2)\Big|_{-1}^{1} = \frac{1}{t}(\ln(1+t) - \ln(1-t))$$

$$= \sum_{n=0}^{+\infty} \frac{2}{2n+1}t^{2n}. \tag{6}$$

比较式 (5) 和式 (6), 就证明了

$$\int_{-1}^{1} P_n^2(x)dx = \frac{2}{2n+1}.$$

直接利用此结果, 可求得

$$\int_{-1}^{1} P_{100}^2(x)dx = \frac{2}{2 \times 100 + 1} = \frac{2}{201}.$$

例 3.2.6　把下列函数按照 Legendre 函数系展开:

(1) $f(x) = x^3 + 2x^2$;　(2) $f(x) = |x|$.

解　(1) 由于 $P_n(x)$ 是 n 次多项式, 所以 $f(x) = x^3 + 2x^2$ 的展开式可设为

$$x^3 + 2x^2 = A_0 P_0(x) + A_1 P_1(x) + A_2 P_2(x) + A_3 P_3(x). \tag{1}$$

根据 $P_n(x)$ 的微分表示, 即 $P_n(x) = \dfrac{1}{2^n n!} \dfrac{d^n}{dx^n}(x^2 - 1)^n$, 算出

$$P_0(x) = 1, \quad P_1(x) = x, \quad P_2(x) = \frac{3x^2 - 1}{2}, \quad P_3(x) = \frac{1}{2}(5x^3 - 3x).$$

代入展开式 (1), 得到

$$x^3 + 2x^2 = A_0 + A_1 x + \frac{A_2}{2}(3x^2 - 1) + \frac{A_3}{2}(5x^3 - 3x).$$

比较 x 的各次幂系数, 得到

$$\frac{5}{2} A_3 = 1, \quad \frac{3A_3}{2} = 2, \quad A_1 - \frac{3}{2} A_3 = 0, \quad A_0 - \frac{A_2}{2} = 0.$$

解得

$$A_0 = \frac{2}{3}, \quad A_1 = \frac{3}{5}, \quad A_2 = \frac{4}{3}, \quad A_3 = \frac{2}{5}.$$

这样我们就得到了 $f(x) = x^3 + 2x^2$ 在 Legendre 函数系下的展开式

$$x^3 + 2x^2 = \frac{2}{3} P_0(x) + \frac{3}{5} P_1(x) + \frac{4}{3} P_2(x) + \frac{2}{5} P_3(x).$$

(2) 当 $f(x) = |x|$ 时, 设它在 Legendre 函数系下的展开式为

$$|x| = \sum_{n=0}^{+\infty} C_n P_n(x). \tag{2}$$

由确定系数的公式, 得

$$C_0 = \frac{1}{2} \int_{-1}^{1} |x| P_0(x) dx = \frac{1}{2} \int_{-1}^{1} |x| dx = \frac{1}{2}.$$

而当 $n > 1$ 时, 有

$$C_n = \frac{2n+1}{2} \int_{-1}^{1} |x| P_n(x) dx. \tag{3}$$

当 n 为奇数时, $P_n(x)$ 是奇函数, 则 $|x| P_n(x)$ 是奇函数. 所以根据以上 C_n 的表达式, 有

$$C_n = 0 \quad (n \text{ 为奇数}).$$

当 n 为偶数时, $P_n(x)$ 是偶函数, 则 $|x| P_n(x)$ 是偶函数. 再由 C_n 的表达式 (3), 得到

$$C_n = (2n+1) \int_{0}^{1} x P_n(x) dx \quad (n \text{为偶数}),$$

即

$$C_{2k} = (4k+1) \int_{0}^{1} x P_{2k}(x) dx. \tag{4}$$

利用递推公式 $P'_{n+1}(x) - P'_{n-1}(x) = (2n+1) P_n(x)$, 得到

$$(4k+1) P_{2k}(x) = P'_{2k+1}(x) - P'_{2k-1}(x).$$

由此递推公式, 有

$$\begin{aligned}
C_{2k} &= \int_{0}^{1} x \left(P'_{2k+1}(x) - P'_{2k-1}(x) \right) dx \\
&= \int_{0}^{1} x d \left(P_{2k+1}(x) - P_{2k-1}(x) \right) \\
&= x \left(P_{2k+1}(x) - P_{2k-1}(x) \right) \Big|_{0}^{1} + \int_{0}^{1} \left(P_{2k-1}(x) - P_{2k+1}(x) \right) dx \\
&= \int_{0}^{1} \left(P_{2k-1}(x) - P_{2k+1}(x) \right) dx.
\end{aligned}$$

最后, 注意到 $P_n(1) = 1$, 并利用递推公式 $P'_{n+1}(x) - P'_{n-1}(x) = (2n+1) P_n(x)$, 上式可具体化为

$$C_2 = \frac{5}{8},$$

$$C_{2k} = \int_{0}^{1} \left(P_{2k-1}(x) - P_{2k+1}(x) \right) dx = \frac{(-1)^{k-1}(4k+1)(2k-3)!!}{(2k+2)!!}.$$

综上, 得到展开式

$$|x| = \frac{1}{2}\mathrm{P}_0(x) + \frac{5}{8}\mathrm{P}_2(x) + \sum_{k=2}^{+\infty} \frac{(-1)^{k-1}(4k+1)(2k-3)!!}{(2k+2)!!}\mathrm{P}_{2k}(x).$$

例 3.2.7　利用 Legendre 函数的性质, 计算积分

$$\int_{-1}^{1} \left(x^6 + 2x^5 + 3x^3 + 45\right) \mathrm{P}_5(x)\mathrm{d}x.$$

分析　虽然可通过直接积出原函数方法来计算此积分, 但这样计算量会很大, 利用 Legendre 函数的奇偶性、正交性等性质会使计算过程大大简化.

解　由于 $\mathrm{P}_5(x)$ 是奇函数, 所以 $x^6\mathrm{P}_5(x)$ 是奇函数, 则有

$$\int_{-1}^{1} x^6\mathrm{P}_5(x)\mathrm{d}x = 0, \quad \int_{-1}^{1} \mathrm{P}_5(x)\mathrm{d}x = 0.$$

又 $\mathrm{P}_n(x)$ 为 n 次多项式, 根据奇偶性, 可设 $x^3 = A_1\mathrm{P}_1(x) + A_3\mathrm{P}_3(x)$, 而由 Legendre 函数的正交性知

$$\int_{-1}^{1} \mathrm{P}_1(x)\mathrm{P}_5(x)\mathrm{d}x = 0, \quad \int_{-1}^{1} \mathrm{P}_3(x)\mathrm{P}_5(x)\mathrm{d}x = 0.$$

从而有

$$\int_{-1}^{1} x^3\mathrm{P}_5(x)\mathrm{d}x = A_1\int_{-1}^{1} \mathrm{P}_1(x)\mathrm{P}_5(x)\mathrm{d}x + A_3\int_{-1}^{1} \mathrm{P}_3(x)\mathrm{P}_5(x)\mathrm{d}x = 0.$$

由此得

$$\begin{aligned}
&\int_{-1}^{1} \left(x^6 + 2x^5 + 3x^3 + 45\right)\mathrm{P}_5(x)\mathrm{d}x \\
&= \int_{-1}^{1} x^6\mathrm{P}_5(x)\mathrm{d}x + 2\int_{-1}^{1} x^5\mathrm{P}_5(x)\mathrm{d}x + 3\int_{-1}^{1} x^3\mathrm{P}_5(x)\mathrm{d}x + \int_{-1}^{1} \mathrm{P}_5(x)\mathrm{d}x \\
&= 2\int_{-1}^{1} x^5\mathrm{P}_5(x)\mathrm{d}x.
\end{aligned}$$

因此只要算出 $\int_{-1}^{1} x^5\mathrm{P}_5(x)\mathrm{d}x$. 为此, 类似于以上 x^3 在 Legendre 函数系下的展开式, x^5 在 Legendre 函数系下的展开式设为

$$x^5 = B_1\mathrm{P}_1(x) + B_3\mathrm{P}_3(x) + B_5\mathrm{P}_5(x).$$

同样, 根据正交性算出

$$\int_{-1}^{1} x^5 \mathrm{P}_5(x)\mathrm{d}x = B_5 \int_{-1}^{1} \mathrm{P}_5^2(x)\mathrm{d}x.$$

利用结论

$$\int_{-1}^{1} \mathrm{P}_n^2(x)\mathrm{d}x = \frac{2}{2n+1},$$

有

$$\int_{-1}^{1} \mathrm{P}_5^2(x)\mathrm{d}x = \|\mathrm{P}_5(x)\|^2 = \frac{2}{2\times 5+1} = \frac{2}{11},$$

所以

$$\int_{-1}^{1} x^5 \mathrm{P}_5(x)\mathrm{d}x = \frac{2}{11} B_5.$$

下面我们确定 B_5. 实际上, 由

$$\mathrm{P}_n(x) = \frac{1}{2^n n!} \frac{\mathrm{d}^n}{\mathrm{d}x^n}(x^2-1)^n \quad (n=0,1,2,\cdots),$$

得到

$$\mathrm{P}_5(x) = \frac{1}{2^5 5!} \frac{\mathrm{d}^5}{\mathrm{d}x^5}(x^2-1)^5.$$

易求得 $\mathrm{P}_5(x)$ 的 x^5 的系数为 63/8, 从而可以定出 $B_5 = 8/63$. 相应地, 有

$$\int_{-1}^{1} x^5 \mathrm{P}_5(x)\mathrm{d}x = \frac{2}{11} B_5 = \frac{16}{693}.$$

综上, 我们得到

$$\int_{-1}^{1} \left(x^6 + 2x^5 + 3x^3 + 45\right) \mathrm{P}_5(x)\mathrm{d}x = \frac{32}{693}.$$

例 3.2.8 求 $\mathrm{P}_n(0)$.

分析 利用 Legendre 函数的母函数可以研究 Legendre 函数的性质, 并且可以通过把特殊点代入母函数的方法来计算 Legendre 函数在一些特殊点的值.

解 Legendre 函数的母函数是

$$(1 - 2xt + t^2)^{-\frac{1}{2}} = \sum_{n=0}^{+\infty} \mathrm{P}_n(x)t^n.$$

当 $x = 0$ 时, 上式变为

$$(1 + t^2)^{-\frac{1}{2}} = \sum_{n=0}^{+\infty} \mathrm{P}_n(0) t^n. \tag{1}$$

我们只要把上式左边展开成 t 的幂级数, 然后比较同次幂的系数, 就可以得到 $\mathrm{P}_n(0)$. 实际上, 由泰勒展开式

$$(1 + x)^\alpha = 1 + \sum_{n=1}^{+\infty} \frac{\alpha(\alpha - 1)\cdots(\alpha - n + 1)}{n!} x^n,$$

可得

$$\begin{aligned}
(1 + t^2)^{-\frac{1}{2}} &= \sum_{n=1}^{+\infty} \frac{\left(-\frac{1}{2}\right)\left(-\frac{1}{2} - 1\right)\left(-\frac{1}{2} - (n-1)\right)}{n!} t^{2n} \\
&= 1 + \sum_{n=1}^{+\infty} \frac{(-1)^n (2n-1)!!}{2n!!} t^{2n}.
\end{aligned} \tag{2}$$

通过比较得

$$\begin{cases}
\mathrm{P}_0(0) = 1, & \\
\mathrm{P}_{2k+1}(0) = 0 & (k = 0, 1, 2, \cdots), \\
\mathrm{P}_{2k}(0) = \dfrac{(-1)^k (2k-1)!!}{2k!!} & (k = 1, 2, \cdots).
\end{cases}$$

例 3.2.9 考虑固有值问题

$$\begin{cases}
\dfrac{\mathrm{d}}{\mathrm{d}x}\left((1 - x^2)y'\right) + \lambda y = 0 & (0 < x < 1), \\
y(0) = 0, \quad |y(1)| < +\infty.
\end{cases}$$

(1) 求此固有值问题的固有值和固有函数.

(2) 把 $f(x) = x + c$ 在此固有值问题所得到的固有函数系下展开.

解 (1) 泛定方程是要求 Legendre 方程, 满足 $|y(1)| < +\infty$ 的解是 $y_n(x) = \mathrm{P}_n(x)$. 再根据要求 $y(0) = 0$, n 只有能是奇数, 即 $n = 2k + 1$, 因此

$$\lambda_k = (2k+1)(2k+2), \quad y_k(x) = \mathrm{P}_{2k+1}(x) \quad (k = 0, 1, 2, \cdots).$$

(2) 首先把常数 c 进行无穷项级数展开. 设

$$c = \sum_{n=0}^{+\infty} A_n \mathrm{P}_{2n+1}(x),$$

其中

$$A_n = \frac{c}{||\mathrm{P}_{2n+1}(x)||^2} \int_0^1 \mathrm{P}_{2n+1}(x)\mathrm{d}x.$$

而

$$||\mathrm{P}_{2n+1}(x)||^2 = \int_0^1 \mathrm{P}_{2n+1}^2(x)\mathrm{d}x = \frac{1}{2}\int_{-1}^1 \mathrm{P}_{2n+1}^2(x)\mathrm{d}x$$

$$= \frac{1}{2} \cdot \frac{2}{4n+3} = \frac{1}{4n+3}.$$

利用递推公式 $\mathrm{P}_{k+1}'(x) - \mathrm{P}_{k-1}'(x) = (2k+1)\mathrm{P}_k(x)$, 得

$$\int_0^1 \mathrm{P}_{2n+1}(x)\mathrm{d}x = \int_0^1 \frac{1}{4n+3}(\mathrm{P}_{2n+2}'(x) - \mathrm{P}_{2n}'(x))\mathrm{d}x$$

$$= \frac{1}{4n+3}\left(\mathrm{P}_{2n+2}(x) - \mathrm{P}_{2n}(x)\right)\Big|_0^1 = \frac{1}{4n+3}\left(\mathrm{P}_{2n}(0) - \mathrm{P}_{2n+2}(0)\right)$$

$$= \frac{1}{4n+3}\left(\frac{(-1)^n(2n-1)!!}{(2n)!!} - \frac{(-1)^{n+1}(2n+1)!!}{(2n+2)!!}\right)$$

$$= \frac{(-1)^n(2n-1)!!}{(2n+2)!!}.$$

于是确定出

$$A_n = \frac{(-1)^n(2n-1)!!(4n+3)}{(2n+2)!!}c.$$

这样常数 c 在此函数系下的展开式是

$$c = c\sum_{n=0}^{+\infty}\frac{(-1)^n(2n-1)!!(4n+3)}{(2n+2)!!}\mathrm{P}_{2n+1}(x).$$

另外, 显然有 $x = \mathrm{P}_1(x)$, 所以

$$f(x) = x + c = \mathrm{P}_1(x) + c\sum_{n=0}^{+\infty}\frac{(-1)^n(2n-1)!!(4n+3)}{(2n+2)!!}\mathrm{P}_{2n+1}(x).$$

例 3.2.10 求 $u(r,\theta)$, 使其满足

$$\begin{cases} \Delta_3 u = 0 & (r < 1, 0 \leqslant \theta < \pi/2), \\ u\,|_{r=1} = 5, \\ u\,|_{\theta=\frac{\pi}{2}} = 0, \end{cases}$$

其中 $r = \sqrt{x^2 + y^2 + z^2}$, θ 是向径 $\boldsymbol{r} = (x, y, z)$ 与 z 轴正向的夹角.

解 由定解条件, 可设 $u = u(r, \theta)$. 在球坐标下, $\Delta_3 u = 0$ 可表示为

$$\frac{1}{r^2}\frac{\partial}{\partial r}\left(r^2\frac{\partial u}{\partial r}\right) + \frac{1}{r^2\sin\theta}\frac{\partial}{\partial\theta}\left(\sin\theta\frac{\partial u}{\partial\theta}\right) = 0. \tag{1}$$

作分离变量, 令 $u = R(r)\Theta(\theta)$, 代入上式, 分离变量后分别得到 $R(r)$ 和 $\Theta(\theta)$ 满足方程

$$\left(r^2 R'\right)' - \lambda R = 0, \tag{2}$$

$$\frac{1}{\sin\theta}(\sin\theta\Theta')' + \lambda\Theta = 0. \tag{3}$$

由于 $\theta = 0$ 是 $\Theta(\theta)$ 所满足方程 (3) 的正则奇点, 根据 Sturm-Liouville 定理, 在 $\theta = 0$ 点可附加自然边界条件, 即 $|\Theta(0)| < +\infty$. 而由条件 $u\mid_{\theta=\frac{\pi}{2}} = 0$ 得到 $\Theta(\pi/2) = 0$. 整理这些结果, 就得到 $\Theta(\theta)$ 满足的固有值问题

$$\begin{cases} \dfrac{1}{\sin\theta}(\sin\theta\Theta')' + \lambda\Theta = 0, \\ |\Theta(0)| < +\infty, \quad \Theta(\pi/2) = 0, \end{cases} \tag{4}$$

以及 $R(r)$ 满足的 Euler 方程

$$\left(r^2 R'\right)' - \lambda R = 0.$$

根据 Legendre 方程固有值问题的结论, 当且仅当 $\lambda = k(k+1)$ $(k = 0, 1, 2, \cdots)$ 时, $\Theta(\theta)$ 才有有界的解

$$\Theta_k(\theta) = \mathrm{P}_k(\cos\theta).$$

而由 $\Theta(\theta)$ 在 $\theta = \pi/2$ 的条件

$$\Theta_k(\pi/2) = \mathrm{P}_k(0) = 0,$$

得 k 只能为奇数, 即 $k = 2n+1$ $(n = 0, 1, 2, \cdots)$. 所以, $\Theta(\theta)$ 满足的固有值问题 (4) 的固有值和固有函数分别为

$$\lambda_n = (2n+1)(2n+2), \quad \Theta_n(\theta) = \mathrm{P}_{2n+1}(\cos\theta).$$

相应地, 将 $\lambda_n = (2n+1)(2n+2)$ 代入 $R(r)$ 满足的方程, 得到

$$R_n(r) = A_n r^{2n+1} + B_n r^{-(2n+2)}.$$

由于 $1/r$ 在 $r = 0$ 无界, 所以形如 $r^{-(2n+2)}$ 的项要舍去, 即 $B_n = 0$. 这样就得到一系列分离变量的有界解

$$u_n(r,\theta) = R_n(r)\Theta_n(\theta) = r^{2n+1}\mathrm{P}_{2n+1}(\cos\theta).$$

由叠加原理, 此定解问题的有界解为

$$u(r,\theta) = \sum_{n=0}^{+\infty} A_n r^{2n+1} P_{2n+1}(\cos\theta).$$

再由半球面上的给定条件, 得到

$$u\mid_{r=1} = \sum_{n=0}^{+\infty} A_n P_{2n+1}(\cos\theta) = 5,$$

其中系数 A_n 由广义 Fourier 展开公式确定:

$$A_n = \frac{5\int_0^{\frac{\pi}{2}} P_{2n+1}(\cos\theta)\sin\theta\mathrm{d}\theta}{\|P_{2n+1}(\cos\theta)\|^2}. \tag{5}$$

这里

$$\|P_{2n+1}(\cos\theta)\|^2 = \int_0^{\frac{\pi}{2}} P_{2n+1}^2(\cos\theta)\sin\theta\mathrm{d}\theta = \int_0^1 P_{2n+1}^2(x)\mathrm{d}x$$

$$= \frac{1}{2}\int_{-1}^1 P_{2n+1}^2(x)\mathrm{d}x = \frac{1}{2}\cdot\frac{2}{2(2n+1)+1} = \frac{1}{4n+3}.$$

利用递推公式 $P'_{k+1}(x) - P'_{k-1}(x) = (2k+1)P_k(x)$, 可算得

$$\int_0^{\frac{\pi}{2}} P_{2n+1}(\cos\theta)\sin\theta\mathrm{d}\theta = \int_0^1 P_{2n+1}(x)\mathrm{d}x = \frac{(-1)^n(2n-1)!!}{(2n+2)!!}.$$

于是定出式 (5) 中的

$$A_n = 5\cdot\frac{(-1)^n(2n-1)!!(4n+3)}{(2n+2)!!}.$$

综上, 解得此定解问题的解

$$u(r,\theta) = 5\sum_{n=0}^{+\infty}\left(\frac{(-1)^n(2n-1)!!(4n+3)}{(2n+2)!!}\right)r^{2n+1}P_{2n+1}(\cos\theta).$$

例 3.2.11 计算积分

$$\int_{-1}^1 x P_n(x) P_m(x)\mathrm{d}x \quad (m\neq n).$$

分析 可利用 Legendre 函数的正交性和模的平方, 这样此积分计算复杂度大大减小, 从而使问题圆满解决.

解　我们分以下两种情形讨论:

(1) $|m - n| > 1$. 我们说明原积分为 0. 不失一般性, 我们仅在 $m - n > 1$ 时证明我们的结论. 由于 $x\mathrm{P}_n(x)$ 是 $n + 1$ 次多项式, 故可在 Legendre 函数系下展开为

$$x\mathrm{P}_n(x) = \sum_{k=1}^{n+1} a_k \mathrm{P}_k(x).$$

由 Legendre 函数的正交性, 当 $k \leqslant n + 1$ 时, 有

$$\int_{-1}^{1} \mathrm{P}_k(x)\mathrm{P}_m(x)\mathrm{d}x = 0 \quad (m > n + 1).$$

因此

$$\int_{-1}^{1} x\mathrm{P}_n(x)\mathrm{P}_m(x)\mathrm{d}x = \int_{-1}^{1} \left(\sum_{k=1}^{n+1} a_k \mathrm{P}_k(x) \right) \mathrm{P}_m(x)\mathrm{d}x$$
$$= \sum_{k=1}^{n+1} a_k \int_{-1}^{1} \mathrm{P}_k(x)\mathrm{P}_m(x)\mathrm{d}x = 0.$$

(2) $|m - n| = 1$. 首先考虑 $m = n + 1$ 的情形. 这时, 原积分变为

$$\int_{-1}^{1} x\mathrm{P}_n(x)\mathrm{P}_{n+1}(x)\mathrm{d}x.$$

由于

$$\mathrm{P}_n(x) = \frac{1}{2^n n!} \frac{\mathrm{d}^n}{\mathrm{d}x^n}(x^2 - 1)^n,$$

算出 $x\mathrm{P}_n(x)$ 的最高次项系数, 即 x^{n+1} 的系数是

$$\frac{1}{2^n n!}(2n)(2n - 1) \cdots (n + 1),$$

而 $\mathrm{P}_{n+1}(x)$ 中 x^{n+1} 的系数是

$$\frac{1}{2^{n+1}(n + 1)!}(2n + 2)(2n + 1)2n \cdots (n + 2).$$

通过比较可得

$$x\mathrm{P}_n(x) = \frac{n + 1}{2n + 1}\mathrm{P}_{n+1}(x) + \sum_{k=1}^{n} c_k \mathrm{P}_k(x).$$

由正交性, 即 $\int_{-1}^{1} \mathrm{P}_k(x)\mathrm{P}_{n+1}(x)\mathrm{d}x = 0 \ (k \leqslant n)$, 可知

$$\int_{-1}^{1} \left(\sum_{k=1}^{n} c_k \mathrm{P}_k(x) \right) \mathrm{P}_{n+1}(x)\mathrm{d}x = \sum_{k=1}^{n} c_k \int_{-1}^{1} \mathrm{P}_k(x)\mathrm{P}_{n+1}(x)\mathrm{d}x = 0.$$

综上, 利用结论 $\|P_{n+1}(x)\|^2 = \dfrac{2}{2n+3}$, 解得

$$\int_{-1}^{1} xP_n(x)P_{n+1}(x)\mathrm{d}x = \int_{-1}^{1} \frac{n+1}{2n+1}(P_{n+1}(x))^2\mathrm{d}x$$

$$= \frac{n+1}{2n+1}\|P_{n+1}(x)\|^2 = \frac{2(n+1)}{(2n+1)(2n+3)}\,.$$

由类似的讨论, 当 $m = n-1$ 时, 我们得到

$$\int_{-1}^{1} xP_m(x)P_n(x)\mathrm{d}x = \frac{2n}{4n^2-1}\,.$$

例 3.2.12 求满足方程

$$Z'' + \cot\theta Z' + 20Z = 0 \quad (0 < \theta \leqslant \pi/2)$$

且 $Z(0) = 1$ 的解 $Z(\theta)$, 并求 $Z(\pi/2)$.

解 作变换 $x = \cos\theta$, 并记 $y(x) = Z(\arccos x)$, 则原方程变为 Legendre 方程

$$((1-x^2)y')' + 20y = 0\,.$$

由于此方程对应 Legendre 方程的参数 $\lambda = 20 = 4 \times 5 = 4 \times (4+1)$, 而 Legendre 方程的固有值为 $\lambda_n = n(n+1)$, 所以本例参数对应 $n = 4$, 这时原方程的有界解为 Legendre 函数表示的解

$$Z(\theta) = CP_4(x) = CP_4(\cos\theta).$$

依条件 $Z(0) = 1$, 可得

$$Z(0) = CP_4(\cos 0) = CP_4(1) = C = 1 \quad (\text{因为 } P_4(1) = 1),$$

即 $C = 1$. 这样满足条件 $Z(0) = 1$ 的解

$$Z(\theta) = P_4(\cos\theta)\,.$$

再根据 Rodrigues(罗德里格斯) 公式, 即

$$P_n(x) = \frac{1}{2^n n!}\frac{\mathrm{d}^n}{\mathrm{d}x^n}(x^2-1)^n,$$

我们得到

$$Z\left(\frac{\pi}{2}\right) = P_4\left(\cos\frac{\pi}{2}\right) = P_4(0) = \frac{1}{2^4 4!}\left((x^2-1)^4\right)^{(4)}\Big|_{x=0} = \frac{3}{8}.$$

例 3.2.13　有一个半径为 R、厚度为 $R/2$ 的空心半球, 其外表面和内球面的温度始终保持为

$$f(\theta) = A\sin^2\frac{\theta}{2} \quad \left(0 \leqslant \theta \leqslant \frac{\pi}{2}\right),$$

底面温度始终为 $A/2$, 求空心半球内部各点的温度.

分析　稳态温度分布函数满足齐次 Laplace 方程, 再由空心半球内、外表面, 以及底面给定的温度, 确定出边界条件, 从而确定出定解问题并解决.

解　由于 u 为稳态温度分布函数, 故 $\Delta_3 u = 0$. 由空心半球的内、外表面的值给出边界条件 $u\,|_{r=R} = u\,|_{r=\frac{R}{2}} = A\sin^2\theta/2$, 而底面温度为 $u\,|_{\theta=\frac{\pi}{2}} = A/2$. 因此, u 满足定解问题

$$\begin{cases} \Delta_3 u = 0 \quad (r < a, 0 \leqslant \theta \leqslant \frac{\pi}{2}), \\ u\,|_{r=R} = u\,|_{r=\frac{R}{2}} = A\sin^2\frac{\theta}{2}, \\ u\,|_{\theta=\frac{\pi}{2}} = \frac{A}{2}. \end{cases}$$

根据定解条件, 可设轴对称形式的解 $u = u(r,\theta)$, $\Delta_3 u = 0$ 在球坐标下的一般解公式为

$$u(r,\theta) = \sum_{n=0}^{+\infty}\left(A_n r^n + B_n r^{-(n+1)}\right) P_n(\cos\theta).$$

分别把 $r = R/2$ 和 $r = R$ 的边界条件代入上式, 得到

$$\sum_{n=0}^{+\infty}\left(A_n\left(\frac{R}{2}\right)^n + B_n\left(\frac{R}{2}\right)^{-(n+1)}\right) P_n(\cos\theta) = \frac{A}{2}(1-\cos\theta), \tag{1}$$

$$\sum_{n=0}^{+\infty}\left(A_n R^n + B_n R^{-(n+1)}\right) P_n(\cos\theta) = \frac{A}{2}(1-\cos\theta). \tag{2}$$

作变换 $x = \cos\theta$, 将以上两式分别化为

$$\sum_{n=0}^{+\infty}\left(A_n\left(\frac{R}{2}\right)^n + B_n\left(\frac{R}{2}\right)^{-(n+1)}\right) P_n(x) = \frac{A}{2}(1-x), \tag{3}$$

$$\sum_{n=0}^{+\infty}\left(A_n R^n + B_n R^{-(n+1)}\right) P_n(x) = \frac{A}{2}(1-x). \tag{4}$$

由于 $P_n(x)$ 是 n 次多项式, 故以上两式可分别化简为

$$\left(A_0 + \frac{2}{R}B_0\right)P_0(x) + \left(A_1\frac{R}{2} + \frac{4}{R^2}B_1\right)P_1(x) = \frac{A}{2}(1-x),$$

$$\left(A_0 + \frac{B_0}{R}\right)P_0(x) + \left(A_1R + \frac{1}{R^2}B_1\right)P_1(x) = \frac{A}{2}(1-x).$$

把 $P_0(x) = 1$, $P_1(x) = x$ 代入以上两式, 并比较 x^0 和 x 的系数, 得

$$A_0 + \frac{2}{R}B_0 = \frac{A}{2}, \quad A_1\frac{R}{2} + \frac{4}{R^2}B_1 = -\frac{A}{2},$$

$$A_0 + \frac{1}{R}B_0 = \frac{A}{2}, \quad A_1R + \frac{1}{R^2}B_1 = -\frac{A}{2}.$$

解得

$$A_0 = \frac{A}{2}, \quad B_0 = 0, \quad A_1 = -\frac{3}{7R}A, \quad B_1 = -\frac{A}{14}R^2.$$

这时

$$u = \frac{A}{2} - \left(\frac{3r}{7R} + \frac{R^2}{14r^2}\right)A\cos\theta.$$

可直接验证 u 满足底面的相容条件, 即 $u\,|_{\theta = \frac{\pi}{2}} = A/2$. 所以空心半球内部各点的温度

$$u = \frac{A}{2} - \left(\frac{3r}{7R} + \frac{R^2}{14r^2}\right)A\cos\theta.$$

例 3.2.14 把 $P_n'(x)$ 在 Legendre 函数系下展开.

解 由于 $P_n'(x)$ 是 $n-1$ 次多项式, 故可设

$$P_n'(x) = \sum_{k=1}^{n-1} C_k P_k(x).$$

根据 Legendre 函数系下展开式的系数确定公式, 得到

$$C_k = \frac{2k+1}{2}\int_{-1}^{1} P_n'(x)P_k(x)\mathrm{d}x.$$

而

$$\int_{-1}^{1} P_n'(x)P_k(x)\mathrm{d}x = \int_{-1}^{1} P_k(x)\mathrm{d}P_n(x)$$

$$= P_k(x)P_n(x)\Big|_{-1}^{1} - \int_{-1}^{1} P_k'(x)P_n(x)\mathrm{d}x.$$

$P'_k(x)$ 是次数不超过 $n-2$ 的多项式, 因此由 Legendre 函数系的正交性, 得到

$$\int_{-1}^{1} P'_k(x)P_n(x)\mathrm{d}x = 0 \quad (k \leqslant n-1).$$

再结合结论 $P_n(1) = 1$, $P_n(-1) = (-1)^n$, 可求得

$$\int_{-1}^{1} P'_n(x)P_k(x)\mathrm{d}x = 1 - (-1)^{k+n}.$$

相应得出

$$C_k = \frac{2k+1}{2}\left(1 - (-1)^{k+n}\right),$$

即

$$C_k = \begin{cases} 2n - 4m - 1 & (k = n-1-2m,\ m \leqslant [(n-1)/2]), \\ 0 & (k \neq n-1-2m,\ m \leqslant [(n-1)/2]). \end{cases}$$

综上, 得到

$$\frac{\mathrm{d}P_n(x)}{\mathrm{d}x} = \sum_{m=0}^{[(n-1)/2]} (2n - 4m - 1)P_{n-2m-1}(x).$$

例 3.2.15　有一个半径为 a 的金属球壳, 上、下半球壳用绝缘材料做成, 充电后, 上、下半球壳的电位分别是 u_1 和 u_2, 试计算球壳内部电位分布.

解　由于球壳内部无电荷, 所以球壳内的电位满足齐次场位方程 $\Delta_3 u = 0$. 依条件, 在边界上用球坐标电位可表示为

$$u\mid_{r=a} = \varphi(\theta) = \begin{cases} u_1 & (0 \leqslant \theta < \frac{\pi}{2}), \\ u_2 & (\frac{\pi}{2} < \theta \leqslant \pi). \end{cases}$$

因此, 球内电位满足定解问题

$$\begin{cases} \Delta_3 u = 0 \quad (r < a), \\ u\mid_{r=a} = \varphi(\theta) = \begin{cases} u_1 & (0 \leqslant \theta < \frac{\pi}{2}), \\ u_2 & (\frac{\pi}{2} < \theta \leqslant \pi). \end{cases} \end{cases} \tag{1}$$

由于是球内问题, 在球坐标下三维 Laplace 方程的解可表示为

$$u(r,\theta) = \sum_{n=0}^{+\infty} A_n \left(\frac{r}{a}\right)^n P_n(\cos\theta). \tag{2}$$

代入边界条件, 即有

$$u(r,\theta)\,|_{r=a}=\sum_{n=0}^{+\infty}A_n\mathrm{P}_n(\cos\theta)=\varphi(\theta).\tag{3}$$

令 $x=\cos\theta$. 由式 (3) 得到

$$\Phi(x)=\varphi(\arccos x)=\sum_{n=0}^{+\infty}A_n\mathrm{P}_n(x),$$

其中

$$\Phi(x)=\begin{cases}u_1 & (0<x\leqslant 1),\\ u_2 & (-1\leqslant x<0),\end{cases}$$

而展开系数

$$\begin{aligned}A_n&=\frac{2n+1}{2}\int_{-1}^{1}\Phi(x)\mathrm{P}_n(x)\mathrm{d}x\\ &=\frac{2n+1}{2}\left(\int_{0}^{1}u_1\mathrm{P}_n(x)\mathrm{d}x+\int_{-1}^{0}u_2\mathrm{P}_n(x)\mathrm{d}x\right).\end{aligned}$$

因此

$$\begin{aligned}A_0&=\frac{1}{2}\left(\int_{0}^{1}u_1\mathrm{d}x+\int_{-1}^{0}u_2\mathrm{d}x\right)=\frac{u_1+u_2}{2},\\ A_1&=\frac{3}{2}\left(\int_{0}^{1}u_1 x\mathrm{d}x+\int_{-1}^{0}u_2 x\mathrm{d}x\right)=\frac{3}{4}(u_1-u_2).\end{aligned}$$

而当 $n\geqslant 2$ 时,

$$\begin{aligned}&\int_{0}^{1}\mathrm{P}_n(x)\mathrm{d}x\\ &=\frac{1}{2n+1}\int_{0}^{1}\left(\mathrm{P}'_{n+1}(x)-\mathrm{P}'_{n-1}(x)\right)\mathrm{d}x\\ &=\frac{1}{2n+1}\left(\mathrm{P}_{n+1}(x)-\mathrm{P}_{n-1}(x)\right)\Big|_{0}^{1}\\ &=\begin{cases}0 & (n=2k),\\ \dfrac{1}{4k+3}\left(\dfrac{(-1)^k(2k-1)!!}{2k!!}-\dfrac{(-1)^{k+1}(2k+1)!!}{(2k+2)!!}\right)=\dfrac{(-1)^k(2k-1)!!}{(2k+2)!!} & (n=2k+1).\end{cases}\end{aligned}$$

所以, 当 $n\geqslant 2$ 时, 有

$$A_n=\begin{cases}0 & (n=2k),\\ \dfrac{(u_1-u_2)}{2}\dfrac{(-1)^k(4k+3)(2k-1)!!}{(2k+2)!!} & (n=2k+1).\end{cases}$$

综上, 得到球壳内部的电位分布

$$u(r,\theta) = \frac{u_1+u_2}{2} + \frac{3}{4}(u_1-u_2)\cdot\frac{r}{a}\cdot\mathrm{P}_1(\cos\theta)$$

$$+ \frac{u_1-u_2}{2}\sum_{k=1}^{+\infty}\frac{(-1)^k(4k+3)(2k-1)!!}{(2k+2)!!}\left(\frac{r}{a}\right)^{2k+1}\mathrm{P}_{2k+1}(\cos\theta).$$

3.3 伴随 Legendre 方程、球 Bessel 方程 和虚变量的 Bessel 方程 (A 型)

3.3.1 基本要求

1. 掌握伴随 Legendre 方程和伴随 Legendre 函数的形式, 熟知固有值问题的结论.

(1) 伴随 Legendre 方程典型的产生背景:

对在球坐标下的三维 Laplace 方程

$$\frac{1}{r^2}\frac{\partial}{\partial r}\left(r^2\frac{\partial u}{\partial r}\right) + \frac{1}{r^2\sin\theta}\frac{\partial}{\partial\theta}\left(\sin\theta\frac{\partial u}{\partial\theta}\right) + \frac{1}{r^2\sin^2\theta}\frac{\partial^2 u}{\partial\varphi^2} = 0,$$

进行分离变量, $u = R(r)\Theta(\theta)\Phi(\varphi)$, 其中 $\Theta(\theta)$ 满足

$$\frac{1}{\sin\theta}(\sin\theta\Theta')' + \left(\lambda - \frac{\mu}{\sin^2\theta}\right)\Theta = 0.$$

经过坐标变换 $x = \cos\theta$, 并记 $y(x) = \Theta(\arccos x), \mu = m^2$, 这个关于 $\Theta(\theta)$ 的方程化为伴随 Legendre 方程

$$((1-x^2)y')' + \left(\lambda - \frac{m^2}{1-x^2}\right)y = 0.$$

特别地, 伴随 Legendre 方程在 $m = 0$ 时就是 Legendre 方程

$$((1-x^2)y')' + \lambda y = 0.$$

(2) 伴随 Legendre 函数:

伴随 Legendre 方程的解 $y(x)$ 和 Legendre 方程的解 $y_1(x)$ 存在变换关系

$$y(x) = (1-x^2)^{\frac{m}{2}}\frac{\mathrm{d}^m}{\mathrm{d}x^m}y_1(x),$$

所以, 伴随 Legendre 方程的两个基本解是

$$P_n^m(x) = (1-x^2)^{\frac{m}{2}}\frac{d^m}{dx^m}P_n(x),$$

$$Q_n^m(x) = (1-x^2)^{\frac{m}{2}}\frac{d^m}{dx^m}Q_n(x) \quad (m \leqslant n),$$

其中 $Q_n(x)$ 是利用 Liouville 公式, 由 $P_n(x)$ 生成求得的 Legendre 方程的另一个线性无关解. $P_n^m(x)$ 和 $Q_n^m(x)$ 分别称为第一类和第二类伴随 Legendre 函数. 所以, 伴随 Legendre 方程的通解为

$$y(x) = CP_n^m(x) + DQ_n^m(x),$$

其中伴随 Legendre 函数 $P_n^m(x)$ 在 $x = \pm 1$ 有界, 而 $Q_n^m(x)$ 在 $x = \pm 1$ 无界.

(3) 伴随 Legendre 方程的固有值问题及相关结论:

伴随 Legendre 方程的固有值问题是

$$\begin{cases} ((1-x^2)y')' + \left(\lambda - \dfrac{m^2}{1-x^2}\right)y = 0 & (-1 < x < 1), \\ |y(\pm 1)| < +\infty. \end{cases}$$

固有值 $\lambda_n = n(n+1)\,(n = m, m+1, \cdots)$, 固有函数 $y_n(x) = P_n^m(x)$. 固有函数模的平方为

$$\|P_n^m(x)\|^2 = \frac{2}{2n+1}\frac{(n+m)!}{(n-m)!}.$$

函数系 $P_n^m(x)$ 在 $L^2[-1,1]$ 上构成一个完备系, 因此函数 $f(x)$ 可展开为

$$f(x) = \sum_{n=m}^{+\infty} C_n P_n^m(x),$$

其中展开系数

$$C_n = \frac{1}{\|P_n^m(x)\|^2}\int_{-1}^{1} f(x)P_n^m(x)dx.$$

(4) 球函数及三维 Laplace 方程的一般解:

借助于伴随 Legendre 函数, 用分离变量法研究三维 Laplace 方程时, 引进了球函数的概念: 球函数是形如

$$Y_{n,m}(\theta,\varphi) = \begin{cases} \cos m\varphi \\ \sin m\varphi \end{cases} P_n^m(\cos\theta) \quad (n = 0, 1, 2, \cdots; m = 0, 1, 2, \cdots, n)$$

的函数. 当 n 固定时, 独立的 n 次球函数有 $2n+1$ 个. 我们可取这 $2n+1$ 个基本的独立球函数

$$\cos m\varphi \mathrm{P}_n^m(\cos\theta) \quad (m=0,1,2,\cdots,n),$$
$$\sin m\varphi \mathrm{P}_n^m(\sin\theta) \quad (m=1,2,\cdots,n).$$

相应的球函数模的平方是

$$\| \cos m\varphi \mathrm{P}_n^m(\cos\theta) \|^2 = \begin{cases} \dfrac{4\pi}{2n+1} & (m=0), \\ \dfrac{2\pi}{2n+1} \dfrac{(n+m)!}{(n-m)!} & (m\geqslant 1). \end{cases}$$

$$\| \sin m\varphi \mathrm{P}_n^m(\sin\theta) \|^2 = \frac{2\pi}{2n+1} \frac{(n+m)!}{(n-m)!}.$$

任何一个定义在单位球面上的函数都可以在球函数系下展开, 即

$$f(\theta,\varphi) = \sum_{n=0}^{+\infty} \sum_{m=0}^{n} (C_{nm}\cos m\varphi + D_{nm}\sin m\varphi)\mathrm{P}_n^m(\cos\theta).$$

进一步地, 利用球函数系可求得三维 Laplace 方程 $\Delta_3 u = 0$ 的一般解

$$u(r,\theta,\varphi)$$
$$= \sum_{n=0}^{+\infty} \sum_{m=0}^{n} (A_n r^n + B_n r^{-(n+1)})\mathrm{P}_n^m(\cos\theta)(C_{nm}\cos m\varphi + D_{nm}\sin m\varphi).$$

2. 掌握 ν 阶虚变量 Bessel 方程的形式和虚变量 Bessel 函数.

ν 阶虚变量 Bessel 方程为

$$x^2 y'' + xy' - (x^2 + \nu^2)y = 0 \quad (\nu \geqslant 0).$$

作自变量代换 $\xi = \mathrm{i}x$, 就可化为 ν 阶 Bessel 方程

$$\xi^2 \frac{\mathrm{d}^2 y}{\mathrm{d}\xi^2} + \xi \frac{\mathrm{d}y}{\mathrm{d}\xi} + (\xi^2 - \nu^2)y = 0 \quad (\nu \geqslant 0).$$

由 Bessel 方程的通解表达式, 得到 ν 阶虚变量 Bessel 方程的通解是

$$y(x) = C\mathrm{J}_\nu(\mathrm{i}x) + D\mathrm{N}_\nu(\mathrm{i}x).$$

通常引进两个实函数

$$I_\nu(x) \overset{\mathrm{d}}{=} \mathrm{e}^{-\mathrm{i}\frac{\nu\pi}{2}} \mathrm{J}_\nu(\mathrm{i}x) = \sum_{k=0}^{+\infty} \frac{1}{k!\Gamma(k+\nu+1)} \left(\frac{x}{2}\right)^{2k+\nu},$$

$$K_\nu(x) \stackrel{\mathrm{d}}{=} \frac{\pi(-I_\nu(x) + I_{-\nu}(x))}{2\sin\nu\pi} \quad (\nu \neq n),$$
$$K_n(x) = \lim_{\nu \to n} K_\nu(x) \quad (n\text{为整数}).$$

$I_\nu(x), K_\nu(x)$ 仍然是 ν 阶虚变量 Bessel 方程的解, 分别称为 ν 阶虚变量 Bessel 函数, 故 ν 阶虚变量 Bessel 方程的通解可表示为

$$y(x) = AI_\nu(x) + BK_\nu(x).$$

3. 掌握球 Bessel 方程的形式和球 Bessel 函数.

球 Bessel 方程为

$$x^2 y'' + 2xy' + (x^2 - l(l+1))y = 0 \quad (l \geqslant -1/2).$$

令

$$z(x) = \sqrt{x}\, y(x).$$

球 Bessel 方程化为 $l + 1/2$ 阶 Bessel 方程

$$x^2 z'' + xz' + \left(x^2 - (l + \frac{1}{2})^2\right) z = 0.$$

根据 Bessel 方程的解的结论

$$z(x) = C\mathrm{J}_{l+\frac{1}{2}}(x) + D\mathrm{N}_{+\frac{1}{2}}(x),$$

可得球 Bessel 方程的相应解

$$y(x) = \frac{C}{\sqrt{x}}\mathrm{J}_{l+\frac{1}{2}}(x) + \frac{D}{\sqrt{x}}\mathrm{N}_{l+\frac{1}{2}}(x).$$

3.3.2 例题分析

例 3.3.1 计算伴随 Legendre 函数 $\mathrm{P}_n^m(\cos\theta)$ $(n = 0, 1, 2; j \leqslant i)$.

解 由伴随 Legendre 函数和伴随 Legendre 函数的关系式

$$\mathrm{P}_n^m(x) = \left(1 - x^2\right)^{\frac{m}{2}} \frac{\mathrm{d}^m}{\mathrm{d}x^m}\mathrm{P}_n(x) \quad (m \leqslant n),$$
$$\mathrm{P}_n(x) = \frac{1}{2^n n!}\frac{\mathrm{d}^n}{\mathrm{d}x^n}(x^2 - 1)^n,$$

计算得到

$$\mathrm{P}_0^0(x) = \mathrm{P}_0(x) = 1, \quad \mathrm{P}_0^1(x) = \mathrm{P}_1(x) = x,$$
$$\mathrm{P}_1^1(x) = (1-x^2)^{\frac{1}{2}}\mathrm{P}_1'(x) = (1-x^2)^{\frac{1}{2}},$$
$$\mathrm{P}_2^0(x) = \mathrm{P}_2(x) = \frac{1}{2}(3x^2-1),$$
$$\mathrm{P}_2^1(x) = (1-x^2)^{\frac{1}{2}}\mathrm{P}_2'(x) = 3x(1-x^2)^{\frac{1}{2}},$$
$$\mathrm{P}_2^2(x) = (1-x^2)\mathrm{P}_2''(x) = 3(1-x^2).$$

把 $x = \cos\theta$ 代入, 有

$$\mathrm{P}_0^0(\cos\theta) = 1, \quad \mathrm{P}_1^0(\cos\theta) = \cos\theta, \quad \mathrm{P}_1^1(\cos\theta) = (1-\cos^2\theta)^{\frac{1}{2}} = \sin\theta,$$
$$\mathrm{P}_2^0(\cos\theta) = \frac{1}{2}(3\cos^2\theta - 1) = \frac{1}{4}(1 + 3\cos 2\theta),$$
$$\mathrm{P}_2^1(\cos\theta) = 3\cos\theta(1-\theta^2)^{\frac{1}{2}} = \frac{3}{2}\sin 2\theta,$$
$$\mathrm{P}_2^2(\cos\theta) = 3(1-\cos^2\theta) = \frac{3}{2}(1-\cos 2\theta).$$

例 3.3.2 求解定解问题

$$\begin{cases} \Delta_3 u = 0 \quad (r < a), \\ u\,|_{r=a} = \sin 2\theta\cos\varphi. \end{cases} \tag{1}$$

解 在球内 $\Delta_3 u = 0$ 的一般解公式是

$$u(r, \theta, \varphi) = \sum_{n=0}^{+\infty}\sum_{m=0}^{n} r^n(C_{nm}\cos m\varphi + D_{nm}\sin m\varphi)\mathrm{P}_n^m(\cos\theta).$$

利用边界条件

$$u\,|_{r=a} = \sum_{n=0}^{+\infty}\sum_{m=0}^{n} a^n(C_{nm}\cos m\varphi + D_{nm}\sin m\varphi)\mathrm{P}_n^m(\cos\theta) = \sin 2\theta\cos\varphi, \tag{2}$$

直接设

$$\sin 2\theta\cos\varphi = C_{21}\cos\varphi\mathrm{P}_2^1(\cos\theta) + C_{11}\cos\varphi\mathrm{P}_1^1(\cos\theta),$$

即

$$\sin 2\theta\cos\varphi = A_{21}\cos\varphi\left(\frac{3}{2}\sin 2\theta\right) + A_{11}\cos\varphi\sin\theta.$$

通过比较得到

$$A_{11} = 0, \quad A_{21} = \frac{2}{3},$$

所以

$$\sin 2\theta \cos \varphi = \frac{2}{3} \cos \varphi \mathrm{P}_2^1(\cos \theta).$$

将以上结果代入式 (2), 并比较系数, 得到

$$C_{21} = \frac{2}{3a^2},$$

其余的系数都为 0.

综上, 此定解问题的解是

$$u = \frac{2}{3} \left(\frac{r}{a}\right)^2 \cos \varphi \mathrm{P}_2^1(\cos \theta).$$

例 3.3.3 有一个半径为 a、高为 h 的均匀圆柱, 侧面流入强度为 q 的热流, 上、下底温度均为 0, 求圆柱体内温度 u 满足的边值问题

$$\begin{cases} \Delta_3 u = 0 \quad (r < a, 0 < z < h), \\ k \frac{\partial u}{\partial r}\Big|_{r=a} = q \quad (k \text{ 为热传导系数}), \\ u\,|_{z=0} = 0, \quad u\,|_{z=h} = 0. \end{cases}$$

解 依照定解条件的形式, 可设 $u = u(r,z)$, 则泛定方程化简为

$$\Delta_3 u = \frac{1}{r}\frac{\partial}{\partial r}\left(r\frac{\partial u}{\partial r}\right) + \frac{\partial^2 u}{\partial z^2} = 0.$$

作分离变量 $u = R(r)Z(z)$, 并代入 $z = 0, z = h$ 的边界条件, 得到固有值问题

$$\begin{cases} Z'' + \lambda Z = 0 \quad (0 < z < h), \\ Z(0) = Z(h) = 0. \end{cases} \tag{1}$$

$$(rR')' - \lambda r R = 0. \tag{2}$$

由 $Z(z)$ 满足的固有值问题 (1), 固有值和固有函数分别为

$$\lambda_n = \left(\frac{n\pi}{h}\right)^2, \quad Z_n(z) = \sin\frac{n\pi}{h}z \quad (n = 1, 2, \cdots).$$

这样 $R(r)$ 满足的方程为

$$r^2 R'' + rR' - \lambda_n r^2 R = 0 \quad (\lambda_n = (\frac{n\pi}{h})^2). \tag{3}$$

经过坐标变换 $x = \sqrt{\lambda_n}\,r, y(x) = R(x/\sqrt{\lambda_n})$, 得到零阶虚变量 Bessel 方程

$$x^2 y'' + x y' - x^2 y = 0 \,. \tag{4}$$

由虚变量 Bessel 方程的结论, 方程的通解是

$$y(x) = C I_0(x) + D K_0(x) \,. \tag{5}$$

由于温度 u 是有界的, 而 $K_0(x)$ 在 $x = 0$ 无界, 所以解中含 $K_0(x)$ 的部分要舍去, 即 $D = 0$. 这样方程 (3) 的有界解是

$$R_n(r) = I_0\left(\frac{n\pi}{h} r\right) \,.$$

由叠加原理, 可设

$$u(r, z) = \sum_{n=1}^{+\infty} C_n I_0\left(\frac{n\pi}{h} r\right) \sin\frac{n\pi}{h} z \,.$$

代入边界条件, 得

$$\frac{\partial u}{\partial r}\Big|_{r=a} = \sum \frac{n\pi}{h} C_n I_0'\left(\frac{n\pi}{h} a\right) \sin\frac{n\pi}{h} z = \frac{q}{k} \,,$$

其中系数

$$C_n = \frac{h}{n\pi I_0'\left(\frac{n\pi}{h} a\right)} \frac{1}{\left\|\sin\frac{n\pi}{h} z\right\|^2} \int_0^h \frac{q}{k} \sin\frac{n\pi}{h} z \, \mathrm{d}z \,.$$

利用递推公式

$$I_0'(x) = I_1(x),$$

以及

$$\left\|\sin\frac{n\pi}{h} z\right\|^2 = \int_0^h \sin^2\frac{n\pi}{h} z \, \mathrm{d}z = \frac{h}{2} \,,$$

$$\int_0^h \frac{q}{k} \sin\frac{n\pi}{h} z \, \mathrm{d}z = \frac{qh}{kn\pi}(1 - (-1)^n) \,,$$

再代入 C_n 的表达式, 得到

$$C_n = \begin{cases} 0 & (n = 2m), \\ \dfrac{4hq}{k(2m+1)^2 \pi^2 I_1\left(\dfrac{2m+1}{h}\pi a\right)} & (n = 2m+1). \end{cases}$$

综上, 此定解问题的解

$$u(r, z)$$

$$= \frac{4hq}{k\pi^2} \sum_{m=0}^{+\infty} \left(\frac{1}{(2m+1)^2 I_1 \left(\frac{2m+1}{h}\pi a \right)} \right) I_0 \left(\frac{(2m+1)\pi}{h} r \right) \sin \frac{(2m+1)\pi}{h} z.$$

例 3.3.4 设 $H(x) = a\mathrm{J}_\nu(\mathrm{i}x)$ $(x \in \mathbf{R})$ 且 $H(x)$ 取实数值, 求满足条件的复数 a.

分析 $a\mathrm{J}_\nu(\mathrm{i}x)$ 是虚变量 Bessel 方程的解, 可利用 $\mathrm{J}_\nu(x)$ 的表达式, 得出 $a\mathrm{J}_\nu(\mathrm{i}x)$ 的表达式, 选择适当的 a 就可消去表达式中的复数部分, 使其成为实函数, 从而得出虚变量 Bessel 方程的实函数解.

解 由于

$$\mathrm{J}_\nu(x) = \sum_{k=0}^{+\infty} \frac{(-1)^k}{k!\Gamma(k+\nu+1)} \left(\frac{x}{2} \right)^{2k+\nu},$$

所以

$$\mathrm{J}_\nu(\mathrm{i}x) = \sum_{k=0}^{+\infty} \frac{(-1)^k}{k!\Gamma(k+\nu+1)} \left(\frac{\mathrm{i}x}{2} \right)^{2k+\nu}. \tag{1}$$

又

$$\mathrm{i}^{2k+\nu} = (-1)^k \mathrm{i}^\nu, \tag{2}$$

结合式 (1)、式 (2), 我们有

$$H(x) = a\mathrm{J}_\nu(\mathrm{i}x) = \sum_{k=0}^{+\infty} \frac{a\mathrm{i}^\nu}{k!\Gamma(k+\nu+1)} \left(\frac{x}{2} \right)^{2k+\nu}. \tag{3}$$

由上式, $H(x)$ 是实函数的条件是 $a\mathrm{i}^\nu = h = $ 实数, 从而求出

$$a = \frac{h}{\mathrm{i}^\nu} = \frac{h}{\mathrm{e}^{\nu \ln \mathrm{i}}} = \frac{h}{\mathrm{e}^{\mathrm{i}\nu \frac{\pi}{2}}} = h\mathrm{e}^{-\mathrm{i}\frac{\nu\pi}{2}},$$

其中 h 为实数.

例 3.3.5 求定解问题

$$\begin{cases} u_{rr} + \dfrac{1}{r}u_r + u_{zz} = 0 & (0 < r < a, 0 < z < h), \\ |u(0, z)| < +\infty, \quad u(a, z) = f(z), \\ u\,|_{z=0} = 0, \quad u\,|_{z=h} = 0. \end{cases}$$

解 作分离变量 $u = R(r)Z(z)$, 代入泛定方程, 有

$$\frac{R_{rr} + \dfrac{1}{r}R_r}{R} + \frac{Z_{zz}}{Z} = 0.$$

取 $Z_{zz}/Z = -\lambda$, 并结合 $u = 0, u = h$ 处的齐次边界条件, 得到固有值问题

$$\begin{cases} Z'' + \lambda Z = 0, \\ Z(0) = Z(h) = 0, \end{cases} \tag{1}$$

以及 $R(r)$ 满足的微分方程

$$r^2 R_{rr} + r R_r - \lambda r^2 R = 0. \tag{2}$$

求解 $Z(z)$ 满足的固有值问题 (1), 得到固有值和固有函数分别为

$$\lambda_n = \left(\frac{n\pi}{h}\right)^2, \quad \sin\frac{n\pi}{h}z. \tag{3}$$

相应地

$$r^2 R_{rr} + r R_r - \left(\frac{n\pi}{h}\right)^2 r^2 R = 0. \tag{4}$$

$R(r)$ 满足的方程可通过变量代换 $x = \dfrac{n\pi}{h}r$ 化为虚变量 Bessel 方程, 并解得

$$R_n(r) = A_n I_0\left(\frac{n\pi}{h}r\right) + B_n K_0\left(\frac{n\pi}{h}r\right). \tag{5}$$

由有界性条件 $|u(0,z)| < +\infty$, 我们有 $|R(0)| < +\infty$, 而 $K_0(x)$ 在 $x = 0$ 处无界, 因此 $B_n = 0$. 这样

$$R_n(r) = A_n I_0\left(\frac{n\pi}{h}r\right). \tag{6}$$

由叠加原理, 可设

$$u(r,z) = \sum_{n=1}^{+\infty} A_n I_0\left(\frac{n\pi}{h}r\right) \sin\frac{n\pi}{h}z.$$

代入条件 $u(a,z) = f(z)$, 得到

$$\sum_{n=1}^{+\infty} A_n I_0\left(\frac{n\pi}{h}a\right) \sin\frac{n\pi}{h}z = f(z).$$

由正弦级数的系数确定公式, 有

$$A_n = \frac{2}{h I_0\left(\dfrac{n\pi}{h}a\right)} \int_0^h f(z) \sin\frac{n\pi}{h}z \, \mathrm{d}z.$$

最后得到定解问题的解

$$u(r,z) = \sum_{n=1}^{+\infty} \left(\frac{2}{h I_0 \left(\frac{n\pi}{h} a \right)} \int_0^h f(z) \sin \frac{n\pi}{h} z \mathrm{d}z \right) I_0 \left(\frac{n\pi}{h} r \right) \sin \frac{n\pi}{h} z.$$

例 3.3.6 求定解问题

$$\begin{cases} \Delta_2 u - u = 0 \quad (r < 1,\, 0 \leqslant \theta < 2\pi), \\ u \mid_{r=1} = f(\theta). \end{cases}$$

解 在极坐标下,

$$\Delta_2 u - u = \frac{\partial^2 u}{\partial r^2} + \frac{1}{r} \frac{\partial u}{\partial r} + \frac{1}{r^2} \frac{\partial^2 u}{\partial \theta^2} - u = 0.$$

作分离变量 $u = R(r)\Theta(\theta)$, 代入方程并整理, 得到

$$\frac{R''(r) + \frac{1}{r} R'(r)}{R(r)} + \frac{1}{r^2} \frac{\Theta''(\theta)}{\Theta(\theta)} - 1 = 0.$$

令

$$\frac{\Theta''(\theta)}{\Theta(\theta)} = -\mu,$$

则

$$\frac{R''(r) + \frac{1}{r} R'(r)}{R(r)} + \frac{1}{r^2} (-\mu) - 1 = 0.$$

考虑到圆盘问题内蕴的周期性条件和有界性条件

$$u(r, \theta) = u(r, \theta + 2\pi), \quad |u(0, \theta)| < +\infty,$$

得到固有值问题

$$\begin{cases} \Theta''(\theta) + \mu\Theta = 0, \\ \Theta(\theta) = \Theta(\theta + 2\pi), \end{cases} \tag{1}$$

$$\begin{cases} r^2 R'' + r R'(r) + (-r^2 - \mu)R = 0, \\ |R(0)| < +\infty. \end{cases} \tag{2}$$

解 $\Theta(\theta)$ 的固有值问题, 得到

$$\mu_n = n^2, \quad \Theta_n(\theta) = A_n \cos n\theta + B_n \sin n\theta \quad (n = 0, 1, 2, \cdots).$$

相应地, $R(r)$ 满足的问题变成 n 阶虚变量 Bessel 方程的问题

$$
\begin{cases}
r^2 R'' + r R'(r) + (-r^2 - n^2) R = 0, \\
|R(0)| < +\infty.
\end{cases}
\tag{3}
$$

解以上虚变量 Bessel 方程问题, 得到 $R_n(r) = I_n(r) \, (n = 0, 1, 2, \cdots)$. 把分离变量形式的解叠加, 设

$$
u(r, \theta) = \frac{A_0}{2} I_0(r) + \sum_{n=1}^{+\infty} (A_n \cos n\theta + B_n \sin n\theta) I_n(r).
\tag{4}
$$

利用边界条件 $u(1, \theta) = f(\theta)$, 上式约化为

$$
u(1, \theta) = \frac{A_0}{2} I_0(1) + \sum_{n=1}^{+\infty} (A_n \cos n\theta + B_n \sin n\theta) I_n(1) = f(\theta).
\tag{5}
$$

由上式确定出 Fourier 系数

$$
A_n = \frac{1}{\pi I_n(1)} \int_0^{2\pi} f(\theta) \cos n\theta \mathrm{d}\theta \quad (n = 0, 1, 2, \cdots),
$$

$$
B_n = \frac{1}{\pi I_n(1)} \int_0^{2\pi} f(\theta) \sin n\theta \mathrm{d}\theta \quad (n = 1, 2, \cdots).
$$

3.4　练　习　题

1. 求解以下固有值问题:

(1) $\begin{cases} x^2 y'' + x y' + \lambda x^2 y = 0 \, (0 < x < 4), \\ |R(0)| < +\infty, \ y'(4) = 0; \end{cases}$

(2) $\begin{cases} x^2 y'' + x y' + (\lambda x^2 - 8) y = 0 \, (0 < x < 1), \\ |y(0)| < +\infty, \ y(1) = 0; \end{cases}$

(3) $\begin{cases} ((1 - x^2) y')' + \lambda y = 0 \, (0 < x < 1), \\ y'(0) = 0, \ |y(1)| < +\infty. \end{cases}$

2. 求解以下定解问题:

(1) $\begin{cases} \Delta_3 u = 0 \, (r > 1), \\ u \big|_{r=1} = \cos \theta + 2 \cos^2 \theta, \\ u \big|_{r \to +\infty} = 0; \end{cases}$

$$(2) \begin{cases} u_t = 4\Delta_3 u \ (t > 0,\ r = \sqrt{x^2 + y^2 + z^2} < 1), \\ |u\,|_{r=0}| < +\infty,\ u\,|_{r=1} = 0, \\ u\,|_{t=0} = \varphi(r, \theta). \end{cases}$$

3. 已知

$$F(x) = 1 - x^2 \quad (0 \leqslant x \leqslant 1).$$

请把 $F(x)$ 在以下两个固有值问题对应的固有函数系下分别作广义 Fourier 展开:

$$(1) \begin{cases} x^2 y'' + xy' + \lambda x^2 y = 0 \ (0 < x < 1), \\ |R(0)| < +\infty,\ y(1) = 0; \end{cases}$$

$$(2) \begin{cases} ((1 - x^2) y')' + \lambda y = 0 \ (0 < x < 1), \\ y(0) = 0,\ |y(1)| < +\infty. \end{cases}$$

4. 求半径为 1 的单位球内调和函数 u (即 $\Delta_3 u = 0$), 使其在球面上取值 $2 + \cos 2\theta$.

5. 计算:

(1) $\displaystyle\int (x - x^3) \mathrm{J}_0(2x) \mathrm{d}x$; (2) $\displaystyle\int_{-1}^{1} (x^3 \mathrm{P}_3(x) + x \mathrm{P}_5(x) + 2)\, \mathrm{d}x$.

6. 试把 $\mathrm{J}_{-\frac{1}{2}}(x)$ 表示成初等函数.

7. (A 型) 求以下方程的解:

$$x^2 y'' + 2xy' + \left(x^2 - \frac{3}{4}\right) y = 0, \tag{1}$$

$$x^2 y'' + 2xy' + x^2 y = 0. \tag{2}$$

8. (A 型) 在球坐标 (r, θ, φ) 下, 求定解问题

$$\begin{cases} \Delta_3 u = 0 \quad (r < a,\ 0 \leqslant \theta \leqslant \pi,\ 0 \leqslant \varphi < 2\pi), \\ u\,|_{r=a} = (1 + 3\cos\theta)\sin\theta\cos\varphi. \end{cases}$$

第 4 章　积分变换方法

积分变换方法是求解数学物理方程的又一重要方法, 其根本要点就是通过积分变换方法把某些定解问题变成像函数的定解问题, 而像函数对应的问题往往要比原问题容易解决. 这样解出像函数后, 再通过反变换就得出原定解问题的解. 本章主要讲述常用的 Fourier 变换 (包括正、余弦变换)、Laplace 变换的基本步骤和基本公式.

通过本章的学习, 我们首先要明确积分变换方法的基本思想, 并能熟练掌握 Fourier 变换和 Laplace 变换的基本方法和步骤.

4.1　Fourier 变换

4.1.1　基本要求

1. 掌握 Fourier 变换的定义及基本性质.

(1) Fourier 变换的定义:

正变换: $F(\lambda) = \displaystyle\int_{-\infty}^{+\infty} f(x) \mathrm{e}^{-\mathrm{i}\lambda x} \mathrm{d}x$;

反变换: $f(x) = \dfrac{1}{2\pi} \displaystyle\int_{-\infty}^{+\infty} F(\lambda) \mathrm{e}^{\mathrm{i}\lambda x} \mathrm{d}\lambda$.

(2) Fourier 变换的主要性质:

主要有线性性质、频移性质、微分关系和卷积性质等, 这些性质在微积分 (或数学物理方程) 教材中都会列出. 我们这里重点要强调的是微分关系这一根本性

质, 即

$$F[f'(x)] = \mathrm{i}\lambda F(\lambda), F[f''(x)] = (\mathrm{i}\lambda)^2 F(\lambda), \cdots, F[f^{(n)}(x)] = (\mathrm{i}\lambda)^n F[\lambda].$$

以上对 $f^{(n)}(x)$ 作 Fourier 变换时, 假定

$$f(\pm\infty) = f'(\pm\infty) = \cdots = f^{(n-1)}(\pm\infty) = 0.$$

通过 "微分关系" 这一重要性质我们发现, 在变换之前, 函数可能含有 x 的各阶导数, 但变换后的像函数就不再含有 λ 的导数了, 所以经 Fourier 变换后, 相应部分的微分运算就变成了代数运算, 因此变换后相应的问题难度就降低了. 比如, 对于原来含有两个自变量的偏微分方程, 对其中一个自变量作 Fourier 变换, 偏微分方程形式上就变成常微分方程了 (因为像函数的相应变量不再含有导数).

(3) 高维 Fourier 变换:

同时对几个自变量进行变换的是高维 Fourier 变换, 以三维为例:

正变换: $F(\lambda, \mu, \nu) = \iiint\limits_{-\infty}^{+\infty} f(x, y, z)\mathrm{e}^{-\mathrm{i}(\lambda x + \mu y + \nu z)}\mathrm{d}x\mathrm{d}y\mathrm{d}z$;

反变换: $f(x, y, z) = \dfrac{1}{(2\pi)^3} \iiint\limits_{-\infty}^{+\infty} F(\lambda, \mu, \nu)\mathrm{e}^{\mathrm{i}(\lambda x + \mu y + \nu z)}\mathrm{d}\lambda\mathrm{d}\mu\mathrm{d}\nu$.

2. 熟知 Fourier 变换求解法的基本步骤.

(1) 找出 Fourier 变换作用的自变量, 设出像函数.

从 Fourier 变换的定义可以看出, Fourier 变换作用的自变量必须定义在全直线上, 比如无限长杆热传导问题是

$$\begin{cases} \dfrac{\partial u}{\partial t} = a^2 \dfrac{\partial^2 u}{\partial x^2} & (t > 0, -\infty < x < +\infty), \\ u\,|_{t=0} = \varphi(x). \end{cases}$$

此问题 x 的范围是全直线, 即 $-\infty < x < +\infty$, 而 $t > 0$, t 的定义范围不是全直线, 所以只可对 x 作 Fourier 变换, 即

$$\bar{u}(t, \lambda) = F[u(t, x)] = \int_{-\infty}^{+\infty} u(t, x)\mathrm{e}^{-\mathrm{i}\lambda x}\mathrm{d}x.$$

(2) 对原定解问题进行 Fourier 变换, 求出像函数满足的定解问题.

(3) 求解像函数满足的定解问题, 求出像函数.

由于经过变换后, 像函数所满足方程的相应部分的微分运算就变成了代数运算, 所以求解像函数要比求解原问题降低了难度.

(4) 作反变换, 最终求出原定解问题的解.

4.1.2　例题分析

例 4.1.1　利用 Fourier 变换方法, 求解

$$\begin{cases} \dfrac{\partial u}{\partial t} = a^2 \dfrac{\partial^2 u}{\partial x^2} + bu + f(t,x) & (t > 0, -\infty < x < +\infty), \\ u\,|_{t=0} = \varphi(x). \end{cases}$$

分析　这是一个初值问题, 注意到 x 的定义域为 $(-\infty, +\infty)$, 符合 Fourier 变换的条件, 因此可对 x 作 Fourier 变换.

解　对变量 x 作 Fourier 变换 $\overline{u}(t, \lambda) = F[u(t,x)]$, 则

$$F\left[\frac{\partial^2 u}{\partial x^2}\right] = -\lambda^2 \overline{u}, \quad F\left[\frac{\partial u}{\partial t}\right] = \frac{\mathrm{d}\overline{u}}{\mathrm{d}t}.$$

记 $F[f(t,x)] = \overline{f}(t,\lambda), F[\varphi(x)] = \overline{\varphi}(\lambda)$. 对原初值问题作 Fourier 变换, 得

$$\begin{cases} \dfrac{\mathrm{d}\overline{u}}{\mathrm{d}t} = (-a^2\lambda^2 + b)\overline{u} + \overline{f}(t,\lambda) & (t > 0), \\ \overline{u}\,|_{t=0} = \overline{\varphi}(\lambda). \end{cases}$$

利用一阶常微分方程求解公式, 得到

$$\overline{u}(t,\lambda) = \mathrm{e}^{(-a^2\lambda^2 + b)t}\left(\int_0^t \mathrm{e}^{(a^2\lambda^2 - b)\tau} f(\tau,\lambda)\mathrm{d}\tau + m(\lambda)\right).$$

利用 $\overline{u}\,|_{t=0} = \overline{\varphi}(\lambda)$, 定出 $m(\lambda) = \overline{\varphi}(\lambda)$. 所以

$$\overline{u}(t,\lambda) = \left(\int_0^t \mathrm{e}^{b(t-\tau)}\mathrm{e}^{-a^2\lambda^2(t-\tau)} f(\tau,\lambda)\mathrm{d}\tau\right) + \mathrm{e}^{bt}\overline{\varphi}(\lambda)\mathrm{e}^{-a^2\lambda^2 t}.$$

下面进行 Fourier 反变换. 由已知的 Fourier 反变换公式

$$F^{-1}[\mathrm{e}^{-a^2\lambda^2 t}] = \frac{1}{2a\sqrt{\pi t}}\exp\left(-\frac{x^2}{4a^2 t}\right),$$

得

$$F^{-1}[\overline{\varphi}(\lambda)\mathrm{e}^{-a^2\lambda^2 t}] = \varphi(x) * \frac{1}{2a\sqrt{\pi t}}\exp\left(-\frac{x^2}{4a^2 t}\right)$$

$$= \frac{1}{2a\sqrt{\pi t}} \int_{-\infty}^{+\infty} \varphi(\xi) \exp\left(-\frac{(x-\xi)^2}{4a^2 t}\right) \mathrm{d}\xi.$$

由于 Fourier 反变换是对 λ 的积分, 与 t 无关, 故

$$F^{-1}[\mathrm{e}^{bt}\overline{\varphi}(\lambda)\mathrm{e}^{-a^2\lambda^2 t}] = \mathrm{e}^{bt}F^{-1}[\overline{\varphi}(\lambda)\mathrm{e}^{-a^2\lambda^2 t}]$$

$$= \frac{\mathrm{e}^{bt}}{2a\sqrt{\pi t}} \int_{-\infty}^{+\infty} \varphi(\xi) \exp\left(-\frac{(x-\xi)^2}{4a^2 t}\right) \mathrm{d}\xi.$$

类似地, 有

$$F^{-1}\left[\left(\int_0^t \mathrm{e}^{b(t-\tau)}\mathrm{e}^{-a^2\lambda^2(t-\tau)} f(\tau,\lambda)\mathrm{d}\tau\right)\right]$$

$$= \int_0^t \mathrm{d}\tau \int_{-\infty}^{+\infty} \mathrm{e}^{b(t-\tau)} \frac{f(\tau,\xi)}{2a\sqrt{\pi(t-\tau)}} \exp\left(-\frac{(x-\xi)^2}{4a^2(t-\tau)}\right) \mathrm{d}\xi.$$

综上, 我们得到

$$u = F^{-1}[\overline{u}]$$

$$= \frac{\mathrm{e}^{bt}}{2a\sqrt{\pi t}} \int_{-\infty}^{+\infty} \varphi(\xi) \exp\left(-\frac{(x-\xi)^2}{4a^2 t}\right) \mathrm{d}\xi$$

$$+ \int_0^t \mathrm{d}\tau \int_{-\infty}^{+\infty} \mathrm{e}^{b(t-\tau)} \frac{f(\tau,\xi)}{2a\sqrt{\pi(t-\tau)}} \exp\left(-\frac{(x-\xi)^2}{4a^2(t-\tau)}\right) \mathrm{d}\xi.$$

例 4.1.2 利用 Fourier 变换方法, 求解

$$\begin{cases} \dfrac{\partial^2 u}{\partial t^2} = a^2 \dfrac{\partial^2 u}{\partial x^2} + f(t,x) & (t>0, -\infty < x < +\infty), \\ u\mid_{t=0} = 0, \quad u_t\mid_{t=0} = 0. \end{cases}$$

分析 此问题是纯受迫弦振动问题, 在第 1 章中可以用齐次化原理解决. 但直接利用 Fourier 变换也同样可以解决此问题, 所以本例提供了一个解决纯受迫弦振动问题的补充方法.

解 作 Fourier 变换 $\overline{u}(t,\lambda) = F[u(t,x)]$, 则

$$F\left[\frac{\partial^2 u}{\partial x^2}\right] = -\lambda^2 \overline{u}, \quad F\left[\frac{\partial^2 u}{\partial t^2}\right] = \frac{\mathrm{d}^2 \overline{u}}{\mathrm{d}t^2}.$$

原初值问题经 Fourier 变换变为

$$\begin{cases} \dfrac{\mathrm{d}^2 \overline{u}}{\mathrm{d}t^2} = -a^2\lambda^2 \overline{u} + \overline{f}(t,\lambda) & (t>0, -\infty < x < +\infty), \\ \overline{u}\mid_{t=0} = 0, \quad \overline{u}_t\mid_{t=0} = 0. \end{cases}$$

$\overline{u}$ 满足的是一个非齐次方程, 易解得它对应的齐次方程的通解 $Ae^{i\lambda at} + Be^{-i\lambda at}$.

这样可以利用常数变易法, 设

$$\overline{u} = C(t,\lambda)e^{i\lambda at} + D(t,\lambda)e^{-i\lambda at}.$$

由微积分的常数变易法公式, $C(t,\lambda)$ 和 $D(t,\lambda)$ 由以下方程组确定:

$$\begin{cases} C'(t,\lambda)e^{i\lambda at} + D'(t,\lambda)e^{-i\lambda at} = 0, \\ C'(t,\lambda)(e^{i\lambda at})' + D'(t,\lambda)(e^{-i\lambda at})' = \overline{f}(t,\lambda). \end{cases}$$

其中求导符号 ′ 表示对变量 t 求导. 由此解得

$$C'(t,\lambda) = \frac{e^{-i\lambda at}}{2i\lambda a}\overline{f}(t,\lambda), \quad D'(t,\lambda) = -\frac{e^{i\lambda at}}{2i\lambda a}\overline{f}(t,\lambda).$$

对上式积分, 得

$$C(t,\lambda) = \int_0^t \frac{e^{-i\lambda a\tau}}{2i\lambda a}\overline{f}(\tau,\lambda)\mathrm{d}\tau + m_1(\lambda),$$

$$D(t,\lambda) = -\int_0^t \frac{e^{i\lambda a\tau}}{2i\lambda a}\overline{f}(\tau,\lambda)\mathrm{d}\tau + m_2(\lambda).$$

解得

$$\begin{aligned} \overline{u}(t,\lambda) &= C(t,\lambda)e^{i\lambda t} + D(t,\lambda)e^{-i\lambda t} \\ &= \left(\int_0^t \frac{e^{-i\lambda a\tau}}{2i\lambda a}\overline{f}(\tau,\lambda)\mathrm{d}\tau + m_1(\lambda)\right)e^{i\lambda at} \\ &\quad - \left(\int_0^t \frac{e^{i\lambda a\tau}}{2i\lambda a}\overline{f}(\tau,\lambda)\mathrm{d}\tau - m_2(\lambda)\right)e^{-i\lambda at}. \end{aligned}$$

由初值条件 $\overline{u}\,|_{t=0} = \overline{u}_t\,|_{t=0} = 0$, 确定出 $m_1(\lambda) = m_2(\lambda) = 0$. 由此确定出像函数

$$\overline{u}(t,\lambda) = \int_0^t \left(\frac{e^{i\lambda a(t-\tau)}}{2i\lambda a} - \frac{e^{-i\lambda a(t-\tau)}}{2i\lambda a}\right)\overline{f}(\tau,\lambda)\mathrm{d}\tau. \tag{1}$$

下面进行反变换: $F^{-1}[\overline{f}(\tau,\lambda)] = f(t,x)$. 由 Fourier 变换的积分性质

$$F^{-1}\left[\frac{1}{i\lambda}\overline{f}(\tau,\lambda)\right] = \int_{-\infty}^{x} f(\tau,\xi)\mathrm{d}\xi,$$

结合频移性质, 可得

$$F^{-1}\left[e^{i\lambda a(t-\tau)}\frac{1}{i\lambda}\overline{f}(\tau,\lambda)\right] = \int_{-\infty}^{x+a(t-\tau)} f(\tau,\xi)\mathrm{d}\xi.$$

同理, 可得

$$F^{-1}\left[\mathrm{e}^{-\mathrm{i}\lambda a(t-\tau)}\frac{1}{\mathrm{i}\lambda}\overline{f}(\tau,\lambda)\right] = \int_{-\infty}^{x-a(t-\tau)} f(\tau,\xi)\mathrm{d}\xi.$$

把以上两式代入式 (1), 再根据

$$u(t,x) = F^{-1}[\overline{u}(t,\lambda)],$$

可解得此定解问题的解

$$u(t,x) = \frac{1}{2a}\int_0^t \mathrm{d}\tau \int_{x-a(t-\tau)}^{x+a(t-\tau)} f(\tau,\xi)\mathrm{d}\xi.$$

例 4.1.3 利用 Fourier 变换方法, 求解

$$\begin{cases} u_{tt} + a^2 u_{xxxx} = 0 \quad (t>0, -\infty < x < +\infty), \\ u\mid_{t=0} = \varphi(x), \quad u_t(0,x) = \psi(x). \end{cases}$$

解 以 x 为变量作 Fourier 变换. 设

$$\overline{u}(t,\lambda) = F[u(t,x)] = \int_{-\infty}^{+\infty} u(t,x)\mathrm{e}^{-\mathrm{i}\lambda x}\mathrm{d}x.$$

所以 $F\left[\dfrac{\partial^2 u}{\partial x^2}\right] = (\mathrm{i}\lambda)^4\overline{u} = \lambda^4\overline{u}$, 并记 $\overline{\varphi}(\lambda) = F[\varphi(x)], \overline{\psi}(\lambda) = F[\psi(x)]$. 因此, 对以上定解问题作 Fourier 变换, 得到

$$\begin{cases} \dfrac{\mathrm{d}^2\overline{u}}{\mathrm{d}t^2} + a^2\lambda^4\overline{u} = 0 \quad (t>0), \\ \overline{u}(0,\lambda) = \overline{\varphi}(\lambda), \quad \overline{u}_t(0,\lambda) = \overline{\psi}(\lambda). \end{cases}$$

解 $\overline{u}(t,\lambda)$ 的方程, 得到

$$\overline{u}(t,\lambda) = A(\lambda)\cos a\lambda^2 t + B(\lambda)\sin a\lambda^2 t.$$

利用 $\overline{u}(t,\lambda)$ 的初值条件

$$\overline{u}(0,\lambda) = \overline{\varphi}(\lambda), \quad \overline{u}_t(0,\lambda) = \overline{\psi}(\lambda),$$

具体定出

$$\overline{u}(t,\lambda) = \overline{\varphi}(\lambda)\cos a\lambda^2 t + \frac{\overline{\psi}(\lambda)}{a\lambda^2}\sin a\lambda^2 t.$$

利用 Fourier 反变换

$$F^{-1}[\cos a\lambda^2 t] = \frac{1}{2\sqrt{2\pi a t}}\left(\cos\frac{x^2}{4at} + \sin\frac{x^2}{4at}\right),$$

$$F^{-1}[\sin a\lambda^2 t] = \frac{1}{2\sqrt{2\pi a t}}\left(\cos\frac{x^2}{4at} - \sin\frac{x^2}{4at}\right),$$

以及 Fourier 变换的积分性质

$$F\left[\int_{-\infty}^x f(\xi)\mathrm{d}\xi\right] = \frac{1}{\mathrm{i}\lambda}\overline{f}(\lambda),$$

得到

$$\begin{aligned}
u(t,x) =& F^{-1}[\overline{\varphi}(\lambda)] * F^{-1}[\cos a\lambda^2 t] + F^{-1}\left[\frac{\overline{\psi}(\lambda)}{a\lambda^2}\right] * F^{-1}[\cos a\lambda^2 t]\\
=& \varphi(x) * \frac{1}{2\sqrt{2\pi a t}}\left(\cos\frac{x^2}{4at} + \sin\frac{x^2}{4at}\right)\\
& + g(x) * \frac{1}{2\sqrt{2\pi a t}}\left(\cos\frac{x^2}{4at} - \sin\frac{x^2}{4at}\right),
\end{aligned}$$

其中

$$g(x) = -\frac{1}{a}\int_{-\infty}^x \mathrm{d}\eta\int_{-\infty}^\eta \psi(\tau)\mathrm{d}\tau.$$

把式中卷积符号展开, 得到

$$\begin{aligned}
u(t,x) =& \frac{1}{2\sqrt{2\pi a t}}\int_{-\infty}^{+\infty}\varphi(x-\xi)\left(\cos\frac{\xi^2}{4at} + \sin\frac{\xi^2}{4at}\right)\\
& - \frac{1}{2a\sqrt{2\pi a t}}\int_{-\infty}^{+\infty}\left(\int_{-\infty}^{x-\xi}\mathrm{d}\eta\int_{-\infty}^\eta\psi(\tau)\mathrm{d}\tau\right)\left(\cos\frac{\xi^2}{4at} - \sin\frac{\xi^2}{4at}\right)\mathrm{d}\xi.
\end{aligned}$$

例 4.1.4 利用 Fourier 变换, 求解

$$\begin{cases} u_{xx} + 25u_{yy} = 0 & (x > 0, -\infty < y < +\infty),\\ u\,|_{x=0} = \varphi(y), \quad u(x,y)\ \text{有界}. \end{cases}$$

分析 由于泛定方程经过坐标变换就可化为 Laplace 方程, 所以此问题本质就是在右半平面定义的 Laplace 方程的边值问题. 典型的求解方法是第 5 章给出的 Green 函数法. 但我们注意到此问题中自变量 y 的取值范围是全直线, 再结合本问题的具体形式, 我们也可以用 Fourier 变换来求解 (以 y 作为积分变量).

解 以 y 作为积分变量进行 Fourier 变换, 即

$$\overline{u}(x,\lambda) = F[u(x,y)] = \int_{-\infty}^{+\infty} u(x,y)e^{-i\lambda y}dy,$$

则

$$F[u_{yy}] = -\lambda^2 \overline{u}, \quad F[u_{xx}] = \frac{d^2\overline{u}}{dx^2}.$$

再记 $F[\varphi(y)] = \overline{\varphi}(\lambda)$, 这样原定解问题经过 Fourier 变换, 就化为

$$\begin{cases} \dfrac{d^2\overline{u}}{dx^2} - 25\lambda^2\overline{u} = 0 & (x > 0), \\ \overline{u}\mid_{x=0} = \overline{\varphi}(\lambda). \end{cases}$$

由泛定方程解得

$$\overline{u} = c_1(\lambda)e^{-5\lambda x} + c_2(\lambda)e^{5\lambda x},$$

其中 $c_1(\lambda)$ 和 $c_2(\lambda)$ 待定.

由于 $x > 0$, 要保证 $\overline{u}(+\infty, \lambda)$ 的有界性, 当 $\lambda \geqslant 0$ 时, 只可保留 $e^{-5\lambda x}$ 形式的解. 同理, 当 $\lambda < 0$ 时, 只可保留 $e^{5\lambda x}$ 形式的解, 所以

$$\overline{u}(x,\lambda) = \begin{cases} c_1(\lambda)e^{-5\lambda x} & (\lambda \geqslant 0), \\ c_2(\lambda)e^{5\lambda x} & (\lambda < 0). \end{cases}$$

再由条件 $\overline{u}\mid_{x=0} = \overline{\varphi}(\lambda)$, 定出 $c_1(\lambda) = c_2(\lambda) = \overline{\varphi}(\lambda)$, 所以

$$\overline{u}(x,\lambda) = \overline{\varphi}(\lambda)g(x,\lambda),$$

其中

$$g(x,\lambda) = \begin{cases} e^{-5\lambda x} & (\lambda \geqslant 0), \\ e^{5\lambda x} & (\lambda < 0). \end{cases}$$

下面进行反变换, 先计算 $F^{-1}[g(x,\lambda)]$. 由 Fourier 反变换的定义, 有

$$\begin{aligned} F^{-1}[g(x,\lambda)] &= \frac{1}{2\pi}\int_{-\infty}^{+\infty} g(x,\lambda)e^{i\lambda y}d\lambda \\ &= \frac{1}{2\pi}\left(\int_{-\infty}^{0} e^{5\lambda x}e^{i\lambda y}d\lambda + \int_{0}^{+\infty} e^{-5\lambda x}e^{i\lambda y}d\lambda\right) \\ &= \frac{1}{2\pi}\left(\frac{1}{5x+iy} - \frac{1}{iy-5x}\right) = \frac{5x}{\pi}\frac{1}{y^2 + 25x^2}. \end{aligned}$$

最后, 由 Fourier 反变换的卷积性质, 得定解问题的解

$$u(x,y) = F^{-1}[\overline{\varphi}(\lambda)] * F^{-1}[g(x,\lambda)] = \varphi(y) * \left(\frac{5x}{\pi}\frac{1}{y^2+25x^2}\right),$$

即

$$u(x,y) = \frac{5x}{\pi}\int_{-\infty}^{+\infty}\frac{\varphi(\xi)}{(y-\xi)^2+25x^2}\mathrm{d}\xi.$$

例 4.1.5　利用 Fourier 变换, 求解定解问题

$$\begin{cases} \dfrac{\partial u}{\partial t} = a\dfrac{\partial u}{\partial x} + b\dfrac{\partial u}{\partial y} + c\dfrac{\partial u}{\partial z} & (t>0, -\infty < x,y,z < +\infty), \\ u\mid_{t=0} = \varphi(x,y,z). \end{cases}$$

分析　这是个一阶线性偏微分方程的初值问题, 可以用第 1 章的特征线方法来求解. 但从另一个角度看, 空间变量 (x,y,z) 是全空间变量, 这符合 Fourier 变换的必要条件. 再结合本问题的具体形式, 我们可以通过高维 Fourier 变换方法来求解 (以 x,y,z 作为积分变量).

解　以 (x,y,z) 为积分变量作高维 Fourier 变换, 即令

$$\begin{aligned} \overline{u}(t,\lambda,\mu,\nu) &= F[u(t,x,y,z)] \\ &= \iiint_{-\infty}^{+\infty} u(t,x,y,z)\mathrm{e}^{-\mathrm{i}(\lambda x+\mu y+\nu z)}\mathrm{d}x\mathrm{d}y\mathrm{d}z. \end{aligned}$$

由 Fourier 变换的微分关系, 得到

$$F\left[\frac{\partial u}{\partial x}\right] = \mathrm{i}\lambda\overline{u}, \quad F\left[\frac{\partial u}{\partial y}\right] = \mathrm{i}\mu\overline{u}, \quad F\left[\frac{\partial u}{\partial z}\right] = \mathrm{i}\nu\overline{u}.$$

这样, 经过 Fourier 变换, 原定解问题变换为

$$\begin{cases} \dfrac{\mathrm{d}\overline{u}}{\mathrm{d}t} = \mathrm{i}(\lambda a + \mu b + \nu c)\overline{u}, \\ \overline{u}\mid_{t=0} = \overline{\varphi}(\lambda,\mu,\nu). \end{cases}$$

解得

$$\overline{u} = H(\lambda,\mu,\nu)\mathrm{e}^{\mathrm{i}(\lambda a+\mu b+\nu c)t},$$

其中 $H(\lambda,\mu,\nu)$ 待定. 再根据条件 $\overline{u}\mid_{t=0} = \overline{\varphi}(\lambda,\mu,\nu)$, 确定 $H(\lambda,\mu,\nu) = \overline{\varphi}(\lambda,\mu,\nu)$, 即

$$\overline{u} = \overline{\varphi}(\lambda,\mu,\nu)\mathrm{e}^{\mathrm{i}(\lambda a+\mu b+\nu c)t}.$$

下面进行 Fourier 反变换, 先求出 $u(t, x, y, z)$:

$$u(t, x, y, z) = F^{-1}[\overline{u}] = \frac{1}{(2\pi)^3} \iiint\limits_{-\infty}^{+\infty} \overline{u}(t, \lambda, \mu, \nu) \mathrm{e}^{\mathrm{i}(\lambda x + \mu y + \nu z)} \mathrm{d}\lambda \mathrm{d}\mu \mathrm{d}\nu$$

$$= \frac{1}{(2\pi)^3} \iiint\limits_{-\infty}^{+\infty} \overline{\varphi}(\lambda, \mu, \nu) \mathrm{e}^{\mathrm{i}(\lambda a + \mu b + \nu c)t} \mathrm{e}^{\mathrm{i}(\lambda x + \mu y + \nu z)} \mathrm{d}\lambda \mathrm{d}\mu \mathrm{d}\nu$$

$$= \frac{1}{(2\pi)^3} \iiint\limits_{-\infty}^{+\infty} \overline{\varphi}(\lambda, \mu, \nu) \mathrm{e}^{\mathrm{i}(\lambda(x+at) + \mu(y+bt) + \nu(z+ct))} \mathrm{d}\lambda \mathrm{d}\mu \mathrm{d}\nu. \tag{1}$$

由于 $F^{-1}[\overline{\varphi}(\lambda, \mu, \nu)] = \varphi(x, y, z)$, 即

$$\varphi(x, y, z) = \frac{1}{(2\pi)^3} \iiint\limits_{-\infty}^{+\infty} \overline{\varphi}(\lambda, \mu, \nu) \mathrm{e}^{\mathrm{i}(\lambda x + \mu y + \nu z)} \mathrm{d}\lambda \mathrm{d}\mu \mathrm{d}\nu, \tag{2}$$

比较式 (1) 和式 (2), 可得到定解问题的解

$$u(t, x, y, z) = F^{-1}[\overline{u}] = \varphi(x + at, y + bt, z + ct).$$

例 4.1.6 求解初值问题

$$\begin{cases} u_t = a^2 u_{xx} + b u_x^2 + c u_y & (t > 0, \ a > 0, \ b \neq 0, \ -\infty < x, y < +\infty), \\ u \mid_{t=0} = \varphi(x, y). \end{cases}$$

分析 本问题的自变量 x, y 的定义域为 $(-\infty, +\infty)$, 符合 Fourier 变换的必要条件, 但本问题中方程是非线性的, 所以先把方程线性化, 再利用高维 Fourier 变换求解.

解 u 满足的是非线性方程

$$u_t = a^2 u_{xx} + b u_x^2 + c u_y. \tag{1}$$

我们寻求变换 $W = f(u)$, 使得 W 对应线性方程形式,

$$W_t = a^2 W_{xx} + c W_y. \tag{2}$$

由于

$$W_t = f'(u) u_t, \quad W_x = f'(u) u_x, \quad W_{xx} = f''(u) u_x^2 + f'(u) u_{xx},$$

所以

$$u_t = a^2 u_{xx} + a^2 \frac{f''(u)}{f'(u)} u_x^2 + c u_y. \tag{3}$$

比较式 (1) 和式 (3), 得到

$$a^2 \frac{f''(u)}{f'(u)} = b \quad \Rightarrow \quad f(u) = e^{\frac{b}{a^2} u}.$$

因此可取

$$W(u) = e^{\frac{b}{a^2} u}.$$

原初值问题化为

$$\begin{cases} W_t = a^2 W_{xx} + c W_y \quad (t > 0, a > 0, -\infty < x, y < +\infty), \\ W \mid_{t=0} = \Phi(x, y), \end{cases}$$

其中 $\Phi(x, y) = e^{\frac{b}{a^2} \varphi(x, y)}$. 作二维 Fourier 变换

$$\overline{W} = \iint\limits_{-\infty}^{+\infty} W(t, x, y) e^{-i(\lambda x + \mu y)} \mathrm{d}x \mathrm{d}y,$$

经过 Fourier 变换, 得到

$$\begin{cases} \overline{W}_t = -a^2 \lambda^2 \overline{W} + ic\mu \overline{W} \quad (t > 0, a > 0), \\ W \mid_{t=0} = \overline{\Phi}(\lambda, \mu). \end{cases}$$

解得

$$\overline{W} = \overline{\Phi}(\lambda, \mu) e^{(-a^2 \lambda^2 + ic\mu)t}.$$

因此, 作反变换后得

$$\begin{aligned} W(t, x, y) &= \frac{1}{(2\pi)^2} \iint\limits_{-\infty}^{+\infty} \overline{\Phi}(\lambda, \mu) e^{(-a^2\lambda^2 + ic\mu)t} e^{i(\lambda x + \mu y)} \mathrm{d}\lambda \mathrm{d}\mu \\ &= \frac{1}{(2\pi)^2} \int_{-\infty}^{+\infty} \left(e^{-a^2\lambda^2 t} \int_{-\infty}^{+\infty} \overline{\Phi}(\lambda, \mu) e^{i\mu(y + ct)} \mathrm{d}\mu \right) e^{i\lambda x} \mathrm{d}\lambda, \\ W(t, x, y) &= \int_{-\infty}^{+\infty} \Phi(\xi, y + ct) \frac{1}{2a\sqrt{\pi t}} \exp\left(-\frac{(x - \xi)^2}{4a^2 t} \right) \mathrm{d}\xi. \end{aligned}$$

这样就解得原定解问题的解

$$u(t, x, y) = \frac{a^2}{b} \ln \left(\int_{-\infty}^{+\infty} e^{\frac{b}{a^2} \varphi(\xi, y + ct)} \frac{1}{2a\sqrt{\pi t}} \exp\left(-\frac{(x - \xi)^2}{4a^2 t} \right) \mathrm{d}\xi \right).$$

4.2　正、余弦变换和 Laplace 变换

4.2.1　基本要求

1. 掌握正、余弦变换和反变换.

(1) 正弦变换:

$$\overline{f}_{\mathrm{s}}(\lambda) = \int_0^{+\infty} f(x)\sin\lambda x \mathrm{d}x;$$

反变换:

$$f(x) = \frac{2}{\pi}\int_0^{+\infty}\overline{f}_{\mathrm{s}}(\lambda)\mathrm{d}\lambda.$$

(2) 余弦变换:

$$\overline{f}_{\mathrm{c}}(\lambda) = \int_0^{+\infty} f(x)\cos\lambda x \mathrm{d}x;$$

反变换:

$$f(x) = \frac{2}{\pi}\int_0^{+\infty}\overline{f}_{\mathrm{c}}(\lambda)\cos\lambda x \mathrm{d}\lambda.$$

2. 掌握 Laplace 变换和反变换.

Laplace 变换

$$F(p) = L[f(t)] = \int_0^{+\infty} f(t)\mathrm{e}^{-pt}\mathrm{d}t,$$

其中 p 是复变量. Laplace 反变换求解有多种方法, 主要有直接法、公式、化部分分式、留数计算等方法. 这些方法的具体适用背景和操作步骤在复变函数的相关教材中都有详细论述, 这里就不一一细述.

3. 正确理解正余弦变换和 Laplace 变换所适用的问题.

正、余弦变换和 Laplace 变换同 Fourier 变换的求解方程原理和基本步骤总体类似, 就是经变换后相应部分的微分运算就变成了代数运算, 像函数方程的难度降低了, 求解出像函数后再经过反变换就求得了原问题的解.

但正、余弦变换和 Laplace 变换同 Fourier 变换有很大不同: 正、余弦变换和 Laplace 变换的作用变量定义在 $(0, +\infty)$ 或类似情形, 也就是说, 正、余弦变换和 Laplace 变换处理的是半直线问题. 而从上面我们知道, Fourier 变换处理的是全直线问题 (当然, 要实现变换还要有与具体相关变换所相适应的其他条件).

4.2.2　例题分析

例 4.2.1　利用通解法和 Laplace 变换两种方法, 求解定解问题

$$\begin{cases} \dfrac{\partial^2 u}{\partial x \partial y} = 1, \\ u(0, y) = y + 1, \quad u(x, 0) = 1. \end{cases}$$

解法 1　使用通解法. 设方程的通解为

$$u = f(x) + g(y) + xy,$$

再代入定解条件

$$u(0, y) = f(0) + g(y) = y + 1,$$
$$u(x, 0) = f(x) + g(0) = 1,$$

解得

$$g(y) = y + 1 - f(0), \quad f(x) = 1 - g(0).$$

所以

$$\begin{aligned} u(x, y) &= f(x) + g(y) + xy \\ &= xy + y + 2 - (f(0) + g(0)), \end{aligned}$$

而 $f(0) + g(0) = (f(x) + g(0)) |_{x=0} = 1$. 因此, 最后有

$$u(x, y) = y + 1 + xy.$$

解法 2　使用 Laplace 变换. 设

$$U(x, p) = L[u(x, y)] = \int_0^{+\infty} u(x, y) \mathrm{e}^{-py} \mathrm{d}y,$$

则

$$L[u_y] = pU - u(x, 0) = pU - 1, \quad L[1] = \frac{1}{p}, \quad L[y] = \frac{1}{p^2}.$$

这样, 原定解问题变换为

$$\begin{cases} \dfrac{\mathrm{d}}{\mathrm{d}x}(pU - 1) = \dfrac{1}{p}, \\ U(0, p) = \dfrac{1}{p^2} + \dfrac{1}{p}, \end{cases}$$

进一步化简为

$$
\begin{cases}
\dfrac{\mathrm{d}U}{\mathrm{d}x} = \dfrac{1}{p^2}, \\
U(0,p) = \dfrac{1}{p^2} + \dfrac{1}{p}\,.
\end{cases}
$$

解得

$$
U(x,p) = \frac{1}{p^2}x + \frac{1}{p^2} + \frac{1}{p}\,.
$$

作 Laplace 反变换, 并注意到 $L^{-1}[1/p] = 1$, $L^{-1}[1/p^2] = y$. 最后, 同样可得

$$
u(t,x) = L^{-1}[U(x,p)] = xy + y + 1\,.
$$

例 4.2.2 利用 Laplace 变换, 求解定解问题

$$
\begin{cases}
\dfrac{\partial^2 u}{\partial t^2} = 4\dfrac{\partial^2 u}{\partial x^2} + \sin 2x \sin \omega t \quad (0 < x < \pi, t > 0), \\
u\,|_{x=0} = 0, \quad u\,|_{x=\pi} = 0, \\
u\,|_{t=0} = 0, \quad u_t\,|_{t=0} = 0\,.
\end{cases}
$$

分析 此问题是非齐次混合问题, 可以用特解法、冲量原理、固有函数展开法等建立在分离变量基础上的方法来解决. 在本例中我们说明: 由于 $0 < t < +\infty$, 并有相应初值, 所以也可对变量 t 作 Laplace 变换, 从而解决此定解问题.

解 作 Laplace 变换

$$
\overline{u}(p,x) = L[u(t,x)] = \int_0^{+\infty} u(t,x)\mathrm{e}^{-pt}\mathrm{d}t\,.
$$

所以

$$
L[u_{tt}] = p^2\overline{u} - pu\,|_{t=0} - u_t\,|_{t=0} = p^2\overline{u},
$$
$$
L[u_{xx}] = \frac{\mathrm{d}^2\overline{u}}{\mathrm{d}x^2}, \quad L[\sin \omega t] = \frac{\omega}{p^2 + \omega^2}\,.
$$

从而有

$$
\begin{cases}
p^2\overline{u} = 4\dfrac{\mathrm{d}^2\overline{u}}{\mathrm{d}x^2} + \sin 2x \dfrac{\omega}{p^2 + \omega^2} \quad (0 < x < \pi, t > 0), \\
\overline{u}\,|_{x=0} = 0, \quad \overline{u}\,|_{x=\pi} = 0\,.
\end{cases}
$$

观察方程的形式, 可得特解 $\overline{u}_1 = C\sin 2x$, 代入方程, 定出

$$
C = \frac{\omega}{(p^2 + 16)(p^2 + \omega^2)}\,.
$$

再结合 $\overline{u}$ 对应的齐次方程的通解, 得

$$\overline{u} = Ae^{\frac{px}{2}} + Be^{-\frac{px}{2}} + \frac{\omega}{(p^2+16)(p^2+\omega^2)}\sin 2x.$$

由边界条件 $u\,|_{x=0} = 0, u\,|_{x=\pi} = 0$, 得 $A = B = 0$, 所以

$$\overline{u} = \frac{\omega}{(p^2+16)(p^2+\omega^2)}\sin 2x.$$

最后作 Laplace 反变换, 得出此定解问题的解

$$u = L^{-1}[\overline{u}] = \frac{1}{16-\omega^2}\left(\sin\omega t - \frac{\omega}{4}\sin 4t\right)\sin 2x.$$

例 4.2.3　利用 Laplace 变换, 求解半直线弦振动初值问题

$$\begin{cases} \dfrac{\partial^2 u}{\partial t^2} = 4\dfrac{\partial^2 u}{\partial x^2} & (t > 0,\ 0 < x < +\infty), \\ u(0,x) = 0, \quad u_t(0,x) = c, \\ u(t,0) = 0. \end{cases}$$

解　作 Laplace 变换

$$\overline{u}(p,x) = L[u(t,x)],$$
$$L\left[\frac{\partial^2 u}{\partial t^2}\right] = p^2\overline{u} - pu(0,x) - u_t(0,x) = p^2\overline{u} - c.$$

这样, 经过 Laplace 变换后, 原定解问题变为

$$\begin{cases} p^2\overline{u} - c = 4\dfrac{\partial^2 \overline{u}}{\partial x^2} & (0 < x < l), \\ \overline{u}(p,0) = 0. \end{cases}$$

由 $\overline{u}$ 的确定方程, 解得

$$\overline{u} = Ae^{\frac{p}{2}x} + Be^{-\frac{p}{2}x} + \frac{c}{p^2}.$$

要保证 $\overline{u}(p,+\infty)$ 的有界性, 只能 $A = 0$. 再由 $\overline{u}(p,0) = 0$, 定出 $B = -c/p^2$, 所以

$$\overline{u} = \frac{c}{p^2}\left(1 - e^{-\frac{p}{2}x}\right).$$

由于 $L^{-1}[1/p^2] = t$, 使用 Laplace 变化的延时定理, 最后得到原定解问题的解

$$u = L^{-1}\overline{u} = ct - c\left(t - \frac{x}{2}\right)H\left(t - \frac{x}{2}\right),$$

其中 $H(x)$ 是单位函数, 即

$$H(x) = \begin{cases} 1 & (x \geqslant 0), \\ 0 & (x < 0). \end{cases}$$

例 4.2.4 利用 Fourier 变换和 Laplace 变换两种方法, 求解热传导初值问题

$$\begin{cases} \dfrac{\partial u}{\partial t} = a^2 \dfrac{\partial^2 u}{\partial x^2} + f(t, x) & (t > 0, -\infty < x < +\infty), \\ u\,|_{t=0} = \varphi(x). \end{cases}$$

分析 本初值问题的变量 $x \in (-\infty, +\infty)$, 因此可以 x 为积分变量作 Fourier 变换来求解, 但从另一个角度看, t 的定义范围是 $(0, +\infty)$, 并且 u 在 $t = 0$ 有相应的初值, 符合以 t 为积分变量作 Laplace 变换的条件. 所以我们可以用 Fourier 变换和 Laplace 变换求解本问题.

解法 1(Fourier 变换法) 以 x 为积分变量作 Fourier 变换, 即设 $\overline{u}(t, \lambda) = F[u(t, x)]$, 则

$$F\left[\frac{\partial^2 u}{\partial x^2}\right] = -\lambda^2 \overline{u}, \quad F\left[\frac{\partial u}{\partial t}\right] = \frac{\mathrm{d}\overline{u}}{\mathrm{d}t}.$$

记 $F[f(t, x)] = \overline{f}(t, \lambda), F[\varphi(x)] = \overline{\varphi}(\lambda)$. 对原初值问题进行 Fourier 变换, 得

$$\begin{cases} \dfrac{\mathrm{d}\overline{u}}{\mathrm{d}t} = -a^2 \lambda^2 \overline{u} + \overline{f}(t, \lambda) & (t > 0, -\infty < x < +\infty), \\ \overline{u}\,|_{t=0} = \overline{\varphi}(\lambda). \end{cases}$$

利用一阶线性常微分方程求解公式, 得到

$$\overline{u}(t, \lambda) = \mathrm{e}^{-a^2 \lambda^2 t} \left(\int_0^t \mathrm{e}^{a^2 \lambda^2 \tau} f(\tau, \lambda) \mathrm{d}\tau + m(\lambda) \right).$$

利用 $\overline{u}\,|_{t=0} = \overline{\varphi}(\lambda)$, 定出 $m(\lambda) = \overline{\varphi}(\lambda)$, 所以

$$\overline{u}(t, \lambda) = \left(\int_0^t \mathrm{e}^{-a^2 \lambda^2 (t - \tau)} f(\tau, \lambda) \mathrm{d}\tau \right) + \overline{\varphi}(\lambda) \mathrm{e}^{-a^2 \lambda^2 t}.$$

利用 Fourier 反变换公式

$$F^{-1}[\mathrm{e}^{-a^2 \lambda^2 t}] = \frac{1}{2a\sqrt{\pi t}} \exp\left(-\frac{x^2}{4a^2 t} \right),$$

以及 Fourier 变换的卷积性质, 我们对 $\overline{u}(t, \lambda)$ 作反变换, 得到

$$u(t, x) = F^{-1}[\overline{u}]$$

$$= \frac{1}{2a\sqrt{\pi t}} \int_{-\infty}^{+\infty} \varphi(\xi) \exp\left(-\frac{(x-\xi)^2}{4a^2 t}\right) \mathrm{d}\xi$$
$$+ \int_0^t \mathrm{d}\tau \int_{-\infty}^{+\infty} \frac{f(\tau,\xi)}{2a\sqrt{\pi(t-\tau)}} \exp\left(-\frac{(x-\xi)^2}{4a^2(t-\tau)}\right) \mathrm{d}\xi.$$

解法 2(Laplace 变换法)　以 t 为积分变量作 Laplace 变换

$$\overline{U}(p,x) = L[u(t,x)] = \int_0^{+\infty} u(t,x)\mathrm{e}^{-pt}\mathrm{d}t,$$

则有

$$L[u_t] = p\overline{U} - u\mid_{t=0} = p\overline{U} - \varphi(x), \quad L[u_{xx}] = \frac{\mathrm{d}^2\overline{U}}{\mathrm{d}x^2}.$$

因此对以上热传导初值问题以 t 为积分变量作 Laplace 变换, 得到

$$a^2 \frac{\mathrm{d}^2\overline{U}}{\mathrm{d}x^2} + \overline{f}(p,x) = p\overline{U} - \varphi(x).$$

此常微分方程对应齐次方程的两个基本解是 $\mathrm{e}^{\frac{\sqrt{p}}{a}x}$ 和 $\mathrm{e}^{-\frac{\sqrt{p}}{a}x}$, 所以解 $\overline{U}$ 可写为

$$\overline{U}(p,x) = C_1(p)\mathrm{e}^{\frac{\sqrt{p}}{a}x} + C_2(p)\mathrm{e}^{-\frac{\sqrt{p}}{a}x} + U^*(p,x),$$

其中 $U^*(p,x)$ 是方程的一个特解. 利用常数变易法, 方程的特解 $U^*(p,x)$ 可设为

$$U^*(p,x) = K_1(x)\mathrm{e}^{\frac{\sqrt{p}}{a}x} + K_2(x)\mathrm{e}^{-\frac{\sqrt{p}}{a}x},$$

这里 $K_1(x)$ 和 $K_2(x)$ 由以下方程组确定:

$$\begin{cases} K_1'(x)\mathrm{e}^{\frac{\sqrt{p}}{a}x} + K_2'(x)\mathrm{e}^{-\frac{\sqrt{p}}{a}x} = 0, \\ K_1'(x)(\mathrm{e}^{\frac{\sqrt{p}}{a}x})' + K_2'(x)(\mathrm{e}^{-\frac{\sqrt{p}}{a}x})' = -\frac{1}{a^2}(\overline{f}(p,x) + \varphi(x)). \end{cases}$$

解得

$$K_1'(x) = -\frac{1}{2a\sqrt{p}}\left(\overline{f}(p,x) + \varphi(x)\right)\mathrm{e}^{-\frac{\sqrt{p}}{a}x},$$
$$K_2'(x) = \frac{1}{2a\sqrt{p}}\left(\overline{f}(p,x) + \varphi(x)\right)\mathrm{e}^{\frac{\sqrt{p}}{a}x}.$$

可取

$$K_1(x) = \frac{1}{2a\sqrt{p}} \int_x^{+\infty} \left(\overline{f}(p,\xi) + \varphi(\xi)\right)\mathrm{e}^{-\frac{\sqrt{p}}{a}\xi}\mathrm{d}\xi,$$
$$K_2(x) = \frac{1}{2a\sqrt{p}} \int_{-\infty}^{x} \left(\overline{f}(p,\xi) + \varphi(\xi)\right)\mathrm{e}^{\frac{\sqrt{p}}{a}\xi}\mathrm{d}\xi.$$

综上, 可得

$$\overline{U}(p,x) = C_1(p)\mathrm{e}^{\frac{\sqrt{p}}{a}x} + C_2(p)\mathrm{e}^{-\frac{\sqrt{p}}{a}x}$$
$$+ \frac{1}{2a\sqrt{p}} \int_x^{+\infty} \left(\overline{f}(p,\xi) + \varphi(\xi)\right) \mathrm{e}^{-\frac{\sqrt{p}}{a}(\xi-x)}\mathrm{d}\xi$$
$$+ \frac{1}{2a\sqrt{p}} \int_{-\infty}^x \left(\overline{f}(p,\xi) + \varphi(\xi)\right) \mathrm{e}^{-\frac{\sqrt{p}}{a}(x-\xi)}\mathrm{d}\xi.$$

上式中 $x \to +\infty$ 和 $x \to -\infty$ 时要保持 $U(p,x)$ 有界, 只能 $C_1(p) = C_2(p) = 0$, 因此

$$\overline{U}(p,x) = \frac{1}{2a\sqrt{p}} \int_x^{+\infty} \left(\overline{f}(p,\xi) + \varphi(\xi)\right) \mathrm{e}^{-\frac{\sqrt{p}}{a}(\xi-x)}\mathrm{d}\xi$$
$$+ \frac{1}{2a\sqrt{p}} \int_{-\infty}^x \left(\overline{f}(p,\xi) + \varphi(\xi)\right) \mathrm{e}^{-\frac{\sqrt{p}}{a}(x-\xi)}\mathrm{d}\xi.$$

下面进行反变换. 实际上, 查 Laplace 变换表, 可得

$$L^{-1}\left[\frac{1}{\sqrt{p}}\mathrm{e}^{-\beta\sqrt{p}}\right] = \frac{1}{\sqrt{\pi t}}\mathrm{e}^{-\frac{\beta^2}{4t}},$$

因此

$$L^{-1}\left[\frac{1}{\sqrt{p}}\mathrm{e}^{-\frac{\sqrt{p}}{a}(\xi-x)}\right] = L^{-1}\left[\frac{1}{\sqrt{p}}\mathrm{e}^{-\frac{\sqrt{p}}{a}(x-\xi)}\right] = \frac{1}{\sqrt{\pi t}}\mathrm{e}^{-\frac{(x-\xi)^2}{4a^2 t}}.$$

利用以上表达式, 以及 Laplace 变换的卷积性质, 得

$$u(t,x) = L^{-1}[\overline{U}(p,x)]$$
$$= \frac{1}{2a\sqrt{\pi t}} \left(\int_{-\infty}^x \varphi(\xi)\mathrm{e}^{-\frac{(x-\xi)^2}{4a^2 t}}\mathrm{d}\xi + \int_x^{+\infty} \varphi(\xi)\mathrm{e}^{-\frac{(\xi-x)^2}{4a^2 t}}\mathrm{d}\xi\right)$$
$$+ \left(\int_{-\infty}^x f(t,\xi) * \frac{1}{2a\sqrt{\pi t}}\mathrm{e}^{-\frac{(x-\xi)^2}{4a^2 t}}\mathrm{d}\xi + \int_x^{+\infty} f(t,\xi) * \frac{1}{2a\sqrt{\pi t}}\mathrm{e}^{-\frac{(\xi-x)^2}{4a^2 t}}\mathrm{d}\xi\right),$$

其中 $*$ 表示以 t 为积分变量的卷积运算. 最后, 整理上式, 同样可得

$$u(t,x) = \frac{1}{2a\sqrt{\pi t}} \int_{-\infty}^{+\infty} \varphi(\xi)\mathrm{e}^{-\frac{(\xi-x)^2}{4a^2 t}}\mathrm{d}\xi$$
$$+ \frac{1}{2a\sqrt{\pi}} \int_0^t \mathrm{d}\tau \int_{-\infty}^{+\infty} \frac{f(\tau,\xi)}{\sqrt{t-\tau}}\mathrm{e}^{-\frac{(\xi-x)^2}{4a^2(t-\tau)}}\mathrm{d}\xi.$$

例 4.2.5 利用正弦变换和 Laplace 变换两种方法, 求解半无界热传导问题

$$\begin{cases} \dfrac{\partial u}{\partial t} = a^2 \dfrac{\partial^2 u}{\partial x^2} & (t > 0, -\infty < x < +\infty), \\ u\mid_{x=0} = f(t), \quad u(0,x) = 0, \\ u(t,+\infty) = u_x(t,+\infty) = 0. \end{cases}$$

解法 1　作正弦变换

$$\overline{u}(t,\lambda) = F_{\mathrm{s}}[u(t,x)] = \int_0^{+\infty} u(t,x)\sin\lambda x \mathrm{d}x,$$

则

$$\begin{aligned}
F_{\mathrm{s}}[u_{xx}] &= \int_0^{+\infty} u_{xx}\sin\lambda x \mathrm{d}x = \int_0^{+\infty} \sin\lambda x \mathrm{d}u_x \\
&= (u_x\sin\lambda x)\,|_0^{+\infty} - \int_0^{+\infty} u_x\mathrm{d}(\sin\lambda x) = -\lambda\int_0^{+\infty}\cos\lambda x\mathrm{d}u \\
&= -\lambda u\cos\lambda x\,|_0^{+\infty} + \lambda\int_0^{+\infty} u\mathrm{d}(\cos\lambda x) = \lambda f(t) - \lambda^2\overline{u}.
\end{aligned}$$

因而, 由原问题得到

$$\begin{cases} \dfrac{\partial\overline{u}}{\partial t} = -a^2\lambda^2\overline{u} + a^2\lambda f(t), \\ \overline{u}\,|_{t=0} = 0\,. \end{cases}$$

由常微分方程一阶线性求解公式, 可求得

$$\overline{u}(t,\lambda) = \int_0^t \mathrm{e}^{-a^2\lambda^2(t-\tau)}\lambda a^2 f(\tau)\mathrm{d}\tau\,.$$

最后作正弦变换反变换:

$$\begin{aligned}
u(t,x) &= F_{\mathrm{s}}^{-1}[\overline{u}(t,\lambda)] = F_{\mathrm{s}}^{-1}\left[\int_0^t \mathrm{e}^{-a^2\lambda^2(t-\tau)}\lambda a^2 f(\tau)\mathrm{d}\tau\right] \\
&= \frac{2}{\pi}\int_0^{+\infty}\left(\int_0^t \mathrm{e}^{-a^2\lambda^2(t-\tau)}\lambda a^2 f(\tau)\mathrm{d}\tau\right)\sin\lambda x\mathrm{d}\lambda \\
&= \frac{2}{\pi}\int_0^t\left(\int_0^{+\infty} \mathrm{e}^{-a^2\lambda^2(t-\tau)}\lambda a^2\sin\lambda x\mathrm{d}\lambda\right)f(\tau)\mathrm{d}\tau\,.
\end{aligned}$$

利用积分公式

$$\frac{1}{\pi}\int_0^{+\infty}\mathrm{e}^{-a^2\lambda^2 t}\cos\lambda\xi\mathrm{d}\lambda = \frac{1}{2a\sqrt{\pi t}}\exp\left(-\frac{\xi^2}{4a^2 t}\right),$$

可以得到

$$\begin{aligned}
&\frac{2}{\pi}\int_0^{+\infty}\mathrm{e}^{-a^2\lambda^2(t-\tau)}\lambda a^2\sin\lambda x\mathrm{d}\lambda \\
&= \frac{1}{\pi(\tau-t)}\int_0^{+\infty}\sin\lambda x\mathrm{d}\left(\mathrm{e}^{-a^2\lambda^2(t-\tau)}\right) \\
&= -\frac{1}{\pi(t-\tau)}\sin\lambda x\mathrm{e}^{-a^2\lambda^2(t-\tau)}\bigg|_0^{+\infty} + \frac{x}{t-\tau}\frac{1}{\pi}\int_0^{+\infty}\mathrm{e}^{-a^2\lambda^2(t-\tau)}\cos\lambda x\mathrm{d}\lambda
\end{aligned}$$

$$= \frac{x}{2a\sqrt{\pi}}(t-\tau)^{-\frac{3}{2}} \exp\left(-\frac{x^2}{4a^2(t-\tau)}\right).$$

综上, 得到

$$u(t,x) = \frac{x}{2a\sqrt{\pi}} \int_0^t f(\tau)(t-\tau)^{-\frac{3}{2}} \exp\left(-\frac{x^2}{4a^2(t-\tau)}\right) \mathrm{d}\tau.$$

解法 2 作 Laplace 变换

$$\overline{U}(p,x) = L[u(t,x)] = \int_{-\infty}^{+\infty} U(t,x)\mathrm{e}^{-pt}\mathrm{d}t,$$

则

$$L\left[\frac{\partial u}{\partial t}\right] = p\overline{U} - u(0,x) = p\overline{U}, \quad L[u_{xx}] = \frac{\mathrm{d}^2\overline{U}}{\mathrm{d}x^2}.$$

由此得

$$\begin{cases} p\overline{U} = a^2 \dfrac{\mathrm{d}^2\overline{U}}{\mathrm{d}x^2}, \\ u\mid_{x=0} = \overline{f}(p), \\ \overline{U}(p,+\infty) = \overline{U}_x(p,+\infty) = 0. \end{cases}$$

方程的通解为

$$\overline{U} = C\mathrm{e}^{\frac{\sqrt{p}}{a}x} + D\mathrm{e}^{-\frac{\sqrt{p}}{a}x},$$

其中 $\sqrt{p}$ 是取 $\sqrt{1}=1$ 的单值分支. 由 $\overline{U}(p,+\infty) = 0$, 得 $C = 0$, 所以

$$\overline{U}(p,x) = \overline{f}(p)\mathrm{e}^{-\frac{\sqrt{p}}{a}x}.$$

查 Laplace 变换表, 得

$$L^{-1}[\mathrm{e}^{-\frac{\sqrt{p}}{a}x}] = \frac{x}{2a\sqrt{\pi t^3}} \exp\left(-\frac{x^2}{4a^2 t}\right).$$

并利用 Laplace 变换的卷积性质, 同样得到

$$u(t,x) = L^{-1}[\overline{f}(p)\mathrm{e}^{-\frac{\sqrt{p}}{a}x}] = f(t) * \frac{x}{2a\sqrt{\pi t^3}} \exp\left(-\frac{x^2}{4a^2 t}\right)$$

$$= \frac{x}{2a\sqrt{\pi}} \int_0^t f(\tau)(t-\tau)^{-\frac{3}{2}} \exp\left(-\frac{x^2}{4a^2(t-\tau)}\right) \mathrm{d}\tau.$$

例 4.2.6 求解三维波动方程定解问题

$$\begin{cases} u_{tt} = a^2 \Delta_3 u \quad (t>0, r>0), \\ u\mid_{r=0} \text{ 有界}, \\ u\mid_{t=0} = 0, \quad u_t\mid_{t=0} = (1+r^2)^{-2}. \end{cases} \tag{1}$$

分析 虽然本问题是三维波动的初值问题, 但方程是齐次的, 且定解的条件只与 t, r 有关, 因此解可设为 $u = u(t, r)$, 可变换为半无界弦振动的初值问题. 可以结合 d'Alembert 公式求解, 也可采用正弦变换来求解.

解法 1 由原问题的形式, 可设 $u = u(t, r)$, 原方程变为

$$u_{tt} = a^2 \left(u_{rr} + \frac{2}{r} u_r \right).$$

再令 $v = ru$, 则原定解问题变为半无界弦振动定解问题

$$\begin{cases} v_{tt} = a^2 v_{rr} & (t > 0, r > 0), \\ v \mid_{r=0} = 0, \\ v \mid_{t=0} = 0, \quad v_t \mid_{t=0} = \dfrac{r}{(1 + r^2)^2}. \end{cases} \tag{2}$$

v 满足的问题是半直线问题. 为了使用 d'Alembert 公式, 考虑奇延拓后的全直线问题

$$\begin{cases} H_{tt} = a^2 H_{xx} & (t > 0, -\infty < x < +\infty), \\ H \mid_{t=0} = 0, \quad H_t \mid_{t=0} = \dfrac{x}{(1 + x^2)^2}. \end{cases} \tag{3}$$

利用 d'Alembert 公式

$$\begin{aligned} H(t, x) &= \frac{1}{2a} \int_{x-at}^{x+at} \frac{\xi}{(1 + \xi^2)^2} \, \mathrm{d}\xi = -\frac{1}{4a} \frac{1}{(1 + \xi^2)} \Big|_{x-at}^{x+at} \\ &= \frac{1}{4a} \frac{1}{1 + (x - at)^2} - \frac{1}{4a} \frac{1}{1 + (x + at)^2} \\ &= \frac{xt}{(1 + (x - at)^2)(1 + (x + at)^2)}. \end{aligned}$$

把解 $H(t, x)$ 限制在 $x > 0$(对应于 $r > 0$), 就得到定解问题 (2) 的解

$$v(t, r) = \frac{rt}{(1 + (r - at)^2))(1 + (r + at)^2)}.$$

相应地, 原三维波动方程定解问题的解

$$u(t, r) = \frac{v}{r} = \frac{t}{(1 + (r - at)^2)(1 + (r + at)^2)}.$$

解法 2 设 $u = u(t, r)$, 并令 $v = ru$, 得到半无界弦振动定解问题

$$\begin{cases} v_{tt} = a^2 v_{rr} & (t > 0, r > 0), \\ v \mid_{r=0} = 0, \\ v \mid_{t=0} = 0, \quad v_t \mid_{t=0} = \dfrac{r}{(1 + r^2)^2}. \end{cases} \tag{4}$$

以下我们用正弦变换求解 v. 令

$$\overline{V} = F_s[v(t,r)] = \int_0^{+\infty} v(t,r) \sin \lambda r dr,$$

则

$$
\begin{aligned}
F_s[v_{rr}] &= \int_0^{+\infty} v_{rr} \sin \lambda r dr = \int_0^{+\infty} \sin \lambda r dv_r \\
&= (v_r \sin \lambda r)\mid_0^{+\infty} - \int_0^{+\infty} v_r d(\sin \lambda r) = -\lambda \int_0^{+\infty} \cos \lambda r dv \\
&= -\lambda v \cos \lambda r \mid_0^{+\infty} + \lambda \int_0^{+\infty} v d(\cos \lambda r) \\
&= -\lambda^2 \int_0^{+\infty} v(t,r) \sin \lambda r dr = -\lambda^2 \overline{V}.
\end{aligned}
$$

另外, 有

$$
\begin{aligned}
F_s \left[\frac{r}{(1+r^2)^2} \right] &= \int_0^{+\infty} \frac{r}{(1+r^2)^2} \sin \lambda r dr = -\frac{1}{2} \int_0^{+\infty} \sin \lambda r d\left(\frac{1}{1+r^2} \right) \\
&= -\frac{1}{2} \sin \lambda r \left(\frac{1}{1+r^2} \right) \Big|_0^{+\infty} + \frac{1}{2} \int_0^{+\infty} \frac{1}{1+r^2} d(\sin \lambda r) \\
&= \frac{\lambda}{2} \int_0^{+\infty} \frac{\cos \lambda r}{1+r^2} dr = \frac{\lambda}{4} \mathrm{Re} \left(\int_{-\infty}^{+\infty} \frac{\mathrm{e}^{\mathrm{i}\lambda r}}{1+r^2} dr \right) \\
&= \frac{\lambda}{4} \mathrm{Re} \left(2\pi\mathrm{i} \, \mathrm{Res} \left[\frac{\mathrm{e}^{\mathrm{i}\lambda z}}{1+z^2}, \mathrm{i} \right] \right) = \frac{\pi\lambda}{4} \mathrm{e}^{-\lambda}.
\end{aligned}
$$

因而, 由原问题得到

$$
\begin{cases}
\overline{V}_{tt} = -a^2 \lambda^2 \overline{V}, \\
\overline{V}\mid_{t=0} = 0, \quad \overline{V}_t \mid_{t=0} = \frac{\pi\lambda}{4} \mathrm{e}^{-\lambda}.
\end{cases}
$$

解得

$$\overline{V} = \frac{\pi}{4a} \mathrm{e}^{-\lambda} \sin \lambda at.$$

作反变换

$$
\begin{aligned}
v = F_s^{-1}[\overline{V}] &= \frac{2}{\pi} \times \frac{\pi}{4a} \int_0^{+\infty} \mathrm{e}^{-\lambda} \sin \lambda at \sin \lambda r d\lambda \\
&= \frac{1}{4a} \int_0^{+\infty} \mathrm{e}^{-\lambda} \left(\cos \lambda(r-at) - \cos \lambda(r+at) \right) d\lambda \\
&= \mathrm{e}^{-\lambda} \left(\frac{-\cos \lambda(r-at) + (r-at) \sin \lambda(r-at)}{4a(1+(r-at)^2)} \right. \\
&\quad \left. - \frac{-\cos \lambda(r+at) + (r+at) \sin \lambda(r+at)}{4a(1+(r+at)^2)} \right) \Big|_0^{+\infty}
\end{aligned}
$$

$$= \frac{1}{4a}\frac{1}{1+(r-at)^2} - \frac{1}{4a}\frac{1}{1+(r+at)^2}$$

$$= \frac{rt}{(1+(r-at)^2)(1+(r+at)^2)}.$$

相应地, 原三维波动方程定解问题的解为

$$u(t,r) = \frac{v}{r} = \frac{t}{((1+(r-at)^2)(1+(r+at)^2))}.$$

4.3　练　习　题

1. 利用 Fourier 变换, 求解:

(1) $\begin{cases} \dfrac{\partial u}{\partial t} = 4\dfrac{\partial^2 u}{\partial x^2} + 3u_x + 4u + f(t,x)\ (t>0, -\infty < x < +\infty), \\ u\mid_{t=0} = \varphi(x)\,; \end{cases}$

(2) $\begin{cases} \dfrac{\partial u}{\partial t} = 4\dfrac{\partial^2 u}{\partial x^2} + 3u\ (t>0, -\infty < x < +\infty), \\ u\mid_{t=0} = \mathrm{e}^{-x^2}\,; \end{cases}$

(3) $\begin{cases} \dfrac{\partial u}{\partial t} = 4u_{xx} + 3u_y + u\ (t>0, -\infty < x,y < +\infty), \\ u\mid_{t=0} = \varphi(x,y)\,. \end{cases}$

2. 已知热传导方程定解问题

$$\begin{cases} u_t = u_{xx} & (t>0, x>0), \\ u_x(t,0) = c & (c \neq 0), \\ u(0,x) = 0\,. \end{cases}$$

利用余弦变换, 求此定解问题满足 $\lim\limits_{x\to+\infty} u(t,x) = \lim\limits_{x\to+\infty} u_x(t,x) = 0$ 的解.

3. 利用 Laplace 变换, 求解

$$\begin{cases} u_t = u_{xx} & (t>0, 0<x<1), \\ u(t,0) = 0, & u_x(t,1) = \sin 3t, \\ u(0,x) = u_t(0,x) = 0\,. \end{cases}$$

4. 有一个半无限的长杆, 杆子左端 $x=0$ 的温度随着时间变化的函数为 $f(t)$, 杆子的初始温度为 0, 求杆子的温度分布.

第 5 章　基本解方法

本章介绍用基本解方法来求解方程或定解问题, 基本点如下:

首先回顾 δ 函数, 它是学习基本解方法的基本工具.

然后给出一系列方程或定解问题的基本解, 特别是用基本解的思路来构造 Green 函数解决边值问题.

最后论述由基本解方法求解偏微分方程定解问题的思想和方法, 即找出方程定解问题对应的基本解问题, 求解出基本解问题之后, 利用基本解求解原定解问题.

一般来说, 基本解问题要比原定解问题容易解决, 因此我们在解决基本解问题后, 找出相应的计算公式就能来求解原问题的解.

在本章中, 我们首先要掌握研究基本解的工具——δ 函数及其运算性质; 然后重点掌握场位方程 Green 函数的意义, 并能利用 Green 函数求解相应的边值问题; 最后能利用基本解法求解 $u_t = Lu$ 型方程和 $u_{tt} = Lu$ 型方程的一般初值问题.

5.1　δ 函数和 $Lu = 0$ 型方程基本解

5.1.1　基本要求

1. 熟记 δ 函数的数学表达式并能理解其物理背景.

δ 函数为满足以下两个条件的函数:

(1) $\delta(x) = \begin{cases} +\infty & (x = 0), \\ 0 & (x \neq 0); \end{cases}$

(2) $\displaystyle\int_{-\infty}^{+\infty} \delta(x)\mathrm{d}x = 1.$

物理学中一个典型例子就是用 δ 函数来表示电量为 1 的点电荷的密度函数: 因为一个点电荷放在原点, 所以在原点 $x = 0$ 的电荷密度为无穷大, 在别的点由于没有电荷分布, 所以密度为 0. 而对电荷密度在实轴上的积分就是总电量, 数值为 1. 另外, 点热源的温度分布及脉冲等现象都可用 δ 函数来描述.

2. 掌握 δ 函数的主要运算性质.

(1) 筛选性:

$$\int_a^b \delta(x - \xi)\varphi(x)\mathrm{d}x = \begin{cases} \varphi(\xi) & (a \leqslant \xi \leqslant b), \\ 0 & (\xi < a,\text{或 } \xi > b), \end{cases} \quad \forall \varphi(x) \in C(\mathbf{R}).$$

(2) 对称性:

$$\delta(x) = \delta(-x).$$

(3) 卷积性质:

$$\delta(x) * \varphi(x) = \varphi(x) * \delta(x) = \varphi(x).$$

(4) δ 函数的 Fourier 变换:

$$F[\delta(x)] = \int_{-\infty}^{+\infty} \delta(x)\mathrm{e}^{-\mathrm{i}\lambda x}\mathrm{d}x = 1;$$

反变换:

$$\frac{1}{2\pi}\int_{-\infty}^{+\infty} \mathrm{e}^{\mathrm{i}\lambda x}\mathrm{d}\lambda = \delta(x).$$

(5) δ 函数的 Fourier 展开: 当 $x, \xi \in (-l, l)$ 时,

$$\delta(x - \xi) = \frac{a_0}{2} + \sum_{n=1}^{+\infty} \left(a_n \cos \frac{n\pi x}{l} + b_n \sin \frac{n\pi x}{l} \right),$$

其中

$$a_n = \frac{1}{l}\int_{-l}^{l} \delta(x - \xi)\cos\frac{n\pi x}{l}\mathrm{d}x = \frac{1}{l}\cos\frac{n\pi \xi}{l} \quad (n = 0, 1, 2, \cdots),$$

$$b_n = \frac{1}{l}\int_{-l}^{l} \delta(x - \xi)\sin\frac{n\pi x}{l}\mathrm{d}x = \frac{1}{l}\sin\frac{n\pi \xi}{l} \quad (n = 1, 2, 3, \cdots).$$

(6) δ 函数的导数: 设 $f(x) \in C^1(\mathbf{R})$, 则 $\delta'(x)$ 满足

$$\int_{-\infty}^{+\infty} \delta'(x)f(x)\mathrm{d}x = -f'(0).$$

类似地, $\delta^{(n)}(x)$ 满足

$$\int_{-\infty}^{+\infty} \delta^{(n)}(x) f(x) \mathrm{d}x = (-1)^n f^{(n)}(0),$$

其中 $f(x) \in C^n(\mathbf{R})$.

3. 掌握高维 δ 函数.

高维 δ 函数和一维情形的定义类似. 三维 δ 函数定义为

$$\delta(x, y, z) = \delta(x)\delta(y)\delta(z).$$

因而

(1) $\delta(x, y, z) = \begin{cases} +\infty & ((x, y, z) = (0, 0, 0)), \\ 0 & ((x, y, z) \neq (0, 0, 0)); \end{cases}$

(2) $\iiint\limits_{-\infty}^{+\infty} \delta(x, y, z) \mathrm{d}x\mathrm{d}y\mathrm{d}z = 1.$

高维 δ 函数和一维 δ 函数也有类似的运算性质, 这里就不一一列出了.

4. 掌握 $Lu = 0$ 型方程基本解的意义及 Laplace 方程的基本解.

(1) $Lu = 0$ 型基本解的背景及意义:

设 L 是自变量 $(x_1, x_2, \cdots, x_n)$ 的线性偏微分算子, 考虑非齐次方程

$$Lu = f(M), \quad M = (x_1, x_2, \cdots, x_n). \tag{5.1.1}$$

它的基本解方程是

$$LU = \delta(M). \tag{5.1.2}$$

如果 $U(M)$ 是基本解方程 (5.1.2) 的解, 则 $u(M) = U(M) * f(M)$ 是原方程 (5.1.1) 的解.

(2) 两个最常用的基本解:

① $\Delta_3 U = \delta(x, y, z)$. 有中心对称形式解

$$U = -\frac{1}{4\pi r}, \quad r = \sqrt{x^2 + y^2 + z^2}.$$

② $\Delta_2 U = \delta(x, y)$. 有中心对称形式解

$$U = -\frac{1}{2\pi} \ln \frac{1}{r}, \quad r = \sqrt{x^2 + y^2}.$$

5.1.2　例题分析

例 5.1.1　证明以下结论:

(1) $\varphi(x) * \delta(x) = \varphi(x)\ (\forall \varphi(x) \in C(\mathbf{R}))$;

(2) $\dfrac{1}{2\pi} \displaystyle\int_{-\infty}^{+\infty} \mathrm{e}^{\mathrm{i}\lambda x} \mathrm{d}\lambda = \delta(x)$.

证明　(1) 利用 δ 函数的对称性, 得到

$$\delta(x) * \varphi(x) = \int_{-\infty}^{+\infty} \delta(x-\xi)\varphi(\xi)\mathrm{d}\xi = \int_{-\infty}^{+\infty} \delta(\xi-x)\varphi(\xi)\mathrm{d}\xi.$$

再利用 δ 函数的筛选性质, 得到

$$\int_{-\infty}^{+\infty} \delta(\xi-x)\varphi(\xi)\mathrm{d}\xi = \varphi(x).$$

所以

$$\delta(x) * \varphi(x) = \varphi(x).$$

(2) δ 函数的 Fourier 变换为

$$F[\delta(x)] = \int_{-\infty}^{+\infty} \delta(x)\mathrm{e}^{-\mathrm{i}\lambda x}\mathrm{d}x.$$

利用 δ 函数的筛选性质, 有

$$\int_{-\infty}^{+\infty} \delta(x)\mathrm{e}^{-\mathrm{i}\lambda x}\mathrm{d}x = \mathrm{e}^{-\mathrm{i}\lambda x}\mid_{x=0} = 1,$$

也就是 δ 函数的 Fourier 变换为 $F[\delta(x)] = 1$. 这样其反变换就是

$$\frac{1}{2\pi} \int_{-\infty}^{+\infty} \mathrm{e}^{\mathrm{i}\lambda x}\mathrm{d}\lambda = \delta(x).$$

例 5.1.2　利用 δ 函数的性质, 计算:

(1) $\displaystyle\int_{-2l}^{2l} \delta(x-l)\cos x\mathrm{d}x$;　　(2) $\displaystyle\int_{-\infty}^{+\infty} \delta\left(x-\frac{\pi}{2}\right)\sin x\mathrm{d}x$;

(3) $\delta(3x-1) * x^2$;　　　　　(4) $\displaystyle\int_{-2}^{2} \sin x\,\delta'\left(x+\frac{1}{3}\right)\mathrm{d}x$.

解　(1) 根据 δ 函数的筛选性质, 有

$$\int_{-2l}^{2l} \delta(x-l)\cos x\mathrm{d}x = \cos x|_{x=l} = \cos l.$$

(2) 根据 δ 函数的筛选性质, 有

$$\int_{-\infty}^{+\infty} \delta\left(x - \frac{\pi}{2}\right) \sin x \mathrm{d}x = \sin x|_{x=\frac{\pi}{2}} = \sin \frac{\pi}{2} = 1.$$

(3) 根据卷积的定义和 δ 函数的筛选性质, 有

$$\delta(3x - 1) * x^2 = \int_{-\infty}^{+\infty} \delta(3\xi - 1)(x - \xi)^2 \mathrm{d}\xi = \frac{1}{3} \int_{-\infty}^{+\infty} \delta(s)\left(x - \frac{s+1}{3}\right)^2 \mathrm{d}s$$
$$= \frac{1}{3}\left(x - \frac{s+1}{3}\right)^2\Big|_{s=0} = \frac{1}{3}\left(x - \frac{1}{3}\right)^2,$$

其中 $s = 3\xi - 1$.

(4) 由 δ 函数导数的性质, 得到

$$\int_{-2}^{2} \sin x \delta'\left(x + \frac{1}{3}\right) \mathrm{d}x = -(\sin x)'\,|_{x=-\frac{1}{3}} = -\cos x\,|_{x=-\frac{1}{3}}$$
$$= -\cos\left(-\frac{1}{3}\right) = -\cos\frac{1}{3}.$$

例 5.1.3 证明以下等式:

(1) $\delta'(-x) = -\delta'(x)$;

(2) $x\delta'(x) = -\delta(x)$;

(3) $\delta(\alpha x) = \dfrac{1}{\alpha}\delta(x)$ ($\alpha > 0$为常数).

分析 由于 δ 函数并不是古典意义下点点对应的函数, 而是一种算符, 含有 δ 函数的算式相等就是指它们对检验函数有相同的运算效果, 比如对 $\forall \varphi(x) \in C(\mathbf{R})$, 有

$$\int_{-\infty}^{+\infty} \delta(x)\varphi(x)\mathrm{d}x = \int_{-\infty}^{+\infty} \delta(-x)\varphi(x)\mathrm{d}x = \varphi(0) \quad \Rightarrow \quad \delta(x) = \delta(-x).$$

这就是说, $\delta(x)$ 和 $\delta(-x)$ 在积分运算中对检验函数 $\varphi(x)$ 的运算效果是相同的, 所以它们相等. 以下证明即根据这点.

证明 (1) 由于 $\mathrm{d}\delta(-x) = -\delta'(-x)\mathrm{d}x$, 所以对 $\forall \varphi(x) \in C_0^{+\infty}(\mathbf{R})$, 我们有

$$\int_{-\infty}^{+\infty} \delta'(-x)\varphi(x)\mathrm{d}x = -\int_{-\infty}^{+\infty} \varphi(x)\mathrm{d}\delta(-x)$$
$$= -\varphi(x)\delta(-x)|_{-\infty}^{+\infty} + \int_{-\infty}^{+\infty} \delta(-x)\mathrm{d}\varphi(x)$$
$$= \int_{-\infty}^{+\infty} \delta(-x)\varphi'(x)\mathrm{d}x = \int_{-\infty}^{+\infty} \delta(t)\varphi'(-t)\mathrm{d}t$$

$$= \varphi'(-t)|_{t=0} = \varphi'(0),$$

而

$$\int_{-\infty}^{+\infty} -\delta'(x)\varphi(x)\mathrm{d}x = -\int_{-\infty}^{+\infty} \varphi(x)\mathrm{d}\delta(x)$$

$$= -\varphi(x)\delta(x)|_{-\infty}^{+\infty} + \int_{-\infty}^{+\infty} \delta(-x)\mathrm{d}\varphi(x)$$

$$= \int_{-\infty}^{+\infty} \delta(-x)\varphi'(x)\mathrm{d}x = \int_{-\infty}^{+\infty} \delta(t)\varphi'(-t)\mathrm{d}t$$

$$= \varphi'(-t)|_{t=0} = \varphi'(0).$$

比较以上结果, 得

$$\int_{-\infty}^{+\infty} \delta'(-x)\varphi(x)\mathrm{d}x = \int_{-\infty}^{+\infty} -\delta'(x)\varphi(x)\mathrm{d}x,$$

即有

$$\delta'(-x) = -\delta'(x).$$

(2)

$$\int_{-\infty}^{+\infty} x\delta'(x)\varphi(x)\mathrm{d}x = \int_{-\infty}^{+\infty} x\varphi(x)\mathrm{d}\delta(x)$$

$$= x\varphi(x)\delta(x)|_{-\infty}^{+\infty} - \int_{-\infty}^{+\infty} \delta(x)(x\varphi(x))'\mathrm{d}x$$

$$= -\int_{-\infty}^{+\infty} \delta(x)(\varphi(x) + x\varphi'(x))\mathrm{d}x$$

$$= -\varphi(x) - x\varphi'(x)\,|_{x=0} = -\varphi(0).$$

而根据 δ 函数的筛选性质, 得

$$\int_{-\infty}^{+\infty} -\delta(x)\varphi(x)\mathrm{d}x = -\varphi(x)\,|_{x=0} = -\varphi(0).$$

通过比较得到

$$\int_{-\infty}^{+\infty} x\delta'(x)\varphi(x)\mathrm{d}x = \int_{-\infty}^{+\infty} -\delta(x)\varphi(x)\mathrm{d}x,$$

因此有

$$x\delta'(x) = -\delta(x).$$

(3) 对 $\forall \varphi(x) \in C(\mathbf{R})$, 因为 $\alpha > 0$, 所以

$$\int_{-\infty}^{+\infty} \delta(\alpha x) \varphi(x) \mathrm{d}x = \frac{1}{\alpha} \int_{-\infty}^{+\infty} \delta(t) \varphi\left(\frac{t}{\alpha}\right) \mathrm{d}t$$
$$= \frac{1}{\alpha} \varphi\left(\frac{t}{\alpha}\right)\Big|_{t=0} = \frac{1}{\alpha} \varphi(0).$$

而由 δ 函数的筛选性质, 直接得

$$\int_{-\infty}^{+\infty} \frac{1}{\alpha} \delta(x) \varphi(x) \mathrm{d}x = \frac{1}{\alpha} \varphi(x)\Big|_{x=0} = \frac{1}{\alpha} \varphi(0).$$

所以

$$\int_{-\infty}^{+\infty} \delta(\alpha x) \varphi(x) \mathrm{d}x = \int_{-\infty}^{+\infty} \frac{1}{\alpha} \delta(x) \varphi(x) \mathrm{d}x,$$

从而有

$$\delta(\alpha x) = \frac{1}{\alpha} \delta(x).$$

例 5.1.4 求下列函数的 Fourier 变换:

(1) $f_1(x) = \delta(x)$;　　　　(2) $f_2(x) = \mathrm{e}^{\mathrm{i}ax}$;

(3) $f_3(x) = \cos ax$;　　　　(4) $f_4(x) = x$.

解　(1) 由 δ 函数的筛选性质, 得

$$F[\delta(x)] = \int_{-\infty}^{+\infty} \delta(x) \mathrm{e}^{-\mathrm{i}\lambda x} \mathrm{d}x = \mathrm{e}^{-\mathrm{i}\lambda x}\big|_{x=0} = 1.$$

(2) 由 (1) 的结论, 常数 1 的 Fourier 反变换的原像是 $\delta(x)$, 即

$$\frac{1}{2\pi} \int_{-\infty}^{+\infty} \mathrm{e}^{\mathrm{i}\lambda x} \mathrm{d}\lambda = \delta(x) \quad \Rightarrow \quad \int_{-\infty}^{+\infty} \mathrm{e}^{\mathrm{i}\lambda x} \mathrm{d}x = 2\pi\delta(\lambda).$$

这样, 根据 Fourier 变换的定义, 得

$$F[\mathrm{e}^{\mathrm{i}ax}] = \int_{-\infty}^{+\infty} \mathrm{e}^{\mathrm{i}ax} \mathrm{e}^{-\mathrm{i}\lambda x} \mathrm{d}x = \int_{-\infty}^{+\infty} \mathrm{e}^{\mathrm{i}(a-\lambda)x} \mathrm{d}x = 2\pi\delta(a - \lambda).$$

再由 δ 函数的对称性, 有 $\delta(a - \lambda) = \delta(\lambda - a)$, 所以

$$F[\mathrm{e}^{\mathrm{i}ax}] = 2\pi\delta(\lambda - a).$$

(3) 由于

$$\cos ax = \frac{1}{2}\left(\mathrm{e}^{\mathrm{i}ax} + \mathrm{e}^{-\mathrm{i}ax}\right),$$

根据 Fourier 变换的线性性质, 得

$$F[\cos ax] = \frac{1}{2}\left(F[\mathrm{e}^{\mathrm{i}ax}] + F[\mathrm{e}^{-\mathrm{i}ax}]\right).$$

并根据 (2) 的结论, 得

$$F[\mathrm{e}^{\mathrm{i}ax}] = 2\pi\delta(\lambda - a), \quad F[\mathrm{e}^{-\mathrm{i}ax}] = 2\pi\delta(\lambda + a),$$

所以

$$F[\cos ax] = \pi\left(\delta(\lambda - a) + \delta(\lambda + a)\right).$$

(4) 在 (2) 中, 我们已有结论

$$\int_{-\infty}^{+\infty} \mathrm{e}^{\mathrm{i}\lambda x}\mathrm{d}x = 2\pi\delta(\lambda).$$

利用上式并结合 δ 函数的对称性, 得到

$$\int_{-\infty}^{+\infty} \mathrm{e}^{-\mathrm{i}\lambda x}\mathrm{d}x = 2\pi\delta(-\lambda) = 2\pi\delta(\lambda),$$

上式两边对 λ 求导, 得到

$$\int_{-\infty}^{+\infty} -\mathrm{i}x\mathrm{e}^{-\mathrm{i}\lambda x}\mathrm{d}x = 2\pi\delta'(\lambda).$$

从而得到

$$\int_{-\infty}^{+\infty} x\mathrm{e}^{-\mathrm{i}\lambda x}\mathrm{d}x = 2\pi\mathrm{i}\delta'(\lambda),$$

即函数 x 的 Fourier 变换的像为 $2\pi\mathrm{i}\delta'(\lambda)$.

例 5.1.5　求解定解问题

$$\begin{cases} u_{tt} = 9u_{xx} + f(t,x)\delta(t - t_0) & (t_0, t > 0,\ 0 < x < \pi), \\ u_x(t,0) = u_x(t,\pi) = 0, \\ u(0,x) = 0, \quad u_t(0,x) = 0, \end{cases}$$

其中 $f(t,x)$ 是 t, x 的连续函数, 且 $t_0 > 0$.

分析　本例在结构上是一个非齐次混合问题, 且初始条件为 0, 只不过非齐次项含有 δ 函数, 因此我们可以用齐次化原理先把此非齐次方程齐次化再用分离变量法求解.

解 使用齐次化原理, 原混合问题的解

$$u(t,x) = \int_0^t W(t,x,\tau)\mathrm{d}\tau,$$

其中 W 满足

$$\begin{cases} W_{tt} = 9W_{xx} \quad (t > \tau, 0 < x < \pi), \\ W_x(t,0) = W_x(t,\pi) = 0, \\ W\mid_{t=\tau} = 0, \quad W_t\mid_{t=\tau} = f(\tau,x)\delta(\tau - t_0). \end{cases}$$

作自变量替换 $t_1 = t - \tau$, 并记 $\overline{W}(t_1,x,\tau) = W(t_1 + \tau, x, \tau)$, 则

$$\begin{cases} \overline{W}_{t_1 t_1} = 9\overline{W}_{xx} \quad (t_1 > 0, 0 < x < \pi), \\ \overline{W}_x(t_1,0) = \overline{W}_x(t_1,\pi) = 0, \\ \overline{W}\mid_{t_1=0} = 0, \quad \overline{W}_{t_1}\mid_{t_1=0} = f(\tau,x)\delta(\tau - t_0). \end{cases}$$

作分离变量 $\overline{W} = T(t_1)X(x)$, 得到固有值问题

$$\begin{cases} X''(x) + \lambda X(x) = 0, \\ X'(0) = X'(\pi) = 0, \end{cases}$$

以及常微分方程

$$T''(t_1) + 9\lambda T = 0.$$

解上面的固有值问题, 得到

$$\lambda_0 = 0, \quad X_0(x) = 1, \quad \lambda_n = n^2, \quad X_n(x) = \cos nx.$$

相应地, 有

$$T_0(t_1) = \frac{C_0}{2} + \frac{D_0}{2}t_1, \quad T_n(t_1) = C_n \cos 3nt_1 + D_n \sin 3nt_1.$$

由叠加原理, 可设

$$\overline{W}(t_1,x,\tau) = \frac{C_0}{2} + \frac{D_0}{2}t_1 + \sum_{n=1}^{+\infty}(C_n \cos 3nt_1 + D_n \sin 3nt_1)\cos nx.$$

由初值条件

$$\overline{W}(0,x,\tau) = \frac{C_0}{2} + \sum_{n=1}^{+\infty} C_n \cos nx = 0,$$

得 $C_n = 0$. 再由

$$\overline{W}_{t_1}(0, x, \tau) = \frac{D_0}{2} + \sum_{n=1}^{+\infty} 3nD_n \cos nx = f(\tau, x)\delta(\tau - t_0),$$

得到

$$D_0 = \frac{2}{\pi} \int_0^\pi f(\tau, x)\delta(\tau - t_0)\mathrm{d}x,$$

$$D_n = \frac{2}{3n\pi} \int_0^\pi f(\tau, x)\delta(\tau - t_0)\cos nx\,\mathrm{d}x.$$

因此

$$W(t, x, \tau) = \delta(\tau - t_0)\bigg(\bigg(\int_0^\pi f(\tau, x)\mathrm{d}x\bigg) \frac{(t - \tau)}{\pi}$$

$$+ \sum_{n=1}^{+\infty} \bigg(\frac{2}{3n\pi} \int_0^\pi f(\tau, x)\cos nx\,\mathrm{d}x \bigg) \sin 3n(t - \tau)\cos nx \bigg).$$

代入表达式 $u(t, x) = \int_0^t W(t, x, \tau)\mathrm{d}\tau$, 并利用 δ 函数的筛选性质, 得

$$u(t, x) = \begin{cases} \bigg(\int_0^\pi f(t_0, x)\mathrm{d}x\bigg) \dfrac{t - t_0}{\pi} + \displaystyle\sum_{n=1}^{+\infty} \bigg(\dfrac{2}{3n\pi} \int_0^\pi f(t_0, x)\cos nx\,\mathrm{d}x \bigg) \\ \quad \cdot \sin 3n(t - t_0)\cos nx \quad (t \geqslant t_0), \\ 0 \quad (t < t_0). \end{cases}$$

例 5.1.6　利用 $f(x) = x$ 的 Fourier 变换像, 求解初值问题

$$\begin{cases} u_t = u_{xx} + u_x + u \quad (t > 0, -\infty < x < +\infty), \\ u|_{t=0} = x. \end{cases} \tag{1}$$

解　在例 5.1.4 中, 已经求得 $f(x) = x$ 的 Fourier 变换像为

$$\int_{-\infty}^{+\infty} x\mathrm{e}^{-\mathrm{i}\lambda x}\mathrm{d}x = 2\pi\mathrm{i}\delta'(\lambda). \tag{2}$$

以下利用 Fourier 变换求解定解问题 (1). 令

$$\overline{u}(t, \lambda) = \int_{-\infty}^{+\infty} u(t, x)\mathrm{e}^{-\mathrm{i}\lambda x}\mathrm{d}x,$$

得到像函数 $\overline{u}(t, \lambda)$ 满足

$$\begin{cases} \overline{u}_t = -\lambda^2\overline{u} + \mathrm{i}\lambda\overline{u} + \overline{u} \quad (t > 0, -\infty < x < +\infty), \\ \overline{u}|_{t=0} = 2\pi\mathrm{i}\delta'(\lambda), \end{cases} \tag{3}$$

所以

$$\overline{u} = 2\pi i \delta'(\lambda) e^{(-\lambda^2 + i\lambda + 1)t}.$$

作反变换

$$u(t, x) = F^{-1}[\overline{u}] = \frac{1}{2\pi} \int_{-\infty}^{+\infty} \left(2\pi i \delta'(\lambda) e^{(-\lambda^2 + i\lambda + 1)t}\right) e^{i\lambda x} d\lambda$$

$$= i e^t \int_{-\infty}^{+\infty} \delta'(\lambda) e^{-\lambda^2 t + i\lambda(x+t)} d\lambda. \tag{4}$$

利用 δ 函数的导数性质, 再结合上式, 求得

$$u = -i e^t \left(e^{-\lambda^2 t + i\lambda(x+t)}\right)' \Big|_{\lambda=0}$$

$$= -i e^t \left(-2\lambda t + i(x+t)\right) e^{-\lambda^2 t + i\lambda(x+t)} \Big|_{\lambda=0}$$

$$= e^t (x+t).$$

例 5.1.7　求方程 $\Delta_3 u = 0$ 和 $\Delta_2 u = 0$ 的基本解.

分析　本题所求的是 $Lu = 0$ 型方程的最基础的两个基本解, 但由于相应三维问题和二维问题不同, 求解这两个基本解的方法是不同的: 三维的直接利用 Fourier 变换, 但二维的则利用 δ 函数的筛选性质并结合 Green 公式等手段求解.

解　(1) $\Delta_3 u = 0$ 的基本解方程为

$$\Delta_3 U(x, y, z) = \delta(x, y, z). \tag{1}$$

利用 Fourier 变换, 令

$$\overline{U}(\lambda, \mu, \nu) = F[U(x, y, z)] = \iiint_{-\infty}^{+\infty} U(x, y, z) e^{-i(\lambda x + \mu y + \nu z)} dx dy dz.$$

由于 $F(\Delta_3 U) = -\rho^2 \overline{U}$ $(\rho^2 = \lambda^2 + \mu^2 + \nu^2)$, $F[\delta(x, y, z)] = 1$, 故对基本解方程 (1) 作 Fourier 变换, 得到

$$-\rho^2 \overline{U} = 1 \quad \Rightarrow \quad \overline{U} = -\frac{1}{\rho^2}.$$

作 Fourier 反变换

$$U = F^{-1}[\overline{U}]$$

$$= -\frac{1}{(2\pi)^3} \iiint\limits_{-\infty}^{+\infty} \frac{1}{\rho^2} \mathrm{e}^{\mathrm{i}(\lambda x + \mu y + \nu z)} \mathrm{d}\lambda \mathrm{d}\mu \mathrm{d}\nu$$

$$= -\frac{1}{(2\pi)^3} \iiint\limits_{-\infty}^{+\infty} \frac{1}{\rho^2} \mathrm{e}^{\mathrm{i}(\boldsymbol{\rho} \cdot \boldsymbol{r})} \mathrm{d}\lambda \mathrm{d}\mu \mathrm{d}\nu$$

$$= -\frac{1}{(2\pi)^3} \iiint\limits_{-\infty}^{+\infty} \frac{1}{\rho^2} \mathrm{e}^{\mathrm{i}(\rho r \cos\theta)} \mathrm{d}\lambda \mathrm{d}\mu \mathrm{d}\nu,$$

这里 $\boldsymbol{\rho} = (\lambda, \mu, \nu), \boldsymbol{r} = (x, y, z), r^2 = x^2 + y^2 + z^2, \theta$ 为 $\boldsymbol{\rho}$ 和 $\boldsymbol{r}$ 的夹角. 由对称性, 不妨取 ν 轴为向径 $\boldsymbol{r}$, 作球坐标变换

$$\lambda = \rho \sin\theta \cos\varphi, \quad \mu = \rho \sin\theta \sin\varphi, \quad \nu = \rho \cos\theta.$$

所以

$$\begin{aligned}
U(x, y, z) &= -\frac{1}{(2\pi)^3} \int_0^{+\infty} \int_0^\pi \int_0^{2\pi} \mathrm{e}^{\mathrm{i}(\rho r \cos\theta)} \sin\theta \mathrm{d}\varphi \mathrm{d}\theta \mathrm{d}\rho \\
&= -\frac{1}{(2\pi)^2} \int_0^{+\infty} \int_0^\pi \mathrm{e}^{\mathrm{i}(\rho r \cos\theta)} \sin\theta \mathrm{d}\theta \mathrm{d}\rho \\
&= \frac{1}{(2\pi)^2} \int_0^{+\infty} \frac{\mathrm{e}^{\mathrm{i}(\rho r \cos\theta)}}{\mathrm{i}\rho r} \Big|_0^\pi \mathrm{d}\rho \\
&= -\frac{1}{2\pi^2 r} \int_0^{+\infty} \frac{\sin\rho r}{\rho} \mathrm{d}\rho \\
&= -\frac{1}{4\pi r}.
\end{aligned}$$

于是我们用 Fourier 变换, 求得 $\Delta_3 u = 0$ 的基本解方程 (1) 的中心对称形式的基本解

$$U = -\frac{1}{4\pi r} \quad (r = \sqrt{x^2 + y^2 + z^2}).$$

(2) $\Delta_2 u = 0$ 的基本解方程为

$$\Delta_2 U(x, y) = \delta(x, y). \tag{2}$$

下面我们来求解它的中心对称形式的解. 在极坐标下, 设 $U = U(r)$. 由于在 $r > 0$ 时, $\delta(x, y) = 0$, 所以 $U = U(r)$ 满足

$$\frac{1}{r} \frac{\mathrm{d}}{\mathrm{d}r} \left(r \frac{\mathrm{d}U}{\mathrm{d}r} \right) = 0 \quad (r > 0).$$

解得

$$U = A + B \ln r.$$

由于常数 A 在 $r = 0$ 没有奇性, 所以取 $A = 0$, 这样有

$$U = B \ln r.$$

下面确定 B 的值, 使得 $U = B \ln r$ 满足方程 (2). 为此, 记 D_ε 是以原点为中心、半径为 ε 的圆, C_ε 是它的圆周,

根据 δ 函数的运算性质, 得

$$\iint\limits_{D_\varepsilon} \Delta_2 U \mathrm{d}x \mathrm{d}y = \iint\limits_{D_\varepsilon} \delta(x, y) \mathrm{d}x \mathrm{d}y = 1. \tag{3}$$

由 Green 公式, 得到

$$\iint\limits_{D_\varepsilon} \Delta_2 U \mathrm{d}x \mathrm{d}y = \int_{C_\varepsilon} \frac{\partial U}{\partial \boldsymbol{n}} \mathrm{d}l = \int_{C_\varepsilon} \frac{\partial U}{\partial r} \mathrm{d}l$$
$$= \int_{C_\varepsilon} \frac{B}{r} \mathrm{d}l = 2\pi\varepsilon \times \frac{B}{r}\Big|_{r=\varepsilon} = 2\pi B. \tag{4}$$

比较式 (3) 和式 (4), 得

$$2\pi B = 1 \quad \Rightarrow \quad B = \frac{1}{2\pi}.$$

由此得到二维 Laplace 方程中心对称形式的基本解

$$U = \frac{1}{2\pi} \ln r = -\frac{1}{2\pi} \ln \frac{1}{r} \quad (r = \sqrt{x^2 + y^2}).$$

例 5.1.8 利用 Laplace 方程的基本解, 求解以下基本解方程:

(1) $\alpha^2 U_{xx} + \beta^2 U_{yy} = \delta(x, y) \, (\alpha, \beta > 0)$;   (2) $\Delta_3 \Delta_3 U = \delta(x, y, z)$.

分析 一般来说, 求解此类基本解方程, 我们只要求出其中一个解就可以了. 而本题中的方程可以通过变换化成相应的已知的 Laplace 方程基本解的形式, 使问题得到解决.

解 (1) 作变量替换 $\overline{x} = \frac{1}{\alpha}x$, $\overline{y} = \frac{1}{\beta}y$, 经过复合求导

$$U_{xx} = \frac{1}{\alpha^2} U_{\overline{x}\,\overline{x}}, \quad U_{yy} = \frac{1}{\beta^2} U_{\overline{y}\,\overline{y}},$$

原方程变为

$$U_{\overline{x}\,\overline{x}} + U_{\overline{y}\,\overline{y}} = \delta(\alpha\overline{x}, \beta\overline{y}).$$

由于

$$\delta(\alpha\overline{x}, \beta\overline{y}) = \delta(\alpha\overline{x})\delta(\beta\overline{y}) = \frac{1}{\alpha\beta}\delta(\overline{x})\delta(\overline{y}) \quad (\alpha, \beta > 0),$$

所以原方程可化为

$$U_{\overline{x}\,\overline{x}} + U_{\overline{y}\,\overline{y}} = \frac{1}{\alpha\beta}\delta(\overline{x}, \overline{y}).$$

由二维 Laplace 方程基本解的结论, 解得

$$U = -\frac{1}{\alpha\beta}\frac{1}{2\pi}\ln\frac{1}{\overline{r}} \quad (\overline{r} = \sqrt{\overline{x}^2 + \overline{y}^2}),$$

也就是

$$U = \frac{1}{4\pi\alpha\beta}\ln\left(\left(\frac{x}{\alpha}\right)^2 + \left(\frac{y}{\beta}\right)^2\right).$$

记 $\Delta_3 U = H$, 则原方程变为

$$\Delta_3 H = \delta(x, y, z).$$

由三维 Laplace 方程基本解的结论, 可取

$$H = -\frac{1}{4\pi r}, \quad r = \sqrt{x^2 + y^2 + z^2},$$

所以

$$\Delta_3 U = -\frac{1}{4\pi r}.$$

当 $U = U(r)$ 时,

$$\Delta_3 U = \frac{\mathrm{d}^2 u}{\mathrm{d}r^2} + \frac{2}{r}\frac{\mathrm{d}u}{\mathrm{d}r},$$

所以方程 $U = U(r)$ 的形式解满足

$$\frac{\mathrm{d}^2 U}{\mathrm{d}r^2} + \frac{2}{r}\frac{\mathrm{d}U}{\mathrm{d}r} = -\frac{1}{4\pi r}.$$

求解此方程, 得到中心对称形式的基本解为

$$U = -\frac{r}{8\pi}.$$

例 5.1.9 用 Fourier 变换方法, 求三维 Helmholtz 方程的基本解, 即求解方程

$$\Delta_3 U + k^2 U = \delta(x, y, z),$$

其中 $k > 0$.

解 作高维 Fourier 变换, 令

$$\overline{U}(\lambda, \mu, \nu) = F[U(x, y, z)] = \iiint\limits_{-\infty}^{+\infty} U(x, y, z) e^{-i(\lambda x + \mu y + \nu z)} dx dy dz.$$

由于 $F[\Delta_3 U] = -\rho^2 \overline{U}$, $\rho^2 = \lambda^2 + \mu^2 + \nu^2$, $F[\delta(x, y, z)] = 1$, 对方程作 Fourier 变换, 得到

$$-\rho^2 \overline{U} + k^2 \overline{U} = 1 \quad \Rightarrow \quad \overline{U} = \frac{1}{k^2 - \rho^2}.$$

这样作 Fourier 反变换

$$\begin{aligned}
U &= F^{-1}[\overline{U}] \\
&= \frac{1}{(2\pi)^3} \iiint\limits_{-\infty}^{+\infty} \frac{1}{k^2 - \rho^2} e^{i(\lambda x + \mu y + \nu z)} d\lambda d\mu d\nu \\
&= \frac{1}{(2\pi)^3} \iiint\limits_{-\infty}^{+\infty} \frac{1}{k^2 - \rho^2} e^{i(\boldsymbol{\rho} \cdot \boldsymbol{r})} d\lambda d\mu d\nu \\
&= \frac{1}{(2\pi)^3} \iiint\limits_{-\infty}^{+\infty} \frac{1}{k^2 - \rho^2} e^{i(\rho r \cos \theta)} d\lambda d\mu d\nu,
\end{aligned}$$

这里 $\boldsymbol{\rho} = (\lambda, \mu, \nu), \boldsymbol{r} = (x, y, z), r^2 = x^2 + y^2 + z^2, \theta$ 为 $\boldsymbol{\rho}$ 和 $\boldsymbol{r}$ 的夹角. 由对称性, 不妨取 ν 轴为向径 $\boldsymbol{r}$, 作球坐标变换

$$\lambda = \rho \sin \theta \cos \varphi, \quad \mu = \rho \sin \theta \sin \varphi, \quad \nu = \rho \cos \theta,$$

则

$$\begin{aligned}
U(x, y, z) &= \frac{1}{(2\pi)^3} \int_0^{+\infty} \int_0^{\pi} \int_0^{2\pi} \frac{\rho^2}{k^2 - \rho^2} e^{i(\rho r \cos \theta)} \sin \theta d\varphi d\theta d\rho \\
&= \frac{1}{(2\pi)^2} \int_0^{+\infty} \int_0^{\pi} \frac{\rho^2}{k^2 - \rho^2} e^{i(\rho r \cos \theta)} \sin \theta d\theta d\rho \\
&= \frac{1}{(2\pi)^2} \int_0^{+\infty} \frac{\rho}{ir(\rho^2 - k^2)} e^{i(\rho r \cos \theta)} \Big|_0^{\pi} d\rho
\end{aligned}$$

$$
\begin{aligned}
&= -\frac{1}{2\pi^2 r} \int_0^{+\infty} \frac{\rho}{\rho^2 - k^2} \sin \rho r \mathrm{d}\rho \\
&= -\frac{1}{8\pi^2 r} \int_{-\infty}^{+\infty} \left(\frac{1}{\rho - k} + \frac{1}{\rho + k} \right) \sin \rho r \mathrm{d}\rho .
\end{aligned} \tag{1}
$$

而

$$
\begin{aligned}
\int_{-\infty}^{+\infty} \frac{1}{\rho - k} \sin \rho r \mathrm{d}\rho &= \int_{-\infty}^{+\infty} \frac{1}{\rho - k} \sin(\rho - k + k) r \mathrm{d}\rho \\
&= \cos kr \int_{-\infty}^{+\infty} \frac{\sin(\rho - k)r}{\rho - k} \mathrm{d}\rho + \sin kr \int_{-\infty}^{+\infty} \frac{\cos(\rho - k)r}{\rho - k} \mathrm{d}\rho \\
&= \cos kr \int_{-\infty}^{+\infty} \frac{\sin lr}{l} \mathrm{d}l + \sin kr \int_{-\infty}^{+\infty} \frac{\cos lr}{l} \mathrm{d}l \\
&= \pi \cos kr + \sin kr \int_{-\infty}^{+\infty} \frac{\cos lr}{l} \mathrm{d}l .
\end{aligned} \tag{2}
$$

这里用到了积分 $\int_{-\infty}^{+\infty} \frac{\sin lr}{l} \mathrm{d}l = \pi$, 其中 $r > 0$. 类似地, 可以求得

$$
\int_{-\infty}^{+\infty} \frac{1}{\rho + k} \sin \rho r \mathrm{d}\rho = \pi \cos kr - \sin kr \int_{-\infty}^{+\infty} \frac{\cos lr}{l} \mathrm{d}l . \tag{3}
$$

将式 (2)、式 (3) 代入式 (1), 我们得到三维 Helmholtz 方程的基本解

$$
U(x, y, z) = -\frac{1}{4\pi r} \cos kr \quad (r = \sqrt{x^2 + y^2 + z^2}) .
$$

例 5.1.10 在半径为 a 的接地金属球壳内, 在距离球心 b 的 P 点放了电量为 q 的点电荷.

(1) 求这个电量为 q 的点电荷产生的电位 u_0.

(2) 求球壳上感应电荷在球内产生的电位 u, 并求出球内各点总电位 U.

解 (1) 依条件, 不妨设球心为坐标原点 $(0, 0, 0)$, 电量为 q 的电荷放在 z 轴的 $(0, 0, b)$ 处, 则这个点电荷的电荷密度 $\rho(x, y, z) = q\delta(x, y, z - b)$. 在数学物理方程教材中都指出过: 空间电荷产生的电场电位 φ 满足场位方程

$$
\Delta_3 \varphi = -\frac{\rho(x, y, z)}{\epsilon}, \tag{1}
$$

其中 $\rho(x, y, z)$ 是空间的电荷密度, ϵ 是介电常数. 因此, 这个点电荷产生的电位 u_0 满足方程

$$
\Delta_3 u_0 = -\frac{q}{\epsilon} \delta(x, y, z - b). \tag{2}
$$

根据本节中给出的三维 Laplace 方程的基本解结论, 得出方程 (2) 的解

$$u_0 = \frac{q}{\epsilon} \frac{1}{4\pi r(M, P)},$$

其中 $M = (x, y, z)$, $P = (0, 0, b)$, $r(M, M_0)$ 表示 M 和 P 两点之间的距离. 在球坐标 (r, θ, φ) 下, 利用余弦定理可得 $r(M, P) = \sqrt{r^2 + b^2 - 2rb\cos\theta}$. 因此, 这个电量为 q 的点电荷产生的电位为

$$u_0 = \frac{1}{4\pi\epsilon} \frac{q}{\sqrt{r^2 + b^2 - 2rb\cos\theta}}.$$

(2) 感应电荷在球面上, 因此感应电荷在球内的电荷密度为 $\rho = 0$. 根据场位方程 (1), 感应电荷在球内产生的电位 u 满足 $\Delta_3 u = 0$. 另外, 球的表面接地, 因此球面 $r = a$ 上总电位 $U = u_0 + u = 0$, 即 $u \mid_{r=a} = -u_0 \mid_{r=a}$. 这样, 感应电荷的电位 u 满足边值问题

$$\begin{cases} \Delta_3 u = 0 \quad (r < a), \\ u \mid_{r=a} = -\dfrac{1}{4\pi\epsilon} \dfrac{q}{\sqrt{a^2 + b^2 - 2ab\cos\theta}}, \end{cases}$$

这是球内 Laplace 方程的轴对称情形, 解 $u = u(r, \theta)$ 用 Legendre 函数表示为

$$u(r, \theta) = \sum_{n=0}^{+\infty} A_n \left(\frac{r}{a}\right)^n \mathrm{P}_n(\cos\theta). \tag{3}$$

代入边界条件, 有

$$u(r, \theta) \mid_{r=a} = \sum_{n=0}^{+\infty} A_n \mathrm{P}_n(\cos\theta) = -\frac{1}{4\pi\epsilon} \frac{q}{\sqrt{b^2 + a^2 - 2ab\cos\theta}}. \tag{4}$$

记 $t = b/a$, $x = \cos\theta$, 则按照 Legendre 的母函数表示, 有

$$\frac{q}{\sqrt{b^2 + a^2 - 2ab\cos\theta}} = \frac{q}{a} \sum_{n=0}^{+\infty} \mathrm{P}_n(x) t^n = \frac{q}{a} \sum_{n=0}^{+\infty} \mathrm{P}_n(\cos\theta) \left(\frac{b}{a}\right)^n.$$

将上式代入式 (4) 的右边, 得到

$$\sum_{n=0}^{+\infty} A_n \mathrm{P}_n(\cos\theta) = -\frac{1}{4\pi\epsilon} \frac{q}{a} \sum_{n=0}^{+\infty} \mathrm{P}_n(\cos\theta) \left(\frac{b}{a}\right)^n. \tag{5}$$

比较上式两边, 得到

$$A_n = -\frac{1}{4\pi\epsilon} \frac{q}{a} \left(\frac{b}{a}\right)^n,$$

即感应电荷产生的电位为

$$u(r,\theta) = -\frac{1}{4\pi\epsilon}\frac{q}{a}\sum_{n=0}^{+\infty}\left(\frac{br}{a^2}\right)^n \mathrm{P}_n(\cos\theta)$$

$$= -\frac{1}{4\pi\epsilon}\frac{q}{a}\frac{1}{\sqrt{1 - 2\dfrac{b}{a^2}r\cos\theta + \dfrac{b^2}{a^4}r^2}}\cdot$$

最后就得到球内各点的总电位

$$U = u_0 + u$$

$$= \frac{1}{4\pi\epsilon}\frac{q}{\sqrt{r^2 + b^2 - 2rb\cos\theta}} - \frac{1}{4\pi\epsilon}\frac{q}{a}\frac{1}{\sqrt{1 - 2\dfrac{b}{a^2}r\cos\theta + \dfrac{b^2}{a^4}r^2}}\cdot$$

5.2　求解边值问题的 Green 函数法

5.2.1　基本要求

1. 掌握 Poisson 方程第一边值问题 Green 函数的定义并理解 Green 函数的意义.

三维 Poisson 方程第一边值问题是

$$\begin{cases} \Delta_3 u = -f(x,y,z) & ((x,y,z) \in V), \\ u\,|_S = \varphi(x,y,z), \end{cases} \tag{5.2.1}$$

其中 V 是一个空间区域, S 是 V 的边界. 此边值问题对应的 Green 函数 $G(x,y,z,\xi,\eta,\zeta)$ 满足

$$\begin{cases} \Delta_3 G = -\delta(x-\xi, y-\eta, z-\zeta) & ((x,y,z),(\xi,\eta,\zeta) \in V), \\ G\,|_S = 0. \end{cases} \tag{5.2.2}$$

如果能求解出边值问题 (5.2.2) 中的 Green 函数 $G(x,y,z,\xi,\eta,\zeta)$, 就可以通过相应的积分公式得到三维 Poisson 方程第一边值问题 (5.2.1) 的解. 在这个意义下, Green 函数可以理解为相应边值问题的基本解.

类似地, 二维 Poisson 方程第一边值问题是

$$\begin{cases} \Delta_2 u = -f(x,y) & ((x,y) \in D), \\ u\,|_l = \varphi(x,y), \end{cases} \tag{5.2.3}$$

其中 D 是一个平面区域, l 是 D 的边界. 此边值问题对应的 Green 函数 $G(x, y, \xi, \eta)$ 满足

$$\begin{cases} \Delta_2 G = -\delta(x - \xi, y - \eta) & ((x, y), (\xi, \eta) \in D), \\ G \mid_l = 0. \end{cases} \quad (5.2.4)$$

2. 掌握 Green 函数的求法并熟记由 Green 函数求解相应的边值问题的公式.

(1) 求解 Green 函数的方法.

① 镜像法: 这是求解 Green 函数最常用的方法, 常用来求解 Poisson 方程第一边值问题的 Green 函数. 其基本原理是: 根据二维或三维 Laplace 方程的基本解, 可以直接求出一个 Green 函数 G 满足的泛定方程的显然解, 而此解对应点电荷的电场的势函数. 但解不能满足 Green 函数在边界上为零的要求, 为了使得其在边界上为零, 在边界对称点虚设一定电量的电性相反的电荷, 直到这些电荷的电场的势函数在边界上叠加平衡为零 (有些情况下也可平衡为常数, 这时解减去相应常数即可), 但虚设的这些电荷由于在区域外, 可验证这些虚设电荷的势函数是 Green 函数方程对应的齐次方程的解, 不影响 Green 函数所满足方程的成立, 因此, 把原电荷和虚设电荷的电场的势函数叠加就是我们要求的 Green 函数.

② 保形变换法 (A 型): 求某些平面区域内的 Green 函数时, 可以采取保形变换的方法, 这种方法基于以下定理:

设 D 为 z 平面上的一单连通区域, $z = x + \mathrm{i}y$, $z_0 = \xi + \mathrm{i}\eta \in D$. 如果 $\omega = \omega(z, z_0)$ 是把 D 映为 ω 平面的单位圆 $(|\omega| < 1)$, 并把 z_0 映为 $\omega = 0$ 的保形变换, 则

$$G(x, y, \xi, \eta) = \frac{1}{2\pi} \ln \frac{1}{|\omega(z, z_0)|}$$

是平面区域 D 上的 Green 函数, 即 G 为边值问题 (5.2.4) 的解.

③ Fourier 展开方法: 这种方法求 Green 函数的基本原则是, 利用 Green 函数满足的方程及边界条件, 建立同样边界条件的二元函数的固有值问题, 利用求得的二元固有函数系的完备性, 把 Green 函数 G 在二元固有函数系中分解, 再利用其他条件定出组合系数 (或广义 Fourier 系数), 从而定出 Green 函数.

(2) 求出了 Green 函数, 就可以求得相应的边值问题的解, 最常见的就是求 Poisson 方程第一边值问题的解.

由三维 Poisson 方程第一边值问题的 Green 函数 (即边值问题 (5.2.2) 的解) 出发, 求解三维 Poisson 方程第一边值问题 (5.2.1) 的计算公式是

$$u(M) = \iiint\limits_{V} f(M_0)G(M, M_0)\mathrm{d}M_0 - \iint\limits_{S} \varphi(M_0)\frac{\partial G}{\partial \boldsymbol{n_0}}(M, M_0)\mathrm{d}S_0,$$

其中 $M = (x, y, z)$, $M_0 = (\xi, \eta, \zeta)$, $\boldsymbol{n}_0$ 是几何体 V 在边界 S 的外法向 (用 ξ, η, ζ 表示).

类似地, 从二维 Poisson 方程第一边值问题的 Green 函数 (即边值问题 (5.2.4) 的解) 出发, 求解二维 Poisson 方程第一边值问题 (5.2.3) 的计算公式是

$$u(M) = \iint\limits_{D} f(M_0)G(M, M_0)\mathrm{d}M_0 - \int_{l} \varphi(M_0)\frac{\partial G}{\partial \boldsymbol{n_0}}(M, M_0)\mathrm{d}l_0,$$

其中 $M = (x, y)$, $M_0 = (\xi, \eta)$, 而 $\boldsymbol{n}_0$ 是平面区域 D 在边界 l 的外法向 (用 ξ, η 表示).

3. 熟记以下几个最基础的 Green 函数的形式.

(1) 半空间的 Green 函数:

以上半空间 $z > 0$ 为例, 其 Green 函数满足

$$\begin{cases} \Delta_3 G = -\delta(x - \xi, y - \eta, z - \zeta) & (z > 0, \zeta > 0), \\ G \mid_{z=0} = 0. \end{cases}$$

其解为

$$G = \frac{1}{4\pi r(M, M_0)} - \frac{1}{4\pi r(M, M_1)},$$

其中 $M = (x, y, z)$, $M_0 = (\xi, \eta, \zeta)$, $M_1 = (\xi, \eta, -\zeta)$ 是 M_0 关于边界 $z = 0$ 的对称点, $r(A, B)$ 表示 A, B 两点之间的距离, 即有

$$r(M, M_0) = \sqrt{(x - \xi)^2 + (y - \eta)^2 + (z - \zeta)^2},$$

$$r(M, M_1) = \sqrt{(x - \xi)^2 + (y - \eta)^2 + (z + \zeta)^2}.$$

(2) 半平面的 Green 函数:

以半平面 $y > 0$ 为例, 其 Green 函数满足

$$\begin{cases} \Delta_2 G = -\delta(x - \xi, y - \eta) & (y > 0, \eta > 0), \\ G \mid_{y=0} = 0. \end{cases}$$

其解为

$$G = \frac{1}{2\pi} \ln \frac{1}{r(M, M_0)} - \frac{1}{2\pi} \ln \frac{1}{r(M, M_1)},$$

其中 $M = (x, y), M_0 = (\xi, \eta), M_1 = (\xi, -\eta)$ 是 M_0 关于边界 $y = 0$ 的对称点, $r(A, B)$ 表示 A, B 两点之间的距离, 即有

$$r(M, M_0) = \sqrt{(x - \xi)^2 + (y - \eta)^2},$$

$$r(M, M_1) = \sqrt{(x - \xi)^2 + (y + \eta)^2}.$$

(3) 球形区域内的 Green 函数:

以球域 $r < a$ 为例, 其 Green 函数满足

$$\begin{cases} \Delta_3 G = -\delta(x - \xi, y - \eta, z - \zeta) & (r, \rho < a), \\ G \mid_{r=a} = 0, \end{cases}$$

其中 $r = \sqrt{x^2 + y^2 + z^2}, \rho = \sqrt{\xi^2 + \eta^2 + \zeta^2}$. 其解为

$$G = \frac{1}{4\pi} \left(\frac{1}{r(M, M_0)} - \frac{R}{\rho} \frac{1}{r(M, M_1)} \right),$$

这里 $M = (x, y, z), M_0 = (\xi, \eta, \zeta), M_1 = \frac{R^2}{\rho^2}(\xi, \eta, \zeta)$ 是 M_0 关于球面 $r = a$ 的对称点.

(4) 圆形区域内的 Green 函数:

以圆内 $r < a$ 为例, 其 Green 函数满足

$$\begin{cases} \Delta_2 G = -\delta(x - \xi, y - \eta) & (r, \rho < a), \\ G \mid_{r=a} = 0, \end{cases}$$

其中 $r = \sqrt{x^2 + y^2}, \rho = \sqrt{\xi^2 + \eta^2}$. 其解为

$$G = \frac{1}{2\pi} \ln \frac{1}{r(M, M_0)} - \frac{1}{2\pi} \ln \frac{1}{r(M, M_1)} - \frac{1}{2\pi} \ln \frac{R}{\rho},$$

这里 $M = (x, y), M_0 = (\xi, \eta), M_1 = \frac{R^2}{\rho^2}(\xi, \eta)$ 是 M_0 关于圆 $r = a$ 的对称点.

5.2.2 例题分析

例 5.2.1 写出三维 Poisson 方程和二维 Poisson 方程第一边值问题的 Green 函数所满足的边值问题, 并以三维 Poisson 方程的 Green 函数为例, 证明 Green

函数的对称性:

$$G(M_1, M_2) = G(M_2, M_1),$$

这里 $M_i = (\xi_i, \eta_i, \zeta_i)\,(i = 1, 2)$.

解 三维 Poisson 方程第一边值问题的 Green 函数 $G(M, M_0)$ 满足

$$\begin{cases} \Delta_3 G = -\delta(M - M_0) & (M, M_0 \in V), \\ G\mid_S = 0, \end{cases} \tag{1}$$

其中 $M = (x, y, z), M_0 = (\xi, \eta, \zeta), V$ 是方程成立的空间区域, S 是 V 的边界.

二维 Poisson 方程第一边值问题的 Green 函数 $G(M, M_0)$ 满足

$$\begin{cases} \Delta_2 G = -\delta(M - M_0) & (M, M_0 \in D), \\ G\mid_l = 0, \end{cases} \tag{2}$$

其中 D 是方程成立的平面区域, l 是 D 的边界.

下面以三维 Poisson 方程的 Green 函数为例, 证明 Green 函数的对称性, 即

$$G(M_1, M_2) = G(M_2, M_1).$$

实际上, 根据边值问题 (1) 的形式, $G(M, M_1)$ 满足

$$\begin{cases} \Delta_3 G(M, M_1) = -\delta(M - M_1) & (M, M_1 \in V), \\ G(M, M_1) = 0 & (M \in S). \end{cases}$$

而 $G(M, M_2)$ 满足方程

$$\begin{cases} \Delta_3 G(M, M_2) = -\delta(M - M_2) & (M, M_2 \in V), \\ G(M, M_2) = 0 & (M \in S). \end{cases}$$

由 Green 第二公式, 利用结论 $G(M, M_1)\mid_{M \in S} = G(M, M_2)\mid_{M \in S} = 0$, 可得

$$\iiint\limits_V (G(M, M_1)\Delta_3 G(M, M_2) - G(M, M_2)\Delta_3 G(M, M_1))\mathrm{d}V$$

$$= \iint\limits_S \left(G(M, M_1)\frac{\partial G(M, M_2)}{\partial \boldsymbol{n}} - G(M, M_2)\frac{\partial G(M, M_1)}{\partial \boldsymbol{n}} \right) \mathrm{d}S = 0. \tag{3}$$

再把结论 $\Delta_3 G(M, M_1) = -\delta(M - M_1), \Delta_2 G(M, M_2) = -\delta(M - M_2)$ 代入上式, 得到

$$\iiint\limits_V G(M, M_1)\delta(M - M_2)\mathrm{d}V = \iiint\limits_V G(M, M_2)\delta(M - M_1)\mathrm{d}V. \tag{4}$$

根据 δ 函数的筛选性, 有

$$G(M_2, M_1) = G(M_1, M_2).$$

这样我们就证明了 Green 函数的对称性.

例 5.2.2 写出三维 Poisson 方程和二维 Poisson 方程的第一边值问题, 并推导出由相应的 Green 函数求出三维 Poisson 方程和二维 Poisson 方程第一边值问题的公式.

解 三维 Poisson 方程第一边值问题是

$$\begin{cases} \Delta_3 u = -f(M) \quad (M = (x, y, z) \in V), \\ u \mid_S = \varphi(M), \end{cases} \tag{1}$$

其中 V 是方程所定义的空间区域, S 是 V 的边界.

二维 Poisson 方程第一边值问题是

$$\begin{cases} \Delta_2 u = -f(M) \quad (M = (x, y) \in D), \\ u \mid_l = \varphi(M), \end{cases} \tag{2}$$

其中 D 是方程所定义的平面区域, l 是 D 的边界.

三维 Poisson 方程和二维 Poisson 方程的第一边值问题相应的 Green 函数 G 分别满足

$$\begin{cases} \Delta_3 G = -\delta(M - M_0) \quad (M, M_0 \in V), \\ G \mid_S = 0; \end{cases} \tag{3}$$

$$\begin{cases} \Delta_2 G = -\delta(M - M_0) \quad (M, M_0 \in D), \\ G \mid_l = 0. \end{cases} \tag{4}$$

下面我们首先推出由问题 (3) 确定的 Green 函数 G 求出三维 Poisson 方程第一边值问题 (1) 的公式. 由

$$\Delta_3 G = -\delta(M - M_0),$$

得到

$$u(M_0) = \iiint\limits_V \delta(M - M_0) u(M) \mathrm{d}M = -\iiint\limits_V u(M) \Delta_3 G(M, M_0) \mathrm{d}M. \tag{5}$$

再由 Green 第二公式, 我们有

$$\iiint\limits_V (u(M)\Delta_3 G(M, M_0) - G(M, M_0)\Delta_3 u(M))\,\mathrm{d}M = \iint\limits_S \left(u\frac{\partial G}{\partial \boldsymbol{n}} - G\frac{\partial u}{\partial \boldsymbol{n}}\right)\mathrm{d}S, \quad (6)$$

其中 $\boldsymbol{n}$ 是空间区域 V 的边界 S 的外法向. 将条件

$$\Delta_3 u(M) = -f(M) \ (M \in V), \quad u\mid_S = \varphi(M) \ (M \in S),$$

以及条件 $G\mid_S = 0$ 代入式 (6) 并整理, 得到

$$\iiint\limits_V u(M)\Delta_3 G(M, M_0)\mathrm{d}M = -\iiint\limits_V G(M, M_0)f(M)\mathrm{d}M + \iint\limits_S \varphi(M)\frac{\partial G}{\partial \boldsymbol{n}}\mathrm{d}S. \quad (7)$$

比较式 (5) 和式 (7) 的结论, 得到由 Green 函数 G 求出三维 Poisson 方程第一边值问题 (1) 的公式

$$u(M_0) = \iiint\limits_V G(M, M_0)f(M)\mathrm{d}M - \iint\limits_S \varphi(M)\frac{\partial G}{\partial \boldsymbol{n}}\mathrm{d}S,$$

或

$$u(M) = \iiint\limits_V G(M, M_0)f(M_0)\mathrm{d}M_0 - \iint\limits_S \varphi(M_0)\frac{\partial G}{\partial \boldsymbol{n_0}}\mathrm{d}S_0.$$

类似地, 可推出由问题 (4) 所确定的 Green 函数 G 求出二维 Poisson 方程第一边值问题 (2) 的公式

$$u(M_0) = \iint\limits_D G(M, M_0)f(M)\mathrm{d}M - \int_l \varphi(M)\frac{\partial G}{\partial \boldsymbol{n}}\mathrm{d}l,$$

或

$$u(M) = \iint\limits_D G(M, M_0)f(M_0)\mathrm{d}M_0 - \int_l \varphi(M_0)\frac{\partial G}{\partial \boldsymbol{n_0}}\mathrm{d}l_0.$$

例 5.2.3　求上半平面 $(y > 0)$ 的 Green 函数, 并利用此 Green 函数求解上半平面的场位方程边值问题

$$\begin{cases} \Delta_2 u = 0 \quad (y > 0), \\ u\mid_{y=0} = \varphi(x). \end{cases} \quad (1)$$

分析　利用空间或平面区域的 Green 函数 G 能求解此区域相应的场位方程的边值问题, 而求解 Green 函数, 一般来说要比直接求解原边值问题容易, 方法也比较多. 因此, 可先求出 Green 函数, 再求解相应边值问题.

解 上半平面的 Green 函数 G 满足边值问题

$$\begin{cases} \Delta_2 G = -\delta(x - \xi, y - \eta) & (y > 0, \eta > 0), \\ G \mid_{y=0} = 0. \end{cases} \tag{2}$$

记上半平面内点 $M_0 = (\xi, \eta)$, M_0 关于边界 $y = 0$ 的对称点 $M_1 = (\xi, -\eta)$(图 5.2.1), 在 M_0 放置电量为 $+\epsilon$ 的线电荷, 产生电场的势函数为

$$U_0 = \frac{1}{2\pi} \ln \frac{1}{r(M, M_0)},$$

其中 $r(M, M_0) = ((x - \xi)^2 + (y - \eta)^2)^{\frac{1}{2}}$. 在 M_1 虚设电量为 $-\epsilon$ 的线电荷, 产生电场的势函数为

$$U_1 = -\frac{1}{2\pi} \ln \frac{1}{r(M, M_1)},$$

其中 $r(M, M_1) = ((x - \xi)^2 + (y + \eta)^2)^{\frac{1}{2}}$.

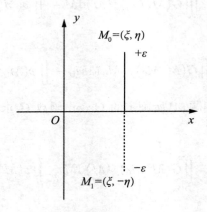

图 5.2.1

由镜像法, 求出 Green 函数

$$G = U_0 + U_1 = \frac{1}{2\pi} \ln \frac{1}{r(M, M_0)} - \frac{1}{2\pi} \ln \frac{1}{r(M, M_1)} = \frac{1}{2\pi} \ln \frac{r(M, M_1)}{r(M, M_0)},$$

即

$$G = \frac{1}{4\pi} \ln \frac{(x - \xi)^2 + (y + \eta)^2}{(x - \xi)^2 + (y - \eta)^2}.$$

由 Green 函数 G 求出二维 Poisson 方程第一边值问题的一般公式是

$$u(M_0) = \iint\limits_{D} G(M, M_0) f(M) \mathrm{d}M - \int_l \varphi(M) \frac{\partial G}{\partial \boldsymbol{n}} \mathrm{d}l. \tag{3}$$

在本问题中, l 是直线 $y = 0$, D 的外法向 $\boldsymbol{n}$ 是 y 半轴负方向, 而 $f(M) = 0$, $\varphi(M) = \varphi(x)$. 将以上这些数据代入式 (3), 就得到利用 Green 函数求边值问题 (1) 的解的公式

$$u(\xi, \eta) = \int_{y=0} \varphi(x) \frac{\partial G}{\partial y} \mathrm{d}x, \tag{4}$$

其中

$$
\begin{aligned}
\left. \frac{\partial G}{\partial y} \right|_{y=0} &= \frac{1}{2\pi} \left(\frac{y+\eta}{(x-\xi)^2 + (y+\eta)^2} - \frac{y-\eta}{(x-\xi)^2 + (y-\eta)^2} \right) \Bigg|_{y=0} \\
&= \frac{1}{\pi} \frac{\eta}{(x-\xi)^2 + \eta^2}.
\end{aligned}
$$

因而得到

$$u(\xi, \eta) = \frac{1}{\pi} \int_{-\infty}^{+\infty} \frac{\eta \varphi(x)}{(x-\xi)^2 + \eta^2} \mathrm{d}x,$$

即所求的边值问题的解为

$$u(x, y) = \frac{1}{\pi} \int_{-\infty}^{+\infty} \frac{y \varphi(\xi)}{(x-\xi)^2 + y^2} \mathrm{d}\xi.$$

例 5.2.4 已知半球区域 $V = \{(x,y,z) \mid x^2 + y^2 + z^2 < R^2, z > 0\}$, 求 V 内 Poisson 方程第一边值问题的 Green 函数.

分析 半球区域有两个边界: 一个是底面的圆, 另一个是半球面的边界. 因此, 利用镜像法求 Green 函数时, 在球内放置正电荷后, 在它关于两个边界对称点都要放置虚拟负电荷来平衡边界的电势, 最后还要放置一个虚拟正电荷来抵消这两个虚拟负电荷对其余边界电势的影响.

解 V 内 Poisson 方程第一边值问题的 Green 函数满足边值问题

$$
\begin{cases}
\Delta_3 G = -\delta(x-\xi, y-\eta, z-\zeta) & (z > 0, r, \rho < R), \\
G \mid_S = 0,
\end{cases}
$$

其中 $r = \sqrt{x^2 + y^2 + z^2}$, $\rho = \sqrt{\xi^2 + \eta^2 + \zeta^2}$,

$$S = \{z > 0, r = R\} \cup \{z = 0, r < R\}.$$

如图 5.2.2 所示, 利用镜像法, 在半球内 $M_0 = (\xi, \eta, \zeta)$ 点放置电量为 $+\epsilon$ 的点电荷, 在 M_0 关于球面的对称点 $M_1 = \frac{R^2}{\rho^2}(\xi, \eta, \zeta)$ 虚设电量为 $-\frac{R}{\rho}\epsilon$ 的点电荷,

同时在关于半球底面的对称点 $M_2 = (\xi, \eta, -\zeta)$ 虚设电量为 $-\epsilon$ 的点电荷, 最后在 M_1 关于底面的对称点 $M_3 = \dfrac{R^2}{\rho^2}(\xi, \eta, -\zeta)$ 虚设一电量为 $+\dfrac{R}{\rho}\epsilon$ 的正电荷. 这样, 在 M_0 放置的点电荷以及在 M_1, M_2, M_3 虚设的电荷所产生的势函数分别为

$$U_0 = \frac{1}{4\pi r(M, M_0)}, \quad U_1 = -\frac{R}{\rho}\frac{1}{4\pi r(M, M_1)},$$

$$U_2 = -\frac{1}{4\pi r(M, M_2)}, \quad U_3 = \frac{R}{\rho}\frac{1}{4\pi r(M, M_3)}.$$

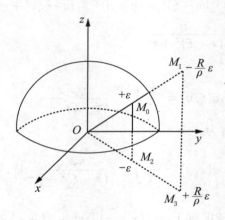

图 5.2.2

因此, 所求 Green 函数为

$$G = U_0 + U_1 + U_2 + U_3$$

$$= \frac{1}{4\pi}\left(\frac{1}{r(M, M_0)} - \frac{R}{\rho}\frac{1}{r(M, M_1)} - \frac{1}{r(M, M_2)} + \frac{R}{\rho}\frac{1}{r(M, M_3)}\right).$$

例 5.2.5 求层状空间 $V = \{(x, y, z) \mid 0 < z < h\}$ 内 Poisson 方程第一边值问题的 Green 函数.

分析 可使用镜像法求解, 区域的边界 $z = 0$ 和 $z = h$ 如同两面镜子, 反复反射, 形成无穷多个电像, 相应放置的一系列电荷产生的场的势函数进行无穷叠加就是所求 Green 函数.

解 利用镜像法求 Green 函数. Green 函数 G 满足边值问题

$$\begin{cases} \Delta_3 G = -\delta(x - \xi, y - \eta, z - \zeta) \quad (0 < z < h, 0 < \zeta < h), \\ G\big|_{z=0} = 0, \quad G\big|_{z=h} = 0. \end{cases} \tag{1}$$

记 $M_0 = (\xi, \eta, \zeta)$, 它关于边界 $z = 0$ 的对称点为 $M_1 = (\xi, \eta, -\zeta)$, 关于边界 $z = h$ 的对称点为 $M_1' = (\xi, \eta, 2h - \zeta)$, 在 M_0 放置电量为 $+\epsilon$ 的点电荷. 在 M_1 和 M_1' 分别放置电量为 $-\epsilon$ 的点电荷. 为平衡 M_1 处负电荷对边界 $z = h$ 的影响, 在 M_1 关于 $z = h$ 的对称点 $M_2 = (\xi, \eta, 2h + \zeta)$ 放置电量为 $+\epsilon$ 的点电荷, 在 M_1' 关于 $z = 0$ 的对称点 $M_2' = (\xi, \eta, -2h + \zeta)$ 放置电量为 $+\epsilon$ 的点电荷. 以此类推, 在坐标为 $K_n = (\xi, \eta, 2nh + \zeta)$ 的点放置电量为 $+\epsilon$ 的点电荷, 而在 $R_n' = (\xi, \eta, 2nh - \zeta)$ 放置电量为 $-\epsilon$ 的点电荷, 其中 $n = 0, \pm 1, \pm 2, \cdots$. 在 K_n 和 K_n' 处放置的电荷产生静电场的势函数分别为

$$U_n = \frac{1}{4\pi r(M, K_n)} \quad \left(r(M, K_n) = \sqrt{(x - \xi)^2 + (y - \eta)^2 + (z - 2nh - \zeta)^2} \right),$$
$$U_n' = -\frac{1}{4\pi r(M, K_n')} \quad \left(r(M, K_n) = \sqrt{(x - \xi)^2 + (y - \eta)^2 + (z - 2nh + \zeta)^2} \right).$$

把这些电场的势函数叠加后就是所求的 Green 函数, 即

$$G = \sum_{n=-\infty}^{+\infty} U_n + U_n' = \frac{1}{4\pi} \sum_{n=-\infty}^{+\infty} \left(\frac{1}{r(M, K_n)} - \frac{1}{r(M, K_n')} \right).$$

例 5.2.6 已知半圆区域 $D = \{(x, y) \mid x^2 + y^2 < R^2, y > 0\}$, 求 D 内 Poisson 方程第一边值问题的 Green 函数.

解 D 内 Poisson 方程第一边值问题的 Green 函数满足边值问题

$$\begin{cases} \Delta_2 G = -\delta(x - \xi, y - \eta) & (y, \eta > 0; r, \rho < R), \\ G \mid_l = 0, \end{cases}$$

其中 $r = \sqrt{x^2 + y^2}$, $\rho = \sqrt{\xi^2 + \eta^2}$, $l = \{y > 0, r = R\} \bigcup \{y = 0, |x| \leqslant R\}$. 以下用镜像法求此 Green 函数. 首先在半球内的点 $M_0 = (\xi, \eta)$ 放置电量为 $+\epsilon$ 的线电荷, 在 M_0 关于圆的对称点 $M_1 = \frac{R^2}{\rho^2}(\xi, \eta)$ 虚设电量为 $-\epsilon$ 的线电荷, 同时在关于半圆底边 $y = 0$ 的对称点 $M_2 = (\xi, -\eta)$ 虚设电量为 $-\epsilon$ 的线电荷, 最后在 $M_3 = \frac{R^2}{\rho^2}(\xi, -\eta)$ 虚设电量为 $+\epsilon$ 的正电荷以起到总的平衡作用, 如图 5.2.3 所示.

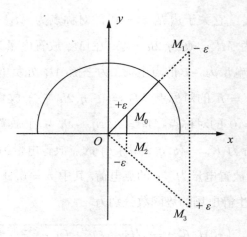

图 5.2.3

在 M_0, M_1, M_2, M_3 处放置线电荷产生的电场的势函数分别为

$$U_0 = \frac{1}{2\pi} \ln \frac{1}{r(M, M_0)}, \quad U_1 = -\frac{1}{2\pi} \ln \frac{1}{r(M, M_1)},$$

$$U_2 = -\frac{1}{2\pi} \ln \frac{1}{r(M, M_2)}, \quad U_3 = \frac{1}{2\pi} \ln \frac{1}{r(M, M_3)},$$

其中 $M = (x, y), r(A, B)$ 表示 A, B 两点之间的距离. Green 函数

$$G = U_1 + U_2 + U_3 + U_4 + C = \frac{1}{2\pi} \frac{r(M, M_1)r(M, M_2)}{r(M, M_0)r(M, M_3)} + C, \tag{1}$$

其中 C 为待定常数. 依照 Green 函数的边界条件, G 在上半圆 $l_1 = \{y > 0, r = R\}$ 的值为 0, 因此有

$$\frac{1}{2\pi} \ln \frac{r(M, M_1)r(M, M_2)}{r(M, M_0)r(M, M_3)} \bigg|_{M \in l_1} + C = 0. \tag{2}$$

由圆的对称点的性质, M 在圆周上时, 有

$$\frac{r(M, M_1)}{r(M, M_0)} = \frac{r(M, M_3)}{r(M, M_2)} = \frac{\rho}{R} \quad (\rho = \sqrt{\xi^2 + \eta^2}). \tag{3}$$

将式 (3) 代入 (2), 得

$$\frac{1}{2\pi} \ln 1 + C = 0 \quad \Rightarrow \quad C = 0.$$

另外, 当 $C = 0$ 时, 根据对称点的意义, 容易验证 Green 函数在边界 $y = 0$ 上的值也为 0. 这样, 所求 Green 函数 G 为

$$G = U_1 + U_2 + U_3 + U_4 + C = \frac{1}{2\pi} \frac{r(M, M_1)r(M, M_2)}{r(M, M_0)r(M, M_3)}, \tag{4}$$

其中

$$r(M, M_0) = \sqrt{(x - \xi)^2 + (y - \eta)^2},$$

$$r(M, M_1) = \sqrt{\left(x - \frac{R^2}{\rho^2}\xi\right)^2 + \left(y - \frac{R^2}{\rho^2}\eta\right)^2},$$

$$r(M, M_2) = \sqrt{(x - \xi)^2 + (y + \eta)^2},$$

$$r(M, M_3) = \sqrt{\left(x - \frac{R^2}{\rho^2}\xi\right)^2 + \left(y + \frac{R^2}{\rho^2}\eta\right)^2}.$$

例 5.2.7　已知四分之一平面 $D = \{(x, y) \mid x > 0, y > 0\}$.

(1) 用镜像法, 求出 D 内 Poisson 方程第一边值问题的 Green 函数.

(2) (A 型) 用保形变换方法求出 D 内 Poisson 方程第一边值问题的 Green 函数.

解　(1) 由于 V 内 Green 函数满足边值问题

$$\begin{cases} \Delta_2 G = -\delta(x - \xi, y - \eta) & (x > 0, y > 0, \xi > 0, \eta > 0), \\ G \mid_L = 0, \end{cases}$$

其中 L 为 D 的边界, 即 $L = \{(x, y) \mid x = 0, y \geqslant 0)\} \cup \{(x, y) \mid y = 0, x \geqslant 0)\}$.
记 $M_0 = (\xi, \eta)$, 则 M_0 关于 x 轴和 y 轴的对称点分别为 $M_1 = (\xi, -\eta)$ 和 $M_2 = (-\xi, \eta)$. 在 M_0 放置电量为 $+\epsilon$ 的线电荷, 产生电场的势函数为

$$U_0 = \frac{1}{2\pi} \ln \frac{1}{r(M, M_0)} \quad \left(r(M, M_0) = \sqrt{(x - \xi)^2 + (y - \eta)^2}\right),$$

如图 5.2.4 所示, 在 M_1 和 M_2 分别虚设电量为 $-\epsilon$ 的线电荷, 产生电场的势函数
分别为

$$U_1 = -\frac{1}{2\pi} \ln \frac{1}{r(M, M_1)} \quad \left(r(M, M_1) = \sqrt{(x - \xi)^2 + (y + \eta)^2}\right),$$

$$U_2 = -\frac{1}{2\pi} \ln \frac{1}{r(M, M_2)} \quad \left(r(M, M_2) = \sqrt{(x + \xi)^2 + (y - \eta)^2}\right).$$

为平衡在 M_1 所虚设的负电荷对 y 轴的影响和在 M_2 所虚设的负电荷对 x 轴的
影响, 在 $M_3 = (-\xi, -\eta)$ 虚设电量为 $+\epsilon$ 的线电荷, 产生电场的势函数为

$$U_3 = -\frac{1}{2\pi} \ln \frac{1}{r(M, M_3)} \quad (r(M, M_3) = \sqrt{(x + \xi)^2 + (y + \eta)^2}).$$

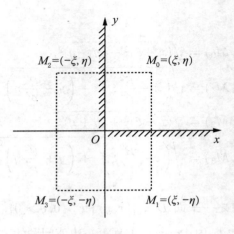

图 5.2.4

把放置的所有电荷电场的势函数叠加, 我们就得到 Green 函数

$$G = U_0 + U_1 + U_2 + U_3 = \frac{1}{2\pi} \ln \frac{r(M, M_1)\, r(M, M_2)}{r(M, M_0)\, r(M, M_3)}.$$

(2) 由复变函数知识可以知道, 分式线性变换

$$h(z) = k\frac{z - z_0}{z - \overline{z}_0} \quad (|k| = 1)$$

把上半平面 $\mathrm{Im}(z) > 0$ 映为单位圆内部, 并把 z_0 映为圆心 $h = 0$, 其中 $z = x + \mathrm{i}y$, $z_0 = \xi + \mathrm{i}\eta$, $\overline{z}_0 = \xi - \mathrm{i}\eta$.

另外, 显然保形变换 $g(z) = z^2$ 把四分之一平面 $D = \{(x, y) \mid x > 0, y > 0\}$ 映为上半平面. 将以上两个保形变换复合, 得

$$\omega(z) = k\frac{z^2 - z_0^2}{z^2 - \overline{z}_0^2}.$$

把四分之一平面 D 映为单位圆内部, 并把 D 内点 $z_0 = \xi + \mathrm{i}\eta$ 映为圆心 $w = 0$. 根据本章用保形变换求解 Green 函数的相关定理, 所求的 Green 函数为

$$G(x, y, \xi, \eta) = \frac{1}{2\pi} \ln \frac{1}{|\omega(z)|} = \frac{1}{2\pi}\left(-\ln|k| + \ln\frac{|z^2 - \overline{z}_0^2|}{|z^2 - z_0^2|}\right).$$

利用 $|k| = 1$, 上式可化为

$$G = \frac{1}{2\pi} \ln \frac{|z - \overline{z}_0||z + \overline{z}_0|}{|z - z_0||z + z_0|}.$$

记 $M_0 = (\xi, \eta), M_1 = (\xi, -\eta), M_2(-\xi, \eta), M_3 = (-\xi, -\eta)$, 则

$$|z - z_0| = r(M, M_0) = \sqrt{(x - \xi)^2 + (y - \eta)^2},$$

$$|z + z_0| = r(M, M_3) = \sqrt{(x + \xi)^2 + (y + \eta)^2},$$

$$|z - \overline{z}_0| = r(M, M_1) = \sqrt{(x - \xi)^2 + (y + \eta)^2},$$

$$|z + \overline{z}_0| = r(M, M_2) = \sqrt{(x + \xi)^2 + (y - \eta)^2}.$$

因此利用保形变换, 同样可算出 Green 函数

$$G = \frac{1}{2\pi} \ln \frac{r(M, M_1)\, r(M, M_2)}{r(M, M_0)\, r(M, M_3)}.$$

例 5.2.8 已知四分之一空间 $V = \{(x, y, z) \mid x > 0, y > 0\}$.

(1) 用镜像法, 求出 V 内 Poisson 方程第一边值问题的 Green 函数.

(2) 用积分变换法, 求出 V 内 Poisson 方程第一边值问题的 Green 函数.

解 (1) V 内 Green 函数满足边值问题

$$\begin{cases} \Delta_3 G = -\delta(x - \xi, y - \eta, z - \zeta) & (x > 0, y > 0, \xi > 0, \eta > 0), \\ G \mid_S = 0, \end{cases} \tag{1}$$

其中 S 为 V 的边界, 即 $S = \{(x, y, z) \mid x = 0, y \geqslant 0\} \cup \{(x, y, z) \mid y = 0, x \geqslant 0\}$.

记 V 内点 $M_0 = (\xi, \eta, \zeta)$, M_0 关于 yOz 面的对称点和 xOz 面的对称点分别为 $M_1 = (-\xi, \eta, \zeta)$ 和 $M_2 = (\xi, -\eta, \zeta)$, 在 M_0 放置电量为 $+\epsilon$ 的点电荷, 产生电场的势函数为

$$U_0 = \frac{1}{4\pi r(M, M_0)} \quad \left(r(M, M_0) = \sqrt{(x - \xi)^2 + (y - \eta)^2 + (z - \zeta)^2}\right),$$

在 M_1 和 M_2 分别虚设电量为 $-\epsilon$ 的点电荷, 产生电场的势函数分别为

$$U_1 = -\frac{1}{4\pi r(M, M_1)} \quad \left(r(M, M_1) = \sqrt{(x + \xi)^2 + (y - \eta)^2 + (z - \zeta)^2}\right),$$

$$U_2 = -\frac{1}{4\pi r(M, M_2)} \quad \left(r(M, M_2) = \sqrt{(x - \xi)^2 + (y + \eta)^2 + (z - \zeta)^2}\right).$$

最后, 为平衡 M_1 点所设负电荷对 xOz 面的影响和 M_2 点所设负电荷对 yOz 面的影响, 在 $M_3 = (-\xi, -\eta, \zeta)$ 放置电量为 $+\epsilon$ 的点电荷, 产生电场的势函数为

$$U_3 = \frac{1}{4\pi r(M, M_3)} \quad \left(r(M, M_3) = \sqrt{(x + \xi)^2 + (y + \eta)^2 + (z - \zeta)^2}\right).$$

取 $G = U_0 + U_1 + U_2 + U_3$, 则 G 就是所求的 Green 函数

$$G = \frac{1}{4\pi\sqrt{(x-\xi)^2 + (y-\eta)^2 + (z-\zeta)^2}} - \frac{1}{4\pi\sqrt{(x+\xi)^2 + (y-\eta)^2 + (z-\zeta)^2}}$$
$$- \frac{1}{4\pi\sqrt{(x-\xi)^2 + (y+\eta)^2 + (z-\zeta)^2}} + \frac{1}{4\pi\sqrt{(x+\xi)^2 + (y+\eta)^2 + (z-\zeta)^2}}.$$

(2) 注意到 V 中 $x, y > 0$, 而 $-\infty < z < +\infty$, 所以原问题关于 x, y 为半直线问题, 且在 $x = 0$, $y = 0$ 边界处 $G = 0$, 因此可对 x, y 作正弦变换. 而 z 是全直线问题, 因此可对 z 作 Fourier 变换. 可通过定义以下变换求 Green 函数, 即

$$H\left[f(x,y,z)\right] = \int_{-\infty}^{+\infty} \int_0^{+\infty} \int_0^{+\infty} f(x,y,z) \sin\lambda x \sin\mu y \mathrm{e}^{-\mathrm{i}\gamma z} \mathrm{d}x\mathrm{d}y\mathrm{d}z. \tag{2}$$

令 $\overline{G} = H[G]$, 则 $\overline{G}$ 是 λ, μ, γ 和 ξ, η, ζ 的函数. 进一步, 有

$$H[G_{xx}] = \int_{-\infty}^{+\infty} \int_0^{+\infty} \int_0^{+\infty} G_{xx} \sin\lambda x \sin\mu y \mathrm{e}^{-\mathrm{i}\gamma z} \mathrm{d}x\mathrm{d}y\mathrm{d}z. \tag{3}$$

下面证明 $H[G_{xx}] = -\lambda^2 \overline{G}$. 实际上, 由正弦变换依赖条件 $G \to 0$, 且 $G_x \to 0\,(x \to +\infty)$, 以及 $G\,|_{x=0} = 0$, 我们有

$$\int_0^{+\infty} G_{xx} \sin\lambda x \mathrm{d}x = G_x \sin\lambda x\,|_0^{+\infty} - \lambda \int_0^{+\infty} \cos\lambda x G_x \mathrm{d}x$$
$$= -\lambda\cos\lambda x\, G\,|_0^{+\infty} - \lambda^2 \int_0^{+\infty} G \sin\lambda x \mathrm{d}x$$
$$= -\lambda^2 \int_0^{+\infty} G \sin\lambda x \mathrm{d}x.$$

将以上结果代入式 (3), 并比较 $\overline{G}$ 的定义, 就证明了 $H[G_{xx}] = -\lambda^2 \overline{G}$. 同理, $H[G_{yy}] = -\mu^2 \overline{G}$, 类似于 Fourier 变换的微分关系式, 可得 $H[G_{zz}] = -\gamma^2 \overline{G}$, 这样对 Green 函数 G 满足的边值问题 (1) 作式 (2) 所定义的变换, 并利用 δ 函数的筛选性质, 我们有

$$-(\lambda^2 + \mu^2 + \gamma^2)\overline{G} = -\sin\lambda\xi \sin\mu\eta \mathrm{e}^{-\mathrm{i}\gamma\zeta},$$

也就是

$$\overline{G} = \frac{1}{\rho^2} \sin\lambda\xi \sin\mu\eta \mathrm{e}^{-\mathrm{i}\gamma\zeta} \quad (\rho^2 = \lambda^2 + \mu^2 + \gamma^2).$$

下面作相应的反变换, 以求出 Green 函数 G:

$$G = \frac{1}{2\pi}\left(\frac{2}{\pi}\right)^2 \int_0^{+\infty} \int_0^{+\infty} \int_{-\infty}^{\infty} \overline{G} \sin\lambda x \sin\mu y \mathrm{e}^{\mathrm{i}\gamma z} \mathrm{d}\lambda\mathrm{d}\mu\mathrm{d}\gamma$$

$$= \frac{2}{\pi^3} \int_0^{+\infty} \int_0^{+\infty} \int_{-\infty}^{\infty} \frac{1}{\rho^2} (\sin \lambda x \sin \lambda \xi)(\sin \mu y \sin \mu \eta) \mathrm{e}^{-\mathrm{i}\gamma\zeta} \mathrm{e}^{\mathrm{i}\gamma z} \mathrm{d}\lambda \mathrm{d}\mu \mathrm{d}\gamma$$

$$= \frac{1}{2\pi^3} \int_0^{+\infty} \int_0^{+\infty} \int_{-\infty}^{\infty} \frac{1}{\rho^2} \left(\cos \lambda(x-\xi) - \cos \lambda(x+\xi) \right)$$
$$\cdot \left(\cos \mu(y-\eta) - \cos \mu(y+\eta) \right) \mathrm{e}^{-\mathrm{i}\gamma\zeta} \mathrm{e}^{\mathrm{i}\gamma z} \mathrm{d}\lambda \mathrm{d}\mu \mathrm{d}\gamma$$

$$= \frac{1}{(2\pi)^3} \int_{-\infty}^{+\infty} \int_{-\infty}^{+\infty} \int_{-\infty}^{+\infty} \frac{1}{\rho^2} \left(\mathrm{e}^{\mathrm{i}\lambda(x-\xi)} - \mathrm{e}^{\mathrm{i}\lambda(x+\xi)} \right) \cdot$$
$$\cdot \left(\mathrm{e}^{\mathrm{i}\mu(y-\eta)} - \mathrm{e}^{\mathrm{i}\mu(y+\eta)} \right) \mathrm{e}^{\mathrm{i}\gamma(z-\zeta)} \mathrm{d}\lambda \mathrm{d}\mu \mathrm{d}\gamma$$

$$= \frac{1}{(2\pi)^3} \iiint_{-\infty}^{+\infty} \frac{1}{\rho^2} \mathrm{e}^{\mathrm{i}\lambda(x-\xi)} \mathrm{e}^{\mathrm{i}\mu(y-\eta)} \mathrm{e}^{\mathrm{i}\gamma(z-\zeta)} \mathrm{d}\lambda \mathrm{d}\mu \mathrm{d}\gamma$$

$$- \frac{1}{(2\pi)^3} \iiint_{-\infty}^{+\infty} \frac{1}{\rho^2} \mathrm{e}^{\mathrm{i}\lambda(x+\xi)} \mathrm{e}^{\mathrm{i}\mu(y-\eta)} \mathrm{e}^{\mathrm{i}\gamma(z-\zeta)} \mathrm{d}\lambda \mathrm{d}\mu \mathrm{d}\gamma$$

$$- \frac{1}{(2\pi)^3} \iiint_{-\infty}^{+\infty} \frac{1}{\rho^2} \mathrm{e}^{\mathrm{i}\lambda(x-\xi)} \mathrm{e}^{\mathrm{i}\mu(y+\eta)} \mathrm{e}^{\mathrm{i}\gamma(z-\zeta)} \mathrm{d}\lambda \mathrm{d}\mu \mathrm{d}\gamma$$

$$+ \frac{1}{(2\pi)^3} \iiint_{-\infty}^{+\infty} \frac{1}{\rho^2} \mathrm{e}^{\mathrm{i}\lambda(x+\xi)} \mathrm{e}^{\mathrm{i}\mu(y+\eta)} \mathrm{e}^{\mathrm{i}\gamma(z-\zeta)} \mathrm{d}\lambda \mathrm{d}\mu \mathrm{d}\gamma$$

把式中积分求出后, 用积分变换方法可同样得到 Green 函数

$$G = \frac{1}{4\pi\sqrt{(x-\xi)^2 + (y-\eta)^2 + (z-\zeta)^2}} - \frac{1}{4\pi\sqrt{(x+\xi)^2 + (y-\eta)^2 + (z-\zeta)^2}}$$
$$- \frac{1}{4\pi\sqrt{(x-\xi)^2 + (y+\eta)^2 + (z-\zeta)^2}} + \frac{1}{4\pi\sqrt{(x+\xi)^2 + (y+\eta)^2 + (z-\zeta)^2}}.$$

注 5.2.1　以上推导的最后一步积分计算用到例 5.1.7 中三维 Laplace 方程基本解推导过程中得到的结论

$$\frac{1}{(2\pi)^3} \iiint_{-\infty}^{+\infty} \frac{1}{\rho^2} \mathrm{e}^{\mathrm{i}(\lambda x + \mu y + \gamma z)} \mathrm{d}\lambda \mathrm{d}\mu \mathrm{d}\gamma = \frac{1}{4\pi r},$$

其中 $r = \sqrt{x^2 + y^2 + z^2}$.

例 5.2.9　(A 型) 已知六分之一圆 $D = \{(r, \theta) \mid r < R, 0 < \theta < \pi/3\}$, 求 D 内 Poisson 方程第一边值问题的 Green 函数.

分析　六分之一圆边界比较复杂, 用镜像法不易求出其 Green 函数. 但是保形变换 $g(z) = z^3$ 能把六分之一圆映为半圆. 半圆区域内的 Green 函数可用镜像

法求出. 因此, 可以联合利用保形变换求函数 Green 的原理和半圆内的 Green 函数来求解.

解 用 $D^* = \{(r^*, \theta^*) \mid r^* < R^*, 0 < \theta^* < \pi\}$ 表示半径为 R^* 的上半圆, 设复变函数 $h(z^*, z_0{}^*)$ 是把 D^* 映到单位圆内部 $|h| < 1$, 并把 $z_0{}^*$ 变换为 $h = 0$ 的一个保形变换, 其中 $z^* = x^* + \mathrm{i}y^* \in D^*, z_0{}^* = \xi^* + \mathrm{i}\eta^* \in D^*$. 依照本节的保形变换求 Green 函数的定理, D^* 内 Poisson 方程第一边值问题的 Green 函数为

$$G^* = \frac{1}{2\pi} \ln \frac{1}{|h(z^*, z_0{}^*)|}. \tag{1}$$

又根据例 5.2.6 用镜像法求半圆内的 Green 函数的结论, D^* 内 Poisson 方程第一边值问题的 Green 函数可表示为

$$G^* = \frac{1}{2\pi} \ln \frac{r(M^*, M_1{}^*)r(M^*, M_2{}^*)}{r(M^*, M_0{}^*)r(M^*, M_3{}^*)}, \tag{2}$$

其中

$$M^* = (x^*, y^*), \quad M_0{}^* = (\xi^*, \eta^*), \quad M_1{}^* = (\xi^*, -\eta^*),$$
$$M_2{}^* = \frac{R^{*2}}{\rho^{*2}}(\xi^*, \eta^*), \quad M_3{}^* = \frac{R^{*2}}{\rho^{*2}}(\xi^*, -\eta^*),$$

$\rho^* = \sqrt{\xi^{*2} + \eta^{*2}}$, $r(A, B)$ 表示 A, B 两点之间的距离. 显然, 式 (2) 代表的 D^* 内的 Green 函数又可改写为以下复变函数形式:

$$G^* = \frac{1}{2\pi} \ln \frac{\left|z^* - \overline{z_0{}^*}\right|\left|z^* - \frac{R^{*2}}{\rho^{*2}}z_0{}^*\right|}{\left|z^* - z_0{}^*\right|\left|z^* - \frac{R^{*2}}{\rho^{*2}}\overline{z_0{}^*}\right|}. \tag{3}$$

比较式 (1) 和式 (3), 则有

$$|h(z^*, z_0{}^*)| = \frac{\left|z^* - \frac{R^{*2}}{\rho^{*2}}\overline{z_0{}^*}\right|\left|z^* - z_0{}^*\right|}{\left|z^* - \frac{R^{*2}}{\rho^{*2}}z_0{}^*\right|\left|z^* - \overline{z_0{}^*}\right|}. \tag{4}$$

若取 $R^* = R^3$, 则保形变换 $g(z) = z^3$ 把半径为 R 的六分之一圆 D 的内部变为半圆 D^*, 并把 D 内的点 z_0 变为 z_0^3, 因此 $g(z)$ 和 $h(z^*, z_0{}^*)$ 复合而成的保形变换

$$\omega(z, z_0) = h(z^3, z_0^3) \tag{5}$$

把六分之一圆 D 变为单位圆 $|\omega| < 1$, 并把 D 内点 z_0 变为 $\omega = 0$. 根据本节利用保形变换求 Green 函数的定理, 六分之一圆 D 的 Green 函数为

$$G = \frac{1}{2\pi} \ln \frac{1}{|\omega(z, z_0)|} = \frac{1}{2\pi} \ln \frac{\left|z^3 - \overline{z_0}^3\right|\left|z^3 - \dfrac{R^6}{\rho^6} z_0^3\right|}{\left|z^3 - z_0^3\right|\left|z^3 - \dfrac{R^6}{\rho^6} \overline{z_0}^3\right|}. \tag{6}$$

在极坐标下, z 表示为 (r, θ), z_0 表示为 (ρ, θ_0), 则 z^3 为点 $(r^3, 3\theta)$, z_0^3 为点 $(\rho^3, 3\theta_0)$, 所以上式的六分之一圆的 Green 函数 G 可化为

$$G = \frac{1}{2\pi} \ln \frac{r(M, M_1) r(M, M_2)}{r(M, M_0) r(M, M_3)}, \tag{7}$$

其中 $M = (r^3, 3\theta)$, $M_0 = (\rho^3, 3\theta_0)$, $M_1 = (\rho^3, -3\theta_0)$, $M_2 = (R^6/\rho^3, 3\theta_0)$, $M_3 = (R^6/\rho^3, -3\theta_0)$,

$$r(M, M_0) = \sqrt{(r^3 \cos 3\theta - \rho^3 \cos 3\theta_0)^2 + (r^3 \sin 3\theta - \rho^3 \sin 3\theta_0)^2},$$

$$r(M, M_1) = \sqrt{(r^3 \cos 3\theta - \rho^3 \cos 3\theta_0)^2 + (r^3 \sin 3\theta + \rho^3 \sin 3\theta_0)^2},$$

$$r(M, M_2) = \sqrt{\left(r^3 \cos 3\theta - \frac{R^6}{\rho^3} \cos 3\theta_0\right)^2 + \left(r^3 \sin 3\theta - \frac{R^6}{\rho^3} \sin 3\theta_0\right)^2},$$

$$r(M, M_3) = \sqrt{\left(r^3 \cos 3\theta - \frac{R^6}{\rho^3} \cos 3\theta_0\right)^2 + \left(r^3 \sin 3\theta + \frac{R^6}{\rho^3} \sin 3\theta_0\right)^2}.$$

例 5.2.10　求解半条形区域的定解问题

$$\begin{cases} \Delta_2 u = 0 & (x > 0, 0 < y < 1), \\ u\,|_{x=0} = 0, \quad u\,|_{x \to +\infty} \text{ 有界}, \\ u\,|_{y=0} = \varphi_1(x), \quad u\,|_{y=1} = \varphi_2(x). \end{cases} \tag{1}$$

分析　这是一个半条形区域的边值问题, 可以先求出相应的 Green 函数, 然后借助 Green 函数可求出此边值问题的解.

解　此问题为半条形区域内的 Poisson 方程第一边值问题, 相应的 Green 函数 G 满足

$$\begin{cases} \Delta_2 G = -\delta(x - \xi, y - \eta) & (x, \xi > 0, 0 < y, \eta < 1), \\ G\,|_{x \to +\infty} \text{ 有界}, \\ G\,|_{x=0} = G\,|_{y=0} = G\,|_{y=1} = 0. \end{cases} \tag{2}$$

下面用 Fourier 展开方法求解 Green 函数 G. 为此, 考虑同样边值条件下的固有值问题

$$\begin{cases} \Delta_2 V + \lambda V = 0 & (x > 0, 0 < y < 1), \\ V \mid_{x \to +\infty} \text{有界}, \\ V \mid_{x=0} = V \mid_{y=0} = V \mid_{y=1} = 0. \end{cases} \tag{3}$$

作分离变量 $V = X(x)Y(y)$, 代入后产生两个固有值问题

$$\begin{cases} X'' + \mu X = 0 & (0 < x < +\infty), \\ X(0) = 0, \quad X(+\infty) \text{有界}, \end{cases} \qquad \begin{cases} Y'' + \nu Y = 0 & (0 < y < 1), \\ Y(0) = Y(1) = 0, \end{cases}$$

且 $\lambda = \mu + \nu$. 由以上固有值问题分别解得固有值和固有函数系

$$\mu = \omega^2, \quad X(x, \omega) = \sin \omega x \quad (\omega > 0),$$
$$\nu_n = (n\pi)^2, \quad Y_n = \sin n\pi y \quad (n = 1, 2, 3, \cdots).$$

利用固有函数系的完备性, 设

$$G = \sum_{n=1}^{+\infty} \left(\int_0^{+\infty} A_n(\omega) \sin \omega x \, d\omega \right) \sin n\pi y. \tag{4}$$

代入 G 的方程, 得

$$\sum_{n=1}^{+\infty} \left(\int_0^{+\infty} A_n(\omega)(\omega^2 + n^2\pi^2) \sin \omega x \, d\omega \right) \sin n\pi y = \delta(x - \xi, y - \eta). \tag{5}$$

把上式看成关于 $\sin \pi y$ 的正弦级数, 根据正弦级数系数的确定公式, 有

$$\int_0^{+\infty} A_n(\omega)(\omega^2 + n^2\pi^2) \sin \omega x \, d\omega = 2 \int_0^1 \delta(x - \xi, y - \eta) \sin n\pi y \, dy$$
$$= 2 \sin n\pi\eta \, \delta(x - \xi). \tag{6}$$

式 (6) 又可看成 $A_n(\omega)(\omega^2 + n^2\pi^2)$ 的正弦变换, 因此由反演公式, 得

$$A_n(\omega)(\omega^2 + n^2\pi^2) = \frac{2}{\pi} \int_0^{+\infty} 2 \sin n\pi\eta \, \delta(x - \xi) \sin \omega x \, dx$$
$$= \frac{4}{\pi} \sin \omega\xi \sin n\pi\eta,$$

因此

$$A_n(\omega) = \frac{4}{\pi(\omega^2 + n^2\pi^2)} \sin \omega\xi \sin n\pi\eta.$$

这样就求出了 Green 函数

$$G(x,y,\xi,\eta) = \sum_{n=1}^{+\infty} \left[\int_0^{+\infty} \frac{4\sin\omega\xi\sin\omega x}{\pi(\omega^2 + n^2\pi^2)} d\omega \right] \sin n\pi\eta \sin n\pi y.$$

由 Green 函数求解 Poisson 方程第一边值问题的一般公式为

$$u(M) = \iint_D G(M, M_0) f(M_0) dM_0 - \int_l \varphi(M_0) \frac{\partial G}{\partial \boldsymbol{n_0}} dl_0,$$

在本问题中, $f(M) = 0, M = (x, y)$, $D = \{(x,y) \mid x > 0, 0 < y < 1\}$,边界 $l = l_1 + l_2 + l_3$, l_1, l_2 和 l_3 分别为区域 D 的三条边界, 即 $x = 1, y = 0$ 和 $y = 1$, 而

$$\varphi(M)\mid_{l_1} = 0, \quad \varphi(M)\mid_{l_2} = \varphi_1(x), \quad \varphi(M)\mid_{l_3} = \varphi_2(x).$$

因此, 原定解问题的解为

$$u(x,y) = \int_0^{+\infty} \varphi_1(\xi) \frac{\partial G}{\partial \eta}\Big|_{\eta=0} d\xi - \int_0^{+\infty} \varphi_2(\xi) \frac{\partial G}{\partial \eta}\Big|_{\eta=1} d\xi, \tag{7}$$

而

$$\frac{\partial G}{\partial \eta} = \sum_{n=1}^{+\infty} 4n \left(\int_0^{+\infty} \frac{\sin\omega\xi\sin\omega x}{\omega^2 + n^2\pi^2} d\omega \right) \cos n\pi\eta \sin n\pi y. \tag{8}$$

最后解得

$$u(x,y) = \sum_{n=1}^{+\infty} 4n \int_0^{+\infty} \int_0^{+\infty} \frac{(\varphi_1(\xi) - (-1)^n \varphi_2(\xi))\sin\omega\xi\sin\omega x}{\omega^2 + n^2\pi^2} d\xi d\omega \sin n\pi y.$$

5.3　初值问题的基本解法

5.3.1　基本要求

1. 掌握 $u_t = Lu$ 型方程初值问题基本解的定义和结论.

(1) $u_t = Lu$ 型方程的初值问题及相应的基本解问题:

$u_t = Lu$ 型方程的初值问题是

$$\begin{cases} u_t = Lu + f(t, M) & (t > 0, M \in \mathbf{R}^n, n = 1, 2, 3), \\ u\mid_{t=0} = \varphi(M), \end{cases} \tag{5.3.1}$$

其中 L 是关于空间变量 M 的线性偏微分算子.

相应的基本解问题是

$$\begin{cases} U_t = LU & (t > 0, M \in \mathbf{R}^n, n = 1, 2, 3), \\ u\mid_{t=0} = \delta(M). \end{cases} \tag{5.3.2}$$

如果能求出基本解问题 (5.3.2) 的解 $U(t, M)$, 就能利用基本解 $U(t, M)$, 通过相应的公式求出原初值问题 (5.3.1) 的解 $u(t, M)$.

(2) 由基本解求解 $u_t = Lu$ 型方程初值问题的公式: 利用冲量原理和叠加原理, 并利用 δ 函数的卷积性质, 可以推出由式 (5.3.2) 的解 $U(t, M)$ 求原初值问题 (5.3.1) 的解 $u(t, M)$ 的公式

$$u(t, M) = U(t, M) * \varphi(M) + \int_0^t U(t - \tau, M) * f(\tau, M) \mathrm{d}\tau.$$

2. 掌握 $u_{tt} = Lu$ 型方程初值问题基本解的定义和结论.

(1) $u_{tt} = Lu$ 型方程的初值问题及相应的基本解问题:

$u_{tt} = Lu$ 型方程的初值问题是

$$\begin{cases} u_{tt} = Lu = f(t, M) & (t > 0, M \in \mathbf{R}^n, n = 1, 2, 3), \\ u\mid_{t=0} = \varphi(M), \quad u_t\mid_{t=0} = \psi(M), \end{cases} \tag{5.3.3}$$

其中 L 是关于空间变量 M 的线性偏微分算子.

相应的基本解问题是

$$\begin{cases} U_{tt} = LU & (t > 0, M \in \mathbf{R}^n, n = 1, 2, 3), \\ U\mid_{t=0} = 0, \quad U_t\mid_{t=0} = \delta(M). \end{cases} \tag{5.3.4}$$

如果能求出基本解问题 (5.3.3) 的解 $U(t, M)$, 就能利用基本解 $U(t, M)$, 通过相应的公式求出原初值问题 (5.3.4) 的解 $u(t, M)$.

(2) 由基本解求解 $u_{tt} = Lu$ 型方程初值问题的公式:

由问题 (5.3.4) 的基本解 $U(t, M)$ 求原初值问题 (5.3.3) 的解 $u(t, M)$ 的公式为

$$\begin{aligned} u(t, M) = & U(t, M) * \psi(M) + \frac{\partial}{\partial t}\left(U(t, M) * \varphi(M)\right) \\ & + \int_0^t U(t - \tau, M) * f(\tau, M)\mathrm{d}\tau. \end{aligned}$$

3. 掌握三维和二维波动方程的基本解及降维法.

三维和二维波动方程分别为

$$\begin{cases} u_{tt} = a^2 \Delta_3 u + f(t, x, y, z) & (t > 0, -\infty < x, y, z < +\infty), \\ u \mid_{t=0} = \varphi(x, y, z), \quad u_t \mid_{t=0} = \psi(x, y, z), \end{cases}$$

$$\begin{cases} u_{tt} = a^2 \Delta_2 u + f(t, x, y) & (t > 0, -\infty < x, y < +\infty), \\ u \mid_{t=0} = \varphi(x, y), \quad u_t \mid_{t=0} = \psi(x, y). \end{cases}$$

相应的基本解问题分别为

$$\begin{cases} U_{tt} = a^2 \Delta_3 U & (t > 0, -\infty < x, y, z < +\infty), \\ U \mid_{t=0} = 0, \quad U_t \mid_{t=0} = \delta(x, y, z), \end{cases}$$

$$\begin{cases} U_{tt} = a^2 \Delta_2 U & (t > 0, -\infty < x, y < +\infty), \\ U \mid_{t=0} = 0, \quad U_t \mid_{t=0} = \delta(x, y). \end{cases}$$

利用 Fourier 变换, 可求得三维波动方程的基本解为

$$U(t, x, y, z) = \frac{\delta(r - at)}{4\pi a r} \quad (r = \sqrt{x^2 + y^2 + z^2}).$$

在用基本解求得三维波动方程的解后, 可利用降维的方法求得二维波动方程的基本解为

$$U(t, x, y) = \begin{cases} \dfrac{1}{2\pi a \sqrt{(at)^2 - x^2 - y^2}} & (r < at), \\ 0 & (r > at), \end{cases}$$

其中 $r = \sqrt{x^2 + y^2}$.

5.3.2 例题分析

例 5.3.1 利用基本解方法, 求解一维热传导方程的初值问题

$$\begin{cases} u_t = a^2 u_{xx} + f(t, x) & (t > 0, -\infty < x < +\infty), \\ u \mid_{t=0} = \varphi(x). \end{cases} \tag{1}$$

分析 本问题属于 $u_t = Lu$ 型方程的初值问题, 其中 $L = \dfrac{\partial^2}{\partial t} - a^2 \dfrac{\partial^2}{\partial x^2}$, 可先求出相应的基本解后再利用相应公式求出原非齐次初值问题的解.

解 此初值问题的基本解问题是

$$\begin{cases} U_t = a^2 U_{xx} & (t > 0, -\infty < x < +\infty), \\ U \mid_{t=0} = \delta(x). \end{cases} \tag{2}$$

先利用 Fourier 变换求出基本解. 为此, 令

$$\overline{U} = F[U] = \int_{-\infty}^{+\infty} U(t,x)\mathrm{e}^{-\mathrm{i}\lambda x}\mathrm{d}x,$$

相应地,

$$F[U_{xx}] = -\lambda^2\overline{U}, \quad F[\delta(x)] = 1.$$

因此对基本解问题 (2) 两边作 Fourier 变换, 得到

$$\begin{cases} \dfrac{\mathrm{d}\overline{U}}{\mathrm{d}t} = -a^2\lambda^2\overline{U}, \\ \overline{U}\,|_{t=0} = 1. \end{cases}$$

解得

$$\overline{U} = \mathrm{e}^{-a^2\lambda^2 t}.$$

相应地作反变换, 有

$$U = F^{-1}[\overline{U}] = F^{-1}[\mathrm{e}^{-a^2\lambda^2 t}] = \frac{1}{2a\sqrt{\pi t}}\exp\left(-\frac{x^2}{4a^2 t}\right).$$

根据由基本解求解 $u_t = Lu$ 型初值问题的一般性公式

$$u(t,M) = U(t,M) * \varphi(M) + \int_0^t U(t-\tau,M) * f(\tau,M)\mathrm{d}\tau,$$

具体求得

$$u(t,x) = U(t,x) * \varphi(x) + \int_0^t U(t-\tau,x) * f(\tau,x)\mathrm{d}\tau,$$

即

$$u = \int_{-\infty}^{+\infty} \frac{1}{2a\sqrt{\pi t}}\exp\left(-\frac{(x-\xi)^2}{4a^2 t}\right)\varphi(\xi)\mathrm{d}\xi$$
$$+ \int_0^t \mathrm{d}\tau \int_{-\infty}^{+\infty} \frac{1}{2a\sqrt{\pi(t-\tau)}}\exp\left(-\frac{(x-\xi)^2}{4a^2(t-\tau)}\right) f(\tau,\xi)\mathrm{d}\xi.$$

例 5.3.2 $u_{tt} = Lu$ 型方程的初值问题是

$$\begin{cases} u_{tt} = Lu + f(t,M) \quad (t > 0, M \in \mathbf{R}^n, n = 1,2,3), \\ u\,|_{t=0} = \varphi(M), \quad u_t\,|_{t=0} = \psi(M), \end{cases} \tag{1}$$

其中 L 是常系数线性偏微分算子.

(1) 写出此初值问题的基本解问题.

(2) 利用叠加原理和冲量原理并结合 δ 函数的性质, 推导出由基本解问题求解此初值问题解的公式.

解　(1) 此初值问题的基本解问题是

$$\begin{cases} U_{tt} = LU & (t > 0, M \in \mathbf{R}^n, n = 1, 2, 3), \\ U\mid_{t=0} = 0, \quad U_t\mid_{t=0} = \delta(M). \end{cases} \tag{2}$$

(2) 利用叠加原理, 初值问题 (1) 的解可写为

$$u = u_1 + u_2 + u_3,$$

其中 u_1, u_2, u_3 分别满足

$$\begin{cases} u_{1tt} = Lu_1 & (t > 0, M \in \mathbf{R}^n, n = 1, 2, 3), \\ u_1\mid_{t=0} = 0, \quad u_{1t}\mid_{t=0} = \psi(M), \end{cases} \tag{3}$$

$$\begin{cases} u_{2tt} = Lu_2 & (t > 0, M \in \mathbf{R}^n, n = 1, 2, 3), \\ u_2\mid_{t=0} = \varphi(M), \quad u_{2t}\mid_{t=0} = 0, \end{cases} \tag{4}$$

$$\begin{cases} u_{3tt} = Lu_3 + f(t, M) & (t > 0, M \in \mathbf{R}^n, n = 1, 2, 3), \\ u_3\mid_{t=0} = 0, \quad u_{3t}\mid_{t=0} = 0. \end{cases} \tag{5}$$

我们下面证明

$$u_1(t, M) = U(t, M) * \psi(M). \tag{6}$$

实际上

$$u_{1tt} = (U(t, M) * \psi(M))_{tt} = U_{tt} * \psi(M)$$
$$= LU * \psi(M) = L(U(t, M) * \psi(M)) = Lu_1.$$

这样就验证了 $u_1(t, M) = U(t, M) * \psi(M)$ 满足了初值问题 (3) 的泛定方程部分, 下面证明初值部分的条件也满足:

$$[U(t, M) * \psi(M)]\mid_{t=0} = U(0, M) * \psi(M) = 0 * \psi(M) = 0,$$
$$[U(t, M) * \psi(M)]_t\mid_{t=0} = U_t(0, M)\mid_{t=0} * \psi(M)$$
$$= \delta(M) * \psi(M) = \psi(M).$$

从而验证了 $u_1 = U(t, M) * \psi(M)$ 满足初值问题 (3).

下面为了求解 u_2, 先取 $v(t, M)$ 满足

$$\begin{cases} v_{tt} = Lv & (t > 0, M \in \mathbf{R}^n, n = 1, 2, 3), \\ v \mid_{t=0} = 0, & v_t \mid_{t=0} = \varphi(M). \end{cases} \tag{7}$$

用类似于求解 u_1 的方法, 求得

$$v(t, M) = U(t, M) * \varphi(M). \tag{8}$$

直接可以验证 $u_2 = v_t$ 是边值问题 (4) 的解, 也就是

$$u_2 = \frac{\partial}{\partial t} \left(U(t, M) * \varphi(M) \right). \tag{9}$$

又利用冲量原理, 得到

$$u_3 = \int_0^t W(t, M, \tau) \mathrm{d}\tau,$$

而 $W(t, x, \tau)$ 满足

$$\begin{cases} W_{tt} = LW & (t > \tau, M \in \mathbf{R}^n, n = 1, 2, 3), \\ W \mid_{t=\tau} = 0, & W_t \mid_{t=\tau} = f(\tau, M). \end{cases} \tag{10}$$

令 $t_1 = t - \tau$, 则 $\overline{W}(t_1, M, \tau) = W(t_1 + \tau, M, \tau)$, $\overline{W}$ 满足

$$\begin{cases} \overline{W}_{t_1 t_1} = L\overline{W} & (t_1 > 0, M \in \mathbf{R}^n, n = 1, 2, 3), \\ \overline{W} \mid_{t_1=0} = 0, & \overline{W}_{t_1} \mid_{t_1=0} = f(\tau, M). \end{cases} \tag{11}$$

用类似于求解 u_1 的方法, 由

$$\overline{W}(t_1, M, \tau) = U(t_1, M) * f(\tau, M),$$

得

$$W(t, x, \tau) = U(t - \tau, M) * f(\tau, M).$$

这样, 有

$$u_3(t, M) = \int_0^t U(t - \tau, M) * f(\tau, M) \mathrm{d}\tau.$$

综上, 就得出由基本解求出原初值问题解的公式

$$\begin{aligned} u =& u_1 + u_2 + u_3 \\ =& U(t, M) * \psi(M) + \frac{\partial}{\partial t} \left(U(t, M) * \varphi(M) \right) + \int_0^t U(t - \tau, M) * f(\tau, M) \mathrm{d}\tau. \end{aligned}$$

例 5.3.3 利用基本解法, 求解 Cauchy 问题

$$\begin{cases} \dfrac{\partial u}{\partial t} = a^2 u_{xx} + bu + f(t,x) \quad (t > 0), \\ u \mid_{t=0} = \varphi(x). \end{cases}$$

解 基本解 U 满足初值问题

$$\begin{cases} \dfrac{\partial U}{\partial t} = a^2 U_{xx} + bU \quad (t > 0), \\ U \mid_{t=0} = \delta(x). \end{cases}$$

作 Fourier 变换 $\overline{U}(t, \lambda) = F[U(t, M)]$, 则

$$\begin{cases} \dfrac{\mathrm{d}\overline{U}}{\mathrm{d}t} = -a^2 \lambda^2 \overline{U} + b\overline{U}, \\ \overline{U} \mid_{t=0} = 1. \end{cases}$$

解得

$$\overline{U} = \mathrm{e}^{-a^2 \lambda^2 t + bt}.$$

作 Fourier 反变换

$$U(t,x) = F^{-1}[\overline{U}] = \frac{1}{2a\sqrt{\pi t}} \exp\left(-\frac{x^2}{4a^2 t} + bt\right).$$

最后, 我们得到 Cauchy 问题的解

$$u = U(t,x) * \varphi(x) + \int_0^t U(t - \tau, x) * f(\tau, x)\mathrm{d}\tau,$$

也就是

$$\begin{aligned} u(t,x) = &\int_{-\infty}^{+\infty} \frac{1}{2a\sqrt{\pi t}} \exp\left(-\frac{(x-\xi)^2}{4a^2 t} + bt\right) \varphi(\xi)\mathrm{d}\xi \\ &+ \int_0^t \mathrm{d}\tau \int_{-\infty}^{+\infty} \frac{1}{2a\sqrt{\pi(t-\tau)}} \exp\left(-\frac{(x-\xi)^2}{4a^2(t-\tau)} + b(t-\tau)\right) f(\tau, \xi)\mathrm{d}\xi. \end{aligned}$$

例 5.3.4 利用基本解法和 Laplace 变换两种方法, 求解以下齐次弦振动初值问题 (也就是用这两种方法推出 d'Alembert 公式)

$$\begin{cases} \dfrac{\partial^2 u}{\partial t^2} = a^2 \dfrac{\partial^2 u}{\partial x^2} \quad (t > 0, \ -\infty < x < +\infty), \\ u \mid_{t=0} = \varphi(x), \quad \dfrac{\partial u}{\partial t}\Big|_{t=0} = \psi(x). \end{cases}$$

分析 虽然 d'Alembert 公式已经在第 1 章用通解法推出了, 但本问题符合 u_{tt} 型初值问题模型的齐次情形, 故可以用基本解法求解. 从另一个角度看, 本问

题中时间变量 $t > 0$, 并且 u 对 t 的最高阶导数是 2 次的, 且与之相适应地给出了 u, u_t 的初值, 符合以 t 为积分变量作 Laplace 变换的条件, 所以本问题也可以用 Laplace 变换求解.

解法 1 用基本解法. 先设此初值问题的基本解问题为

$$
\begin{cases}
\dfrac{\partial^2 U}{\partial t^2} = a^2 \dfrac{\partial^2 U}{\partial x^2} & (t > 0, \ -\infty < x < +\infty), \\
U\mid_{t=0} = 0, \quad \dfrac{\partial U}{\partial t}\Big|_{t=0} = \delta(x).
\end{cases}
$$

以 x 作为积分变量作 Fourier 变换. 记 $\overline{U}(t, \lambda) = F[U(t, x)]$, 则有

$$
\begin{cases}
\dfrac{\partial^2 \overline{U}}{\partial t^2} = -a^2 \lambda^2 \overline{U} & (t > 0), \\
\overline{U}\mid_{t=0} = 0, \quad \dfrac{\partial \overline{U}}{\partial t}\Big|_{t=0} = 1.
\end{cases}
$$

解得

$$
\overline{U} = \frac{1}{2\mathrm{i}\lambda a}\mathrm{e}^{\mathrm{i}\lambda a t} - \frac{1}{2\mathrm{i}\lambda a}\mathrm{e}^{-\mathrm{i}\lambda a t}.
$$

又由于

$$
F^{-1}[\mathrm{e}^{\mathrm{i}\lambda a t}] = \frac{1}{2\pi}\int_{-\infty}^{+\infty}\mathrm{e}^{\mathrm{i}\lambda a t}\mathrm{e}^{\mathrm{i}\lambda x}\mathrm{d}\lambda = \frac{1}{2\pi}\int_{-\infty}^{+\infty}\mathrm{e}^{\mathrm{i}\lambda(x+at)}\mathrm{d}\lambda = \delta(x + at),
$$

$$
F^{-1}[\mathrm{e}^{-\mathrm{i}\lambda a t}] = \frac{1}{2\pi}\int_{-\infty}^{+\infty}\mathrm{e}^{-\mathrm{i}\lambda a t}\mathrm{e}^{\mathrm{i}\lambda x}\mathrm{d}\lambda = \frac{1}{2\pi}\int_{-\infty}^{+\infty}\mathrm{e}^{\mathrm{i}\lambda(x-at)}\mathrm{d}\lambda = \delta(x - at),
$$

以及

$$
F\left[\int_{-\infty}^{x} f(\xi)\mathrm{d}\xi\right] = \frac{1}{\mathrm{i}\lambda}\overline{f}(\lambda),
$$

所以

$$
U(t, x) = F^{-1}[U(t, x)] = \frac{1}{2a}\left(\int_{-\infty}^{x}\delta(\xi + at)\mathrm{d}\xi - \int_{-\infty}^{x}\delta(\xi - at)\mathrm{d}\xi\right),
$$

即有

$$
U(t, x) = \frac{1}{2a}\left(H(x + at) - H(x - at)\right),
$$

其中 $H(x)$ 是单位函数, 即

$$
H(x) = \begin{cases}
1 & (x \geqslant 0), \\
0 & (x < 0).
\end{cases}
$$

根据 u_{tt} 型初值问题基本解方法求解公式, 得到原初值问题的解

$$
u(t, x) = U(t, x) * \psi(x) + \frac{\partial}{\partial t}\left(U(t, x) * \varphi(x)\right),
$$

其中

$$U(t,x) * \psi(x) = \frac{1}{2a} \left(H(x+at) * \psi(x) - H(x-at) * \psi(x) \right)$$
$$= \frac{1}{2a} \int_{-\infty}^{x+at} \psi(\xi)\mathrm{d}\xi - \frac{1}{2a} \int_{-\infty}^{x-at} \psi(\xi)\mathrm{d}\xi$$
$$= \frac{1}{2a} \int_{x-at}^{x+at} \psi(\xi)\mathrm{d}\xi.$$

类似地, 有

$$\frac{\partial}{\partial t} \left(U(t,x) * \varphi(x) \right) = \frac{1}{2a} \frac{\partial}{\partial t} \left(\int_{x-at}^{x+at} \varphi(\xi)\mathrm{d}\xi \right) = \frac{1}{2} \left(\varphi(x+at) + \varphi(x-at) \right).$$

这样最后得到齐次弦振动初值问题的解

$$u(t,x) = \frac{1}{2} \left(\varphi(x+at) + \varphi(x-at) \right) + \frac{1}{2a} \int_{x-at}^{x+at} \psi(\xi)\mathrm{d}\xi.$$

解法 2　以 t 作为积分变量作 Laplace 变换, 即令

$$\overline{U}(p,x) = L[u(t,x)] = \int_0^{+\infty} u(t,x)\mathrm{e}^{-pt}\mathrm{d}t,$$

则有

$$L[u_{tt}] = p^2\overline{U} - pu \mid_{t=0} -u_t \mid_{t=0} = p^2\overline{U} - p\varphi(x) - \psi(x),$$

以及

$$L[u_{xx}] = \frac{\mathrm{d}^2\overline{U}}{\mathrm{d}x^2}.$$

因此对以上齐次弦振动初值问题以 t 为积分变量作 Laplace 变换, 得到

$$a^2 \frac{\mathrm{d}^2\overline{U}}{\mathrm{d}x^2} = p^2\overline{U} - p\varphi(x) - \psi(x).$$

此常微分方程对应齐次方程的两个基础解是 $\mathrm{e}^{\frac{p}{a}x}$ 和 $\mathrm{e}^{-\frac{p}{a}x}$, 因此解 $\overline{U}$ 可写为

$$\overline{U}(p,x) = C_1(p)\mathrm{e}^{\frac{p}{a}x} + C_2(p)\mathrm{e}^{-\frac{p}{a}x} + U^*(p,x),$$

其中 $U^*(p,x)$ 是方程的一个特解. 利用常数变易法, 方程的特解 $U^*(p,x)$ 可设为

$$U^*(p,x) = K_1(p,x)\mathrm{e}^{\frac{p}{a}x} + K_2(p,x)\mathrm{e}^{-\frac{p}{a}x}.$$

$K_1(p,x), K_2(p,x)$ 由以下方程组确定:

$$\begin{cases} K_1'(p,x)\mathrm{e}^{\frac{p}{a}x} + K_2'(p,x)\mathrm{e}^{-\frac{p}{a}x} = 0, \\ K_1'(p,x)(\mathrm{e}^{\frac{p}{a}x})' + K_2'(p,x)(\mathrm{e}^{-\frac{p}{a}x})' = -\dfrac{1}{a^2}(p\varphi(x) + \psi(x)). \end{cases}$$

解得

$$K_1'(p,x) = -\frac{1}{2a}\left(\varphi(x) + \frac{1}{p}\psi(x)\right)\mathrm{e}^{-\frac{p}{a}x},$$

$$K_2'(p,x) = \frac{1}{2a}\left(\varphi(x) + \frac{1}{p}\psi(x)\right)\mathrm{e}^{\frac{p}{a}x}.$$

可取

$$K_1(p,x) = \frac{1}{2a}\int_x^{+\infty}\left(\varphi(\xi) + \frac{1}{p}\psi(\xi)\right)\mathrm{e}^{-\frac{p}{a}\xi}\mathrm{d}\xi,$$

$$K_2(p,x) = \frac{1}{2a}\int_{-\infty}^x\left(\varphi(\xi) + \frac{1}{p}\psi(\xi)\right)\mathrm{e}^{\frac{p}{a}\xi}\mathrm{d}\xi.$$

综上, 有

$$\begin{aligned}
\overline{U}(p,x) =\ & C_1(p)\mathrm{e}^{\frac{p}{a}x} + C_2(p)\mathrm{e}^{-\frac{p}{a}x} \\
& + \frac{1}{2a}\int_x^{+\infty}\left(\varphi(\xi) + \frac{1}{p}\psi(\xi)\right)\mathrm{e}^{-\frac{p}{a}(\xi-x)}\mathrm{d}\xi \\
& + \frac{1}{2a}\int_{-\infty}^x\left(\varphi(\xi) + \frac{1}{p}\psi(\xi)\right)\mathrm{e}^{-\frac{p}{a}(x-\xi)}\mathrm{d}\xi.
\end{aligned}$$

因为 $\operatorname{Re}p > 0$, 而上式中 $x \to +\infty$ 和 $x \to -\infty$ 时都要保持 $U(p,x)$ 有界, 只有取 $C_1(p) = C_2(p) = 0$, 所以

$$\begin{aligned}
\overline{U}(p,x) =\ & \frac{1}{2a}\int_x^{+\infty}\left(\varphi(\xi) + \frac{1}{p}\psi(\xi)\right)\mathrm{e}^{-\frac{p}{a}(\xi-x)}\mathrm{d}\xi \\
& + \frac{1}{2a}\int_{-\infty}^x\left(\varphi(\xi) + \frac{1}{p}\psi(\xi)\right)\mathrm{e}^{-\frac{p}{a}(x-\xi)}\mathrm{d}\xi.
\end{aligned} \tag{1}$$

又由 Laplace 反变换公式 $L^{-1}[\mathrm{e}^{-t_0 p}] = \delta(t - t_0)$, 得到

$$L^{-1}[\mathrm{e}^{-\frac{p}{a}(\xi-x)}] = \delta\left(t - \frac{(\xi-x)}{a}\right) = a\delta(\xi - (at + x)),$$

$$L^{-1}[\mathrm{e}^{-\frac{p}{a}(x-\xi)}] = \delta\left(t - \frac{(x-\xi)}{a}\right) = a\delta(\xi - (x - at)).$$

结合使用 Laplace 变换的本函数积分法公式, 即

$$L\left[\int_0^t f(\eta)\mathrm{d}t\right] = \frac{F[p]}{p},$$

其中 $L[f(t)] = F(p)$, 所以

$$L^{-1}\left[\frac{1}{p}\mathrm{e}^{-\frac{p}{a}(\xi-x)}\right] = a\int_0^t\delta(\xi - (a\eta + x))\mathrm{d}\eta,$$

$$L^{-1}\left[\frac{1}{p}\mathrm{e}^{-\frac{p}{a}(x-\xi)}\right]=a\int_0^t\delta(\xi-(x-a\eta))\mathrm{d}\eta\,.$$

将以上四个结论代入式 (1), 并利用 δ 函数的筛选性质, 同样求得

$$
\begin{aligned}
u(t,x)&=L^{-1}[\overline{U}(p,x)]\\
&=\frac{1}{2}\varphi(x+at)+\frac{1}{2}\int_0^t\psi(x+a\eta)\mathrm{d}\eta+\frac{1}{2}\varphi(x-at)+\frac{1}{2}\int_0^t\psi(x-a\eta)\mathrm{d}\eta\\
&=\frac{1}{2}\varphi(x+at)+\frac{1}{2}\varphi(x-at)+\frac{1}{2a}\int_x^{x+at}\psi(\xi)\mathrm{d}\xi-\frac{1}{2a}\int_x^{x-at}\psi(\xi)\mathrm{d}\xi\\
&=\frac{1}{2}\left(\varphi(x+at)+\varphi(x-at)\right)+\frac{1}{2a}\int_{x-at}^{x+at}\psi(\xi)\mathrm{d}\xi\,.
\end{aligned}
$$

例 5.3.5　考察初值问题

$$
\begin{cases}
\dfrac{\partial u}{\partial t}=\Delta_3 u+3u+f(t,x,y,z)\quad(t>0,\ -\infty<x,y,z<+\infty),\\
u\,|_{t=0}=\varphi(x,y,z)\,.
\end{cases}
$$

(1) 求出此问题的基本解.

(2) 当 $f(t,x,y,z)=0,\ \varphi(x,y,z)=\mathrm{e}^{-(x^2+y^2+z^2)}$ 时, 求此问题的解.

解　(1) 基本解 $U(t,x,y,z)$ 满足

$$
\begin{cases}
\dfrac{\partial U}{\partial t}=\Delta_3 U+3U\quad(t>0),\\
U\,|_{t=0}=\delta(x,y,z)\,.
\end{cases}
$$

作 Fourier 变换

$$\overline{U}(\lambda,\mu,\nu)=\iiint\limits_{-\infty}^{+\infty}U(x,y,z)\mathrm{e}^{-\mathrm{i}(\lambda x+\mu y+\nu z)}\mathrm{d}x\mathrm{d}y\mathrm{d}z\,.$$

则 $F[\delta(x,y,z)]=1,F[\Delta_3 U]=-\rho^2\overline{U}$, 其中 $\rho^2=\lambda^2+\mu^2+\nu^2$. 所以

$$
\begin{cases}
\dfrac{\mathrm{d}\overline{U}}{\mathrm{d}t}=-\rho^2\overline{U}+3\overline{U},\\
\overline{U}\,|_{t=0}=1\,.
\end{cases}
$$

解得

$$\overline{U}=\mathrm{e}^{-\rho^2 t}\mathrm{e}^{3t}\,.$$

从而有

$$U(t,x,y,z)=F^{-1}[\overline{U}]=\left(\frac{1}{2\sqrt{\pi t}}\right)^3\exp\left(-\frac{x^2+y^2+z^2}{4t}+3t\right)\,.$$

(2) 当 $f(t,x,y,z) = 0, \varphi(x,y,z) = e^{-(x^2+y^2+z^2)}$ 时, 由已知, 得

$$
\begin{aligned}
u(t,x,y,z) &= U * \varphi \\
&= \iiint\limits_{-\infty}^{+\infty} \left(\frac{1}{2\sqrt{\pi t}} \right)^3 \exp\left\{ 3t - \frac{(x-\xi)^2 + (y-\eta)^2 + (z-\zeta)^2}{4t} \right\} \\
&\quad \cdot e^{-(\xi^2+\eta^2+\zeta^2)} \mathrm{d}\xi \mathrm{d}\eta \mathrm{d}\zeta \\
&= \frac{1}{(\sqrt{1+4t})^3} e^{3t - \frac{1}{1+4t}(x^2+y^2+z^2)}.
\end{aligned}
$$

例 5.3.6 求解初值问题

$$
\begin{cases}
u_{tt} + 2u_t = a^2 u_{xx} - 2u & (a > 0, t > 0, -\infty < x < +\infty), \\
u \mid_{t=0} = 0, \quad u_t \mid_{t=0} = \psi(x).
\end{cases}
$$

已知 Fourier 反演公式:

$$
F^{-1}\left[\frac{\sin a\sqrt{\lambda^2 + b^2}}{\sqrt{\lambda^2 + b^2}} \right] = \frac{1}{2} J_0(b\sqrt{a^2 - x^2}) H(a - |x|) \quad (a > 0, b > 0).
$$

分析 本问题形式上和 $u_{tt} = Lu$ 型初值问题类似, 可先作变换化为 $u_{tt} = Lu$ 型初值问题的标准形式, 利用求 $u_{tt} = Lu$ 型初值问题的基本解法来求解.

解 为将方程化为 $u_{tt} = Lu$ 型方程, 作变换 $u^* = ue^{at}$, 代入原方程并化简, 得到

$$
u_{tt}^* + (2 - 2a)u_t^* = a^2 u_{xx}^* + (2a - a^2 - 2)u^*.
$$

取 $a = 1$, 则所给的初值问题就变为 $u_{tt} = Lu$ 型初值问题

$$
\begin{cases}
u_{tt}^* = a^2 u_{xx}^* - u^* & (t > 0, -\infty < x < +\infty), \\
u^* \mid_{t=0} = 0, \quad u_t^* \mid_{t=0} = \psi(x).
\end{cases} \tag{1}
$$

其对应的基本解 $U^*(t,x)$ 满足

$$
\begin{cases}
U_{tt}^* = a^2 \overline{U}_{xx}^* - U^* & (t > 0, -\infty < x < +\infty), \\
U^* \mid_{t=0} = 0, \quad U_t^* \mid_{t=0} = \delta(x).
\end{cases} \tag{2}
$$

以 $U^*(t,x)$ 中的 x 为积分变量作 Fourier 变换, 则有

$$
\begin{cases}
\overline{U}_{tt}^* = -a^2 \lambda^2 \overline{U}^* - \overline{U}^* & (t > 0), \\
\overline{U}^* \mid_{t=0} = 0, \quad \overline{U}_t^* \mid_{t=0} = 1.
\end{cases}
$$

解得

$$\overline{U}^*(t,\lambda) = A(\lambda)\cos\sqrt{a^2\lambda^2+1}\,t + B(\lambda)\sin\sqrt{a^2\lambda^2+1}\,t.$$

根据 $\overline{U}^*(t,\lambda)$ 的初值条件, 定出

$$A(\lambda) = 0, \quad B(\lambda) = \frac{1}{\sqrt{a^2\lambda^2+1}}.$$

这样就解得像函数

$$\overline{U}^*(t,\lambda) = \frac{1}{\sqrt{a^2\lambda^2+1}}\sin\sqrt{a^2\lambda^2+1}\,t.$$

利用已知的 Fourier 反演公式, 作反变换即得到基本解

$$\begin{aligned}
U^*(t,x) &= F^{-1}\left[\frac{1}{\sqrt{a^2\lambda^2+1}}\sin\sqrt{a^2\lambda^2+1}\,t\right]\\
&= \frac{1}{2a}\mathrm{J}_0\left(\frac{1}{a}\sqrt{(at)^2-x^2}\right)H(at-|x|).
\end{aligned}$$

利用基本解, 就得到初值问题 (1) 的解

$$\begin{aligned}
u^*(t,x) &= U^*(t,x)*\psi(x)\\
&= \frac{1}{2a}\int_{-\infty}^{+\infty}\mathrm{J}_0\left(\frac{1}{a}\sqrt{(at)^2-\xi^2}\right)H(at-|\xi|)\psi(x-\xi)\mathrm{d}\xi.
\end{aligned} \tag{3}$$

注意到上式中

$$H(at-|\xi|) = \begin{cases} 0 & (|\xi|>at),\\ 1 & (-at<\xi<at). \end{cases}$$

$u^*(t,x)$ 可化简为

$$\begin{aligned}
u^*(t,x) &= U^*(t,x)*\psi(x)\\
&= \frac{1}{2a}\int_{-at}^{at}\mathrm{J}_0\left(\frac{1}{a}\sqrt{(at)^2-\xi^2}\right)\psi(x-\xi)\mathrm{d}\xi.
\end{aligned}$$

这样最后求得原初值问题解 $u(t,x) = u^*\mathrm{e}^{-t}$, 即

$$u(t,x) = \frac{\mathrm{e}^{-t}}{2a}\int_{-at}^{at}\mathrm{J}_0\left(\frac{1}{a}\sqrt{(at)^2-\xi^2}\right)\psi(x-\xi)\mathrm{d}\xi.$$

例 5.3.7　已知三维齐次波动方程的初值问题

$$\begin{cases} u_{tt} = a^2\Delta_3 u & (t>0,\ -\infty<x,y,z<+\infty),\\ u\,|_{t=0} = \varphi(x,y,z), \quad u_t\,|_{t=0} = \psi(x,y,z). \end{cases} \tag{1}$$

(1) 利用三维波动方程的基本解, 求解此三维齐次波动方程的初值问题.

(2) 利用降维法, 求解二维齐次波动方程的初值问题

$$\begin{cases} u_{tt} = a^2\Delta_2 u \quad (t > 0, \ -\infty < x, y < +\infty), \\ u\mid_{t=0} = \varphi(x,y), \quad u_t\mid_{t=0} = \psi(x,y), \end{cases} \tag{2}$$

并求出二维波动方程初值问题的基本解.

(3) 再次利用降维法, 求解一维齐次波动方程 (自由弦振动方程) 的初值问题

$$\begin{cases} u_{tt} = a^2 u_{xx} \quad (t > 0, \ -\infty < x < +\infty), \\ u\mid_{t=0} = \varphi(x), \quad u_t\mid_{t=0} = \psi(x), \end{cases} \tag{3}$$

并求出相应的基本解.

解 (1) 根据数学物理方程教材中三维波动方程的基本解结论,

$$U(t,x,y,z) = \frac{\delta(r_0 - at)}{4\pi a r_0}, \quad r_0 = \sqrt{x^2 + y^2 + z^2}.$$

这样, 利用由基本解求解 $u_{tt} = Lu$ 型方程初值问题的公式, 三维齐次波动方程初值问题 (1) 的解

$$u(t,x,y,z)) = \frac{\partial}{\partial t}\left(U(x,y,z) * \varphi(x,y,z)\right) + U(x,y,z) * \psi(x,y,z).$$

将上式展开, 即有

$$u(t,x,y,z) = \frac{1}{4\pi a}\iiint\limits_{-\infty}^{+\infty} \frac{\delta(r-at)}{r}\psi(\xi,\eta,\zeta)\mathrm{d}\xi\mathrm{d}\eta\mathrm{d}\zeta$$

$$+ \frac{1}{4\pi a}\frac{\partial}{\partial t}\iiint\limits_{-\infty}^{+\infty} \frac{\delta(r-at)}{r}\varphi(\xi,\eta,\zeta)\mathrm{d}\xi\mathrm{d}\eta\mathrm{d}\zeta,$$

其中 $r = \sqrt{(x-\xi)^2 + (y-\eta)^2 + (z-\zeta)^2}$. 为了消去以上表达式中的 δ 函数, 记 (x,y,z) 为圆心、r 为半径的球面为 S_r, 并采用球坐标替换

$$\xi = x + r\sin\theta\cos\varphi, \quad \eta = y + r\sin\theta\sin\varphi, \quad \zeta = z + r\cos\theta,$$

这样, 利用 δ 函数的筛选性, 有

$$\iiint\limits_{-\infty}^{+\infty} \frac{\delta(r-at)}{r} \psi(\xi,\eta,\zeta)\mathrm{d}\xi\mathrm{d}\eta\mathrm{d}\zeta = \int_{-\infty}^{+\infty} \frac{\delta(r-at)}{r} \left(\iint\limits_{S_r} \psi(\xi,\eta,\zeta)\mathrm{d}S\right)\mathrm{d}r$$

$$= \left(\frac{1}{r}\iint\limits_{S_r} \psi(\xi,\eta,\zeta)\mathrm{d}S\right)\bigg|_{r=at}$$

$$= \frac{1}{at}\iint\limits_{S_{at}} \psi(\xi,\eta,\zeta)\mathrm{d}S.$$

由此就求得了三维波动方程初值问题 (1) 的解

$$u = \frac{1}{4\pi a^2 t}\iint\limits_{S_{at}} \psi(\xi,\eta,\zeta)\mathrm{d}S + \frac{\partial}{\partial t}\left(\frac{1}{4\pi a^2 t}\iint\limits_{S_{at}} \varphi(\xi,\eta,\zeta)\mathrm{d}S\right). \tag{4}$$

(2) 二维齐次波动方程的初值问题可以看成三维齐次波动方程自变量限制在 $z=0$ 平面的特殊情况, 因此可把求解三维齐次波动方程初值问题的求解公式 (4) 直接用来求解二维齐次波动方程 (2). 这样, 问题 (2) 的解可表示为

$$u(t,x,y) = \frac{1}{4\pi a^2 t}\iint\limits_{S_{at}^*} \psi(\xi,\eta)\mathrm{d}S + \frac{\partial}{\partial t}\left(\frac{1}{4\pi a^2 t}\iint\limits_{S_{at}^*} \varphi(\xi,\eta)\mathrm{d}S\right), \tag{5}$$

其中 S_{at}^* 是以 $(x,y,0)$ 为中心、半径为 at 的球面. 由于球面上、下半球面方程分别为

$$\zeta = \sqrt{(at)^2 - (\xi-x)^2 - (\eta-y)^2},$$

$$\zeta = -\sqrt{(at)^2 - (\xi-x)^2 - (\eta-y)^2}.$$

因此在上、下半球面都有

$$\mathrm{d}S = \sqrt{1 + \left(\frac{\partial\zeta}{\partial\xi}\right)^2 + \left(\frac{\partial\zeta}{\partial\eta}\right)^2}\,\mathrm{d}\xi\mathrm{d}\eta$$

$$= \frac{at\mathrm{d}\xi\mathrm{d}\eta}{\sqrt{(at)^2 - (\xi-x)^2 - (\eta-y)^2}}.$$

由此得到二维波动方程初值问题的解

$$u(t,x,y) = \frac{1}{2\pi a}\iint\limits_{D_{at}} \frac{\psi(\xi,\eta)\mathrm{d}\xi\mathrm{d}\eta}{\sqrt{(at)^2 - (\xi-x)^2 - (\eta-y)^2}}$$

$$+ \frac{1}{2\pi a}\frac{\partial}{\partial t}\iint\limits_{D_{at}} \frac{\varphi(\xi,\eta)\mathrm{d}\xi\mathrm{d}\eta}{\sqrt{(at)^2 - (\xi-x)^2 - (\eta-y)^2}}, \tag{6}$$

其中 D_{at} 是在 xOy 面上以 (x, y) 为圆心、半径为 at 的圆域.

取 $\varphi(x, y) = 0$, $\psi(x, y) = \delta(x, y)$, 则对应二维波动方程的基本解

$$U(t, x, y) = \frac{1}{2\pi a} \iint\limits_{D_{at}} \frac{\delta(\xi, \eta) \mathrm{d}\xi \mathrm{d}\eta}{\sqrt{(at)^2 - (\xi - x)^2 - (\eta - y)^2}}$$

$$= \begin{cases} \dfrac{1}{\sqrt{(at)^2 - x^2 - y^2}} & ((0,0) \in \overline{D_{at}}), \\ 0 & ((0,0) \notin \overline{D_{at}}). \end{cases}$$

$\overline{D_{at}}$ 是以 (x, y) 为圆心、半径为 r 的闭圆. 因此

$$U(t, x, y) = \begin{cases} \dfrac{1}{\sqrt{(at)^2 - x^2 - y^2}} & (r \leqslant at), \\ 0 & (r > at), \end{cases}$$

这里 $r = \sqrt{x^2 + y^2}$.

(3) 由于齐次弦振动初值问题可看成二维齐次波动方程自变量限制在 x 轴的特殊情况, 故在二维齐次问题的求解公式中取 $y = 0$, 代入初值后, 得到弦振动方程的解

$$u(t, x) = \frac{1}{2\pi a} \iint\limits_{D_{at}^*} \frac{\psi(\xi) \mathrm{d}\xi \mathrm{d}\eta}{\sqrt{(at)^2 - (\xi - x)^2 - \eta^2}} + \frac{\partial}{\partial t} \iint\limits_{D_{at}^*} \frac{\varphi(\xi) \mathrm{d}\xi \mathrm{d}\eta}{\sqrt{(at)^2 - (\xi - x)^2 - \eta^2}},$$

这里 D_{at}^* 具体为以 $(x, 0)$ 为中心、at 为半径的圆. 这样把圆内重积分化为累次积分:

$$\frac{1}{2\pi a} \iint\limits_{D_{at}^*} \frac{\psi(\xi) \mathrm{d}\xi \mathrm{d}\eta}{\sqrt{(at)^2 - (\xi - x)^2 - \eta^2}}$$

$$= \frac{1}{2\pi a} \int_{x-at}^{x+at} \left(\int_{-\sqrt{(at)^2 - (\xi - x)^2}}^{\sqrt{(at)^2 - (\xi - x)^2}} \frac{\mathrm{d}\eta}{\sqrt{(at)^2 - (\xi - x)^2 - \eta^2}} \right) \psi(\xi) \mathrm{d}\xi$$

$$= \frac{1}{2\pi a} \int_{x-at}^{x+at} \left(\arcsin \frac{\eta}{\sqrt{(at)^2 - (\xi - x)^2}} \Bigg|_{-\sqrt{(at)^2 - (\xi - x)^2}}^{\sqrt{(at)^2 - (\xi - x)^2}} \right) \psi(\xi) \mathrm{d}\xi$$

$$= \frac{\arcsin 1 - \arcsin(-1)}{2\pi a} \int_{x-at}^{x+at} \psi(\xi) \mathrm{d}\xi = \frac{1}{2a} \int_{x-at}^{x+at} \psi(\xi) \mathrm{d}\xi.$$

类似地, 求出

$$\frac{\partial}{\partial t} \iint\limits_{D_{at}} \frac{\varphi(\xi) \mathrm{d}\xi \mathrm{d}\eta}{\sqrt{(at)^2 - (\xi - x)^2 - \eta^2}} = \frac{1}{2a} \frac{\partial}{\partial t} \int_{x-at}^{x+at} \varphi(\xi) \mathrm{d}\xi$$

$$= \frac{\varphi(x+at) + \varphi(x-at)}{2} \, .$$

综上, 就得出一维波动方程的求解公式 (d'Alembert 公式)

$$u(t,x) = \frac{\varphi(x+at) + \varphi(x-at)}{2} + \frac{1}{2a} \int_{x-at}^{x+at} \psi(\xi) \mathrm{d}\xi \, .$$

进一步, 把以上公式用于求解一维波动方程的基本解问题

$$\begin{cases} U_{tt} = U_{xx} & (t > 0, \ -\infty < x < +\infty), \\ U\,|_{t=0} = 0, \quad U_t\,|_{t=0} = \delta(x) \, . \end{cases}$$

相应地, 得出一维波动方程的基本解

$$U(t,x) = \frac{1}{2a} \int_{x-at}^{x+at} \delta(\xi) \mathrm{d}\xi = \frac{1}{2a} H(at - |x|) \, .$$

例 5.3.8　求解二维波动方程的初值问题

$$\begin{cases} u_{tt} = a^2 \Delta_2 u & (t > 0, \ -\infty < x, y < +\infty), \\ u\,|_{t=0} = x^2(x+y), \quad u_t\,|_{t=0} = 0 \, . \end{cases}$$

分析　对于本题所求的二维波动方程的初值问题, 可利用二维波动方程初值问题的基本解, 求出其解.

解　根据本章的基本结论或例 5.3.7 的结论, 二维波动方程的基本解是

$$U(t,x,y) = \begin{cases} \dfrac{1}{2\pi a \sqrt{(at)^2 - x^2 - y^2}} & (r < at), \\ 0 & (r > at), \end{cases}$$

其中 $r = \sqrt{x^2 + y^2}$. 利用基本解求 $u_{tt} = Lu$ 型初值问题的公式, 得到

$$u(t,x,y) = \frac{\partial}{\partial t} \left(U(t,x,y) * \varphi(x,y) \right) + U(t,x,y) * \psi(x,y) \, .$$

注意到本问题中 $\varphi(x,y) = x^2(x+y)$, $\psi(x,y) = 0$, 所以有

$$u(t,x,y) = \frac{\partial}{\partial t} \left(U(t,x,y) * x^2(x+y) \right), \tag{1}$$

而

$$U(t,x,y) * x^2(x+y) = \iint\limits_{-\infty}^{+\infty} \left(U(t,\xi,\eta) \left((x-\xi)^3 + (x-\xi)^2(y-\eta) \right) \right) \mathrm{d}\xi \mathrm{d}\eta$$

$$= \iint\limits_{D_{at}} \frac{(x-\xi)^3 + (x-\xi)^2(y-\eta)}{2\pi a\sqrt{(at)^2 - \xi^2 - \eta^2}} \mathrm{d}\xi\mathrm{d}\eta,$$

其中积分区域 D_{at} 是指以原点为圆心、半径为 at 的圆的内部. 这样利用极坐标替换, 即 $\xi = r\cos\theta, \eta = r\sin\theta$, 代入上式, 计算出

$$U(t,x,y) * x^2(x+y) = (x^3 + x^2y)t + \frac{1}{3}a^2t^3(3x+y). \tag{2}$$

将式 (2) 代入式 (1), 就得到原初值问题的解

$$u(t,x,y) = \frac{\partial}{\partial t}\left((x^3 + x^2y)t + \frac{1}{3}a^2t^3(3x+y) \right)$$
$$= x^3 + x^2y + a^2t^2(3x+y).$$

5.4 练 习 题

1. 利用 δ 函数的性质, 计算:

(1) $\int_{-\infty}^{+\infty} \delta(x)(5x^5 + 2x + 5)\,\mathrm{d}x$;

(2) $\int_{-5}^{5}(\sin x + 2\cos x + x^2)\delta(x-5)\mathrm{d}x$.

2. 证明以下 δ 函数的性质:

(1) $\int_{-\infty}^{+\infty} \delta'(x)f(x)\mathrm{d}x = -f'(0)$, 其中 $f(x) \in C^1(\mathbf{R})$;

(2) $H'(x) = \delta(x)$, 其中 $H(x) = \begin{cases} 1 & (x \geqslant 0), \\ 0 & (x < 0). \end{cases}$

3. 证明以下等式:

(1) $\delta(x)(\cos 2x + x^2) = \delta(x)$; (2) $x^2\delta'(x) = 0$.

4. 已知空间区域 $V = \{x,y,z \mid y < 0, z < 0, x \in \mathbf{R}\}$, 求 V 内 Poisson 方程 (场位方程) 第一边值问题的 Green 函数.

5. 已知平面区域 $D = \{(x,y) \mid y < 2x\}$, 求 D 内 Poisson 方程第一边值问题的 Green 函数, 并求解边值问题

$$\begin{cases} \Delta_2 u = 0 & ((x,y) \in D), \\ u = \varphi(x) & (y = 2x). \end{cases}$$

6. 利用基本解法, 求解初值问题

$$\begin{cases} u_t = 4u_{xx} + u + 5u_x + f(t,x) & (t > 0, -\infty < x < +\infty), \\ u\,|_{t=0} = \varphi(x). \end{cases}$$

7. 已知初值问题

$$\begin{cases} u_{tt} = 4u_{xx} - u + f(t,x) & (t > 0, -\infty < x < +\infty), \\ u\,|_{t=0} = \varphi(x), \quad u_t\,|_{t=0} = \psi(x). \end{cases}$$

(1) 写出并求解此初值问题的基本解问题.

(2) 利用相应的基本解, 求解此初值问题.

附:

$$F^{-1}\left[\frac{\sin a\sqrt{\lambda^2 + b^2}}{\sqrt{\lambda^2 + b^2}}\right] = \frac{1}{2}\mathrm{J}_0(b\sqrt{a^2 - x^2})H(a - |x|) \quad (a > 0, b > 0).$$

8. 把 $\delta(x)$ 在 Legendre 函数系 $\mathrm{P}_n(x)\,(n = 0,1,2,3,\cdots)$ 下展开.

9. 求解定解问题

$$\begin{cases} u_{xx} + 3u_{yy} + 4u_{zz} = 0 & (x > 0, -\infty < y, z < +\infty), \\ u|_{x=0} = \varphi(y,z). \end{cases}$$

10. 利用 Green 函数和积分变换两种方法, 求解边值问题

$$\begin{cases} 9u_{xx} + u_{yy} = 0 & (x < 0, -\infty < y < +\infty), \\ u\,|_{x=0} = \varphi(y), \quad u(x,y) \text{ 有界}. \end{cases}$$

第 6 章　微分方程的变分方法 (A 型)

某些几何和物理问题中常提出某一类泛函的极值问题, 这类问题可以通过变分这一数学方法转化为微分方程的定解问题来求解. 我们在本章中首先要学会变分这一数学概念, 能掌握泛函稳定元和极值元的概念以及它们之间的关系, 掌握用变分法求泛函稳定元或极值的条件和结论, 能熟练计算泛函的变分、稳定元或极值元.

6.1　泛函的变分和 Euler 方程

6.1.1　基本要求

1. 掌握泛函的概念.

设 $M = \{y(x), a \leqslant x \leqslant b\}$ 是定义 $[a,b]$ 上的一个函数集合, 几何上就是某个平面曲线的集合, 若给定 $y(x) \in M$, 按照一定规律对应一个数, 则称在 M 中定义了一个泛函, 记为 $J[y(x)]$. 简而言之, 泛函可以看成函数集合到数域的映射.(多元函数集合上的泛函可类似定义.)

2. 理解泛函变分的意义.

设有以下形式的泛函

$$J[y(x)] = \int_a^b F(x, y, y') \mathrm{d}x \quad (F\text{是所含变元的 } C^2 \text{ 类函数}), \tag{1}$$

且泛函的定义域 $M = D(J)$ 也是 C^2 函数类中满足适当边界条件的函数集合. 给

定 $y(x) \in D(J)$ 及改变元 $\delta y(x)$, 作出形式上的单变量函数

$$H(\alpha) = J[y(x) + \alpha\delta(x)] \quad (\alpha \in [-\epsilon, +\epsilon], \epsilon\text{是很小的正数}),$$

称

$$\frac{\mathrm{d}H(\alpha)}{\mathrm{d}\alpha}\Big|_{\alpha=0} = \frac{\mathrm{d}J[y(x) + \alpha\delta(x)]}{\mathrm{d}\alpha}\Big|_{\alpha=0}$$

为泛函对自变元 $y(x)$ 的变分, 记为 $\delta J[y(x)]$.

3. 能熟练列出泛函的变分为 0 时对应的 Euler 方程并找出相应的边界条件.

以上形式的泛函的变分 $\delta J[y(x)]$ 等于 0 时, 要求 $y(x)$ 以及改变元 $\delta y(x)$ 分别满足 Euler 方程

$$F_y - \frac{\mathrm{d}}{\mathrm{d}x}F_{y'} = 0 \tag{2}$$

和边界条件

$$\frac{\partial F}{\partial y'}\delta y\Big|_a^b = \frac{\partial F}{\partial y'}\Big|_{x=b}\delta y(b) - \frac{\partial F}{\partial y'}\Big|_{x=a}\delta y(a) = 0. \tag{3}$$

也就是说, 变分为 0 的条件可以转化为 Euler 方程及边界条件. 特别有以下典型情形使得边界条件 (3) 成立: $y(x)$ 在两个端点的值是固定常数的函数类. 这时,

$$\delta y(a) = \delta y(b) = 0.$$

4. 熟记以下一些基本形式泛函的变分和 Euler 方程.

(1) 二元函数的泛函情况: 设

$$J[u(x,y)] = \iint\limits_{D} F(x, y, u, p, q)\mathrm{d}x\mathrm{d}y,$$

其中 $p = \dfrac{\partial u}{\partial x}, q = p = \dfrac{\partial u}{\partial y}$. 取

$$H(\alpha) = J[u(x,y) + \alpha\delta(x,y)] \quad (\alpha \in [-\epsilon, +\epsilon], \ \epsilon\text{是很小的正数}).$$

泛函 $J(u(x,y))$ 的变分

$$\delta J[u(x,y)] = \frac{\mathrm{d}H(\alpha)}{\mathrm{d}\alpha}\Big|_{\alpha=0} = \frac{\mathrm{d}J[u(x,y) + \alpha\delta(x,y)]}{\mathrm{d}\alpha}\Big|_{\alpha=0}.$$

按照变分 $\delta J[u(x,y)] = 0$ 的条件, 可得到泛函 $J[u(x,y)]$ 的 Euler 方程

$$F_u - \frac{\partial}{\partial x}F_p - \frac{\partial}{\partial y}F_q = 0$$

和边界条件

$$\int_{\partial D} (F_p \cos(\boldsymbol{n}, x) + F_q \cos(\boldsymbol{n}, y)) \, \delta u \, \mathrm{d}s = 0,$$

其中 $\boldsymbol{n}$ 是区域 D 边界的外法向, $(\boldsymbol{n}, x)$, $(\boldsymbol{n}, y)$ 分别表示 $\boldsymbol{n}$ 和 x, y 轴的夹角.

(2) 两个一元函数 $(y(x), z(x))$ 的泛函情况: 设

$$J[y(x), z(x)] = \int_a^b F(x, y, z, y', z') \mathrm{d}x,$$

其中 F 是所含变元的 C^2 类函数, $M = (y(x), z(x))$ 是定义在 $[a, b]$ 且满足适当边界条件的函数对集合, 称之为泛函的定义域, $M = D(J)$. 给定 $(y(x), z(x)) \in D(J)$ 及改变元 $(\delta y(x), \delta z(x))$, 作单变量函数

$$H(\alpha) = J[y(x) + \alpha \delta y(x), z(x) + \alpha \delta z(x)] \quad (\alpha \in [-\epsilon, +\epsilon], \ \epsilon \text{是很小的正数}),$$

称

$$\frac{\mathrm{d}H(\alpha)}{\mathrm{d}\alpha}\bigg|_{\alpha=0} = \frac{\mathrm{d}J[y(x) + \alpha\delta(x)]}{\mathrm{d}\alpha}\bigg|_{\alpha=0}$$

为泛函对自变元 $(y(x), z(x))$ 的变分, 记为 $\delta J[y(x), z(x)]$. 由变分为 0 的条件, 类似地可得到这种情形下的 Euler 方程组及边界条件

$$\begin{cases} F_y - \dfrac{\mathrm{d}}{\mathrm{d}x} F_{y'} = 0, \\ F_z - \dfrac{\mathrm{d}}{\mathrm{d}x} F_{z'} = 0, \\ \dfrac{\partial F}{\partial y'} \delta y + \dfrac{\partial F}{\partial z'} \delta z \bigg|_a^b = 0. \end{cases}$$

6.1.2 例题分析

例 6.1.1 求泛函

$$J[y(x)] = \int_0^1 (y'^2 + 2y^2 - xy) \mathrm{d}x$$

的变分和 Euler 方程.

解 记

$$H(\alpha) = J(y(x) + \alpha \delta y(x)),$$

即

$$H(\alpha) = \int_0^1 ((y' + \alpha \delta y'(x))^2 + 2(y + \alpha \delta y(x))^2 - x(y + \alpha \delta y(x))) \mathrm{d}x.$$

参照泛函变分的定义, 利用上式得到所求变分

$$\delta J[y(x)] = \frac{H(\alpha)}{\mathrm{d}\alpha}\Big|_{\alpha=0} = \int_0^1 (2y'(\delta y(x))' + 4y\delta y(x) - x\delta y(x))\mathrm{d}x,$$

利用分步积分, 所求变分化为

$$\delta J[y(x)] = \int_0^1 (-2y'' + 4y - x)\delta y(x)\mathrm{d}x + 2y'\delta y(x) \mid_0^1 .$$

当要求变分为 0 时, 根据上式得出相应的 Euler 方程为

$$-2y'' + 4y - x = 0.$$

例 6.1.2　求泛函

$$J[u(t,x)] = \int_{t_1}^{t_2} \mathrm{d}t \int_0^l \left(\left(\frac{\partial u}{\partial t}\right)^2 - \left(\frac{\partial u}{\partial x}\right)^2 + 2xtu \right) \mathrm{d}x$$

的变分和 Euler 方程.

解　记

$$H(\alpha) = J[u(t,x) + \alpha\delta u(t,x)],$$

即

$$H(\alpha) = \int_{t_1}^{t_2} \mathrm{d}t \int_0^l \left(\left(\frac{\partial}{\partial t}(u(t,x) + \alpha\delta u(t,x))\right)^2 \right.$$
$$\left. - \left(\frac{\partial}{\partial x}(u(t,x) + \alpha\delta u(t,x))\right)^2 + 2xt(u(t,x) + \alpha\delta u(t,x)) \right)\mathrm{d}x .$$

这样此泛函对自变元 $y(t,x)$ 的变分为

$$\delta J[u(t,x)] = \frac{H(\alpha)}{\mathrm{d}\alpha}\Big|_{\alpha=0}.$$

具体算得

$$\delta J[u(t,x)] = 2\int_{t_1}^{t_2} \mathrm{d}t \int_0^l \left(\frac{\partial u}{\partial t}(\delta u)_t - \frac{\partial u}{\partial x}(\delta u)_x + xt\delta u \right) \mathrm{d}x$$
$$= 2\int_{t_1}^{t_2} \mathrm{d}t \int_0^l \left(\frac{\partial^2 u}{\partial x^2} - \frac{\partial^2 u}{\partial t^2} + xt \right) \delta u\mathrm{d}x$$
$$+ 2\int_0^l \left(\frac{\partial u(t_2,x)}{\partial t}\delta u(t_2,x) - \frac{\partial u(t_1,x)}{\partial t}\delta u(t_1,x) \right) \mathrm{d}x$$

$$+ 2 \int_{t_1}^{t_2} \left(\frac{\partial u(t,0)}{\partial x} \delta u(t,0) - \frac{\partial u(t,l)}{\partial x} \delta u(t,l) \right) \mathrm{d}t \,.$$

上式表示的变分取为 0 时, 就得到 Euler 方程

$$\frac{\partial^2 u}{\partial t^2} - \frac{\partial^2 u}{\partial x^2} - xt = 0 \,.$$

6.2 利用变分法求泛函的极值元

6.2.1 基本要求

1. 理解泛函的极小元、极大元以及最大元、最小元的概念.

设 $J[y(x)]$ 是定义在 $M = \{y(x), a \leqslant x \leqslant b\}$ 上的泛函, 若有 $y_0(x) \in M$, 使得对于任意 $y(x) \in M$ 有 $J[y_0(x)] \leqslant J[y(x)]$, 则称 $y_0(x)$ 使 $J[y(x)]$ 达到最小值, 称 $y_0(x)$ 为**最小元**. 若 $y_0(x) \in M$, 使 M 中和 $y_0(x)$ 相邻的 $y_0(x) + \delta y(x) \in M$, 都有 $J[y_0(x)] \leqslant J[y_0(x) + \delta y(x)]$, 则称 $y_0(x)$ 使 $J[y(x)]$ 达到极小值, 称 $y_0(x)$ 为**极小元或极小曲线**. 类似可定义最大值和最大元、极大值和极大元.

2. 理解泛函的变分为 0 是泛函取极值元的必要条件.

以泛函 $J[y(x)]$ 为例, 如单变量函数

$$H(\alpha) = J[y(x) + \alpha \delta(x)] \quad (\alpha \in [-\epsilon, +\epsilon], \ \epsilon\text{是很小的正数}),$$

$\alpha = 0$ 达到极值等价于泛函 $J[y(x)]$ 在取自变元 $y(x)$ 时达到极值. 所以求泛函的极值元问题就转化为函数 $H(\alpha)$ 的极值问题. 根据微积分理论, $H(\alpha)$ 在 $\alpha = 0$ 达到极值的必要条件是

$$\left. \frac{\mathrm{d}H(\alpha)}{\mathrm{d}\alpha} \right|_{\alpha=0} = 0,$$

也就是泛函 $J[y(x)]$ 的变分 $\delta J[y(x)] = 0$.

3. 掌握用变分法求稳定元和极值元的方法和步骤.

使得泛函变分 $\delta J[y(x)] = 0$ 的自变元 $y(x)$ 称为**稳定元** (或逗留元), 稳定元是极值元的必要条件. 而泛函变分 $\delta J[y(x)] = 0$ 的条件又可以转化为 Euler 方程和边界条件组成的定解问题, 因此求极值元时, 首先要列出 (或找出) 泛函的 Euler

方程, 再结合满足边界条件的函数类找出稳定元, 再根据其他条件确定极值元, 如根据泛函的实际意义或其他分析找出极值元. 如果由 Euler 方程和相应边界条件得到的稳定元是唯一的, 那么一定是极值元.

6.2.2　例题分析

例 6.2.1　已知泛函

$$J[y(x)] = \int_a^b \sqrt{1 + y'^2}\,\mathrm{d}x,$$

其中 $y(x)$ 满足边界条件

$$y(a) = \alpha, \quad y(b) = \beta \quad (\text{两端固定}),$$

求此泛函的极小曲线, 并给出几何解释.

解　记 $H(\alpha) = J[y(x) + \alpha\delta y(x)]$, 即

$$H(\alpha) = \int_a^b \sqrt{1 + (y'(x) + \alpha(\delta y(x))')^2}\,\mathrm{d}x\,.$$

所以泛函 $J[y(x)]$ 的变分为

$$\delta J[y(x)] = \frac{H(\alpha)}{d\alpha}\Big|_{\alpha=0}.$$

具体算得

$$\delta J[y(x)] = \int_a^b \frac{y'(x)(\delta y(x))'}{\sqrt{1 + y'^2(x)}}\,\mathrm{d}x.$$

利用关系 $(\delta y(x))'\mathrm{d}x = \mathrm{d}(\delta y(x))$, 分步积分并化简, 得到

$$\delta J[y(x)] = -\int_a^b \frac{y''(x)}{(1 + y'^2(x))^{\frac{3}{2}}}\,\delta y(x)\mathrm{d}x + \frac{y'(x)}{\sqrt{1 + y'^2(x)}}\,\delta y(x)\Big|_a^b\,.$$

由于 $y(a) = \alpha$, $y(b) = \beta$(即两端固定), 得出 $\delta y(a) = \delta y(b) = 0$, 故以上变分化为

$$\delta J[y(x)] = -\int_a^b \frac{y''(x)}{(1 + y'^2(x))^{\frac{3}{2}}}\,\delta y(x)\mathrm{d}x\,.$$

令以上变分 $\delta J[y(x)] = 0$, 得到极小曲线 (或极值元) 满足的 Euler 方程

$$\frac{y''(x)}{(1 + y'^2(x))^{\frac{3}{2}}} = 0 \quad \Rightarrow \quad y''(x) = 0.$$

由 Euler 方程 $y''(x) = 0$, 解得

$$y(x) = Cx + D \quad (C, D \text{为任意常数}).$$

再根据边界条件 $y(a) = \alpha, y(b) = \beta$, 定出 $C = \dfrac{\alpha - \beta}{a - b}, D = \dfrac{a\beta - b\alpha}{a - b}$, 即极小曲线为

$$y(x) = \frac{\alpha - \beta}{a - b}x + \frac{a\beta - b\alpha}{a - b}.$$

由于本问题的泛函 $J[y(x)]$ 表示平面上连接两个固定点的曲线弧长, 因此求极小曲线本质上就是求连接平面上两个固定点所有曲线中弧长最短的曲线, 这里我们用变分法实际就是证明了弧长最短曲线是直线, 这与数学常识是一致的.

例 6.2.2 求以下泛函的极小元:

$$J[y(x)] = \int_0^1 (12xy + yy' + y'^2)\mathrm{d}x, \quad y(0) = 0, \quad y(1) = 4.$$

解 作函数

$$H(\alpha) = J[y(x) + \alpha\delta y(x)] \quad (\alpha \in [-\epsilon, +\epsilon], \epsilon \text{是很小的正数}).$$

泛函 $J[y(x)]$ 的变分为

$$\delta J[y(x)] = \frac{H(\alpha)}{\mathrm{d}\alpha}\Big|_{\alpha=0} = \int_0^1 \left((12x + y'(x))\delta y(x) + (y(x) + 2y'(x))\delta y'(x)\right)\mathrm{d}x.$$

利用 $\delta y'(x)\mathrm{d}x = \mathrm{d}(\delta y(x))$, 分步积分得到

$$\delta J[y(x)] = \int_0^1 (12x - 2y''(x))\delta y(x)\mathrm{d}x + (2y'(x) + y(x))\delta y(x)\big|_0^1.$$

令 $\delta J[y(x)] = 0$, 于是得出极值元满足的 Euler 方程

$$2y''(x) - 12x = 0 \tag{1}$$

和边界条件

$$(2y'(x) + y(x))\delta y(x)\big|_0^1 = 0. \tag{2}$$

依照已知条件, $y(x)$ 在定义区间的端点 0 和 1 都取定值, 所以 $\delta y(0) = \delta y(1) = 0$, 这样极值元的边界条件成立 (即式 (2) 成立). 再由 Euler 方程 (1), 计算得

$$y(x) = x^3 + Cx + D.$$

结合边界条件 $y(0) = 0, y(1) = 4$, 定出极值元:

$$y(x) = x^3 + 3x.$$

以下说明 $y(x) = x^3 + 3x$ 是极小元. 按照微积分理论, 只要说明 $H''(\alpha)\mid_{\alpha=0} > 0$, 实际上,

$$\begin{aligned}
H''(\alpha)\mid_{\alpha=0} &= 2\int_0^1 (\delta y(x)(\delta y(x))' + (\delta y(x))'^2)\mathrm{d}x \\
&= (\delta y(x))^2\mid_0^1 + 2\int_0^1 (\delta y(x))'^2 \mathrm{d}x \\
&= 2\int_0^1 (\delta y(x))'^2 \mathrm{d}x \geqslant 0 \quad (\text{这里用到 } \delta y(0) = \delta y(1) = 0).
\end{aligned}$$

所以极值元 $y(x) = x^3 + 3x$ 是泛函的极小元.

例 6.2.3　求泛函

$$J[u(x,y)] = \iint_{r<1} \left(\left(\frac{\partial u}{\partial x}\right)^2 + \left(\frac{\partial u}{\partial y}\right)^2 - 2u \right) \mathrm{d}x\mathrm{d}y$$

在 $u\mid_{r=1} = \varphi(x,y)$ 条件下的极值元满足的定解问题.

解　直接利用此类泛函相应的 Euler 方程

$$F_u - \frac{\partial}{\partial x}F_p - \frac{\partial}{\partial y}F_q = 0,$$

其中 $p = \dfrac{\partial u}{\partial x}, q = \dfrac{\partial u}{\partial y}$, 而 $F(u, p, q) = p^2 + q^2 - 2u$, 代入后 Euler 方程具体为

$$u_{xx} + u_{yy} + 1 = 0.$$

再结合边界条件并整理, 得到极值元 $u(x,y)$ 满足的定解问题为

$$\begin{cases} \Delta_2 u + 1 = 0 \quad (r < 1), \\ u\mid_{r=1} = \varphi(x,y). \end{cases}$$

注 6.2.1　上例泛函的求极值元的问题实际化成了著名的圆内 Dirichlet 问题, 这说明了微分方程的定解问题和变分问题的互通性.

例 6.2.4　试证明: 球面上连接两定点间的最短线是过这两点的大圆的弧段.

证明 不妨设球面是以原点为中心、半径为 a 的球面. 使用球坐标代换, 则球面上的点可表示为

$$x = a\sin\theta\cos\varphi, \quad y = a\sin\theta\sin\varphi, \quad z = a\cos\theta.$$

设球面曲线使用 θ 作参数, 则球面上任意曲线可表示为

$$\boldsymbol{r}(\theta) = a(\sin\theta\cos\varphi(\theta), \sin\theta\sin\varphi(\theta), \cos\theta).$$

取球面上两个固定点 (θ_0, φ_0), (θ_1, φ_1), 则连接这两点的球面曲线长度可表示为泛函

$$S[\varphi(\theta)] = \int_{\theta_0}^{\theta_1} \left|\frac{\mathrm{d}\boldsymbol{r}}{\mathrm{d}\theta}\right| \mathrm{d}\theta = a\int_{\theta_0}^{\theta_1} \sqrt{1 + \sin^2\theta\left(\frac{\mathrm{d}\varphi}{\mathrm{d}\theta}\right)^2}\,\mathrm{d}\theta,$$

其中 $\varphi(\theta_0) = \varphi_0$, $\varphi(\theta_1) = \varphi_1$. 泛函 $S[\varphi(\theta)]$ 的极小曲线就对应连接这两个定点的最短曲线.

相应极值元满足的 Euler 方程为

$$\frac{\partial F}{\partial\varphi} - \frac{\mathrm{d}}{\mathrm{d}\theta}\frac{\partial F}{\partial\varphi'} = 0,$$

其中 $F = \sqrt{1 + \sin^2\theta\left(\frac{\mathrm{d}\varphi}{\mathrm{d}\theta}\right)^2}$, 从而得到

$$\frac{\mathrm{d}}{\mathrm{d}\theta}\left(\frac{\sin^2\theta\varphi'}{\sqrt{1 + \sin^2\theta\varphi'^2}}\right) = 0,$$

即

$$\frac{\sin^2\theta\varphi'}{\sqrt{1 + \sin^2\theta\varphi'^2}} = C \quad\Rightarrow\quad \varphi'(\theta) = \frac{C}{\sin\theta\sqrt{\sin^2\theta - C^2}}.$$

进一步解得最短曲线表达式

$$\varphi(\theta) = -\arcsin(C_1\cot\theta) - C_2. \tag{1}$$

为了解释此最短曲线的几何意义, 我们把最短曲线表达式 (1) 两边用正弦函数作用, 曲线改写为以下形式:

$$\cot\theta = A\sin\varphi + B\cos\varphi.$$

利用球面上的代换关系

$$\cos\varphi = \frac{x}{a\sin\theta}, \quad \sin\varphi = \frac{y}{a\sin\theta}, \quad \cos\theta = \frac{z}{a},$$

上式可化为

$$z = Ay + Bx.$$

此式表示过球心 $(0,0,0)$ 的平面. 因此, 所求最短曲线就是在此球面上被过球心的平面所截得的圆弧, 即球面上大圆上的圆弧, 这就证明了我们的结论.

6.3　练 习 题

1. 求以下泛函的变分和 Euler 方程:

(1) $J[y(x)] = \displaystyle\int_0^1 \left(y'^2 - (2x^2 + 1)y\right) \mathrm{d}x$;

(2) $J[y(x)] = \displaystyle\int_0^1 \frac{\sqrt{1 + y'^2}}{\sqrt{y}} \mathrm{d}x$;

(3) $J[u(x,y)] = \displaystyle\iint_D \left(\left(\frac{\partial u}{\partial x}\right)^2 + \left(\frac{\partial u}{\partial y}\right)^2 + 2u^2 - xy\right) \mathrm{d}x\mathrm{d}y$.

2. 求以下泛函的极值元:

(1) $J[y(x)] = \displaystyle\int_0^1 \left(y^2 + y'^2 + x\right) \mathrm{d}x,\ y(0) = 0, y(1) = 4$;

(2) $J[u(x,y)] = \displaystyle\iint_{x^2+y^2<4} \left(\left(\frac{\partial u}{\partial x}\right)^2 + \left(\frac{\partial u}{\partial y}\right)^2 - (x + y)u\right)\mathrm{d}x\mathrm{d}y,\ u\mid_{x^2+y^2=4} = x^2y^2$.

参 考 文 献

[1] 季孝达, 薛兴恒, 陆英, 等. 数学物理方程[M]. 北京: 科学出版社, 2009.

[2] 严镇军. 数学物理方法[M]. 合肥: 中国科学技术大学出版社, 2017.

[3] 姚端正. 数学物理方法学习指导[M]. 北京: 科学出版社, 2016.

[4] 周治宁, 吴崇试, 钟毓澎. 数学物理方法习题指导[M]. 北京: 北京大学出版社, 2016.

[5] 吴崇试. 数学物理方法[M]. 北京: 北京大学出版社, 2003.

[6] 李惜雯. 数学物理方法典型题[M]. 西安: 西安交通大学出版社, 2017.

[7] 郭玉翠. 数学物理方法: 研究生用[M]. 北京: 北京邮电大学出版社, 2003.

[8] 陈祖墀. 偏微分方程[M]. 合肥: 中国科学技术大学出版社, 1993.

[9] 谷超豪, 李大潜. 应用偏微分方程[M]. 上海: 高等教育出版社, 1993.